设计心理学——感性消费时代的设计心理研究

谭征宇　张瑞佛　著

ZHEJIANG UNIVERSITY PRESS
浙江大学出版社
·杭州·

图书在版编目(CIP)数据

设计心理学：感性消费时代的设计心理研究 / 谭征宇，张瑞佛著. —杭州：浙江大学出版社，2023.7

ISBN 978-7-308-22219-8

Ⅰ. ①设… Ⅱ. ①谭… ②张… Ⅲ. ①工业设计－应用心理学 Ⅳ. ①TB47－05

中国版本图书馆 CIP 数据核字(2021)第 280130 号

设计心理学——感性消费时代的设计心理研究

SHEJI XINLIXUE——GANXING XIAOFEI SHIDAIDE SHEJI XINLI YANJIU

谭征宇　张瑞佛　著

责任编辑　吴昌雷

责任校对　王　波

封面设计　苏　焕

出版发行　浙江大学出版社

（杭州市天目山路 148 号　邮政编码 310007）

（网址：http://www.zjupress.com）

排　　版　杭州晨特广告设计有限公司

印　　刷　杭州宏雅印刷有限公司

开　　本　710mm×1000mm　1/16

印　　张　14

字　　数　267 千

版 印 次　2023 年 7 月第 1 版　2023 年 7 月第 1 次印刷

书　　号　ISBN 978-7-308-22219-8

定　　价　42.00 元

浙江大学出版社市场运营中心联系方式：0571—88925591；http://zjdxcbs.tmall.com

前言

设计是一种策略性地解决问题的活动。设计以引领创新、促进商业发展为目标，以创造人类美好幸福生活为宗旨。因此，人既是设计活动中的主体，也是设计活动的主要服务对象。设计心理学正是以人为主要研究对象，将心理学延伸到设计艺术领域的一门应用心理学。设计心理学研究设计师或用户的心理现象，以及影响心理现象的各个相关因素。围绕消费活动探讨消费者或用户的心理是设计心理学非常重要的研究领域。

伴随着人们消费结构的升级、消费水平的提高，感性消费成为当前的主流消费模式，与理性消费共同构成了当前丰富而多元的消费类型。因此，在感性消费的语境下，探讨设计心理学的相关问题，将消费者或者用户作为设计目标主体，研究其感性消费行为和心理现象，探索影响现象产生的相关因素以及因素间的相互关系是本书的主要目标。以期为设计师理解人的行为、认知和情感提供理论的支撑，并为设计出符合人类心理的产品提供依据和灵感。

我们对感性消费时代的设计心理研究的探讨依然以心理学为基础。当前心理学的众多流派共存发展，理论也可谓百家争鸣。尤其是在一些具体问题的研究上，不同学者的解释很难做到完全统一，因此在此领域仍有许多地方尚未形成"公理"。但这些解释给予了不同的问题研究视角和方法，相互形成补充，让我们有机会无限接近人类这个复杂系统的真正运行本质，这也是设计心理学发展的机遇和动力所在。

在编写本书时，作者参考了设计心理学的相关理论，以及心理学、设计学、艺术学、消费经济学、计算机技术等领域的知识和研究成果，结合我们研究团队在感性设计和情感化设计方面多年的实践，对感性消费时代的设计心理研究进行探讨，从直观感性消费和情感情绪型消费两条线索，对心理学原理和设计应用与实践进行阐述，引导读者了解和掌握设计心理问题的基本内涵，以及相应的心理成因，进而掌握剖析此类问题的方法和设计应用路径，在问题探索和设计解决的道路上形成一个连贯的创新思维模式。

本书在第1章带领读者进入感性消费语境，形成对感性消费和设计心理学的基本认知。第2章通过行为、心理过程描述，介绍基本的心理学概念。第3、4章从心理学原理和设计实践的案例阐述直观感性消费下的感性认知心理与设计。第5、6章则从情感情绪型消费视角探讨了情感体验心理的原理和设计应用。第7章从研究的角度综合探讨该如何应用心理学方法、设计学方法树立问题观念，并分析问题和进行创新。

本书是作者在十多年设计心理学以及感性设计的教学和研究工作中思考和总结的成果。书中所采用的案例来自在教学过程中与广汽研究院等企业产学研合作探索，是同学们面向具体问题的研究、探索和实践应用。本书以"新工科·新设计"教学改革为背景，以期在融合时代感性消费问题的基础上完成对设计心理学理论、方法、技术及设计实践经验的整合，对现有的设计心理学教育形成补充。本书可作为设计学专业的本科和研究生的教学教材，同学们可以通过本书了解感性消费时代下设计心理学的基本概念和关联知识、相关问题及研究方法、创新思维和设计策略。本书也可以作为对设计心理学感兴趣的设计相关从业人员和普通读者的通识性读本，读者可以更多地通过设计实践案例了解设计心理学，也希望读者们能由此获得一些解决问题的灵感。

特别感谢我的导师赵江洪教授，是他带领我进入设计心理学的教学与研究。感谢浙江大学未来设计实验室副主任黄琦教授和湖南大学设计艺术学院王罗博士在本书撰写过程中给予的专业意见与建议。感谢广汽研究院副院长张帆先生、广汽研究院设计研究经理王丹女士对本书中部分实践案例的指导。也特别感谢完成了相关设计实践案例的同学们。同时向参与本次书稿撰写、整理工作的研究生张瑞佛(副主编)、段启深、戴柯颖、朱星月、史交交、蒋静姝、何芷璠、李炎妍、雷雨甜、童玉婷、万利影、纪雅欣、戴宁一、王舟洋、金奕等致以诚挚的谢意。最后，特别感谢浙江大学出版社吴昌雷编辑的精心组稿，认真审阅和细心修改。

"新工科·新设计"的改革大潮使得设计教育迎来了体系性的变革，为设计教育带来了巨大的挑战，同时也为我们创造了重要的发展机遇。正因如此，加上作者知识水平和研究领域的局限，书中难免有错误和欠妥之处，恳请广大读者批评指正。

谭征宇

于岳麓山下

目　录

第1章　感性消费时代 …… 1
1.1　一种特殊的理性消费 …… 2
1.2　感性消费时代的设计 …… 5
1.2.1　感性的设计 …… 6
1.2.2　理性的设计 …… 9
1.3　感性消费时代的设计心理学 …… 13
1.3.1　从心理学走向设计心理学 …… 14
1.3.2　走向感性消费的设计心理学 …… 15
第2章　感性消费的行为与心理过程 …… 20
2.1　认知、情绪、意志过程 …… 21
2.1.1　认知过程 …… 21
2.1.2　情绪过程 …… 22
2.1.3　意志过程 …… 23
2.2　感性消费过程中的心理活动 …… 24
2.2.1　需求认知阶段 …… 25
2.2.2　信息搜寻阶段 …… 25
2.2.3　评价与选择阶段 …… 27
2.2.4　购买阶段 …… 28
2.2.5　购后阶段 …… 29
第3章　直观感性认知心理 …… 34
3.1　感觉与知觉 …… 34
3.1.1　感　觉 …… 35

3.1.2 感觉的规律 …… 44
3.1.3 知 觉 …… 48
3.1.4 知觉的特性 …… 51
3.2 直 觉 …… 55
3.2.1 意识之外的直觉 …… 55
3.2.2 用户：具有特殊直觉的“专家” …… 57
3.3 表象与意象 …… 58
3.3.1 表 象 …… 58
3.3.2 意 象 …… 59
第4章 基于直观感性认识心理的设计 …… 64
4.1 感官体验设计 …… 64
4.1.1 视觉体验设计 …… 64
4.1.2 听觉体验设计 …… 72
4.1.3 触觉体验设计 …… 76
4.1.4 嗅觉、味觉体验设计 …… 81
4.1.5 多感官体验与通感设计 …… 85
4.2 利用知觉特性的设计 …… 91
4.2.1 知觉完整性与设计应用 …… 92
4.2.2 知觉其他特性与设计应用 …… 99
4.2.3 错觉与设计应用 …… 101
4.3 直觉设计 …… 104
4.3.1 直觉设计？无意识设计！ …… 104
4.3.2 直觉交互？自然交互！ …… 107
4.4 设计意象研究 …… 109
4.4.1 感性意象的研究方法 …… 109
4.4.2 感性意象的设计表达 …… 111
第5章 情感体验心理 …… 114
5.1 概念辨析 …… 114

5.2　情感体验的基础:情绪 …………………………………… 118
5.3　不同理论对情绪的理解 …………………………………… 119
5.4　情绪成分的度量 …………………………………… 125
5.4.1　情绪体验的主观报告 …………………………………… 125
5.4.2　情绪唤醒的测量 …………………………………… 127
5.4.3　情绪行为的识别 …………………………………… 128
5.5　情感体验心理与设计 …………………………………… 130
5.5.1　情感体验层次 …………………………………… 130
5.5.2　不同层次的设计 …………………………………… 132
5.5.3　未来情感体验设计 …………………………………… 134
第6章　情感体验设计 …………………………………… 145
6.1　不同设计阶段的情感体验研究 …………………………………… 147
6.1.1　需求理解阶段 …………………………………… 147
6.1.2　设计创造阶段 …………………………………… 148
6.1.3　评价阶段 …………………………………… 149
6.1.4　情感体验度量 …………………………………… 149
6.2　创造情感体验:不同层次的设计 …………………………………… 158
6.2.1　本能层:设计的“适者生存” …………………………………… 160
6.2.2　行为层:交互的效用、掌控和趣味 …………………………………… 164
6.2.3　反思层:赋予意义 …………………………………… 173
第7章　设计心理学研究 …………………………………… 181
7.1　研究设计 …………………………………… 181
7.1.1　研究的结构 …………………………………… 182
7.1.2　研究的目标 …………………………………… 184
7.2　研究方法 …………………………………… 185
7.2.1　定性与定量 …………………………………… 186
7.2.2　调查研究法 …………………………………… 188
7.2.3　实验法 …………………………………… 189

7.2.4 间接研究法 …… 191

7.3 研究资料收集与分析 …… 195

7.3.1 定性资料收集 …… 195

7.3.2 定量资料收集 …… 198

7.3.3 资料分析 …… 200

7.4 研究方法的应用 …… 206

7.4.1 描述和解释人的心理、行为现象 …… 206

7.4.2 探索现象发展趋势和设计机会 …… 207

7.4.3 应用案例:探索未来出行概念设计 …… 208

第1章 感性消费时代

在我们的周围,存在着一种由不断增长的物、服务和物质财富所构成的惊人的消费和丰盛现象,这构成了人类自然环境中的一种根本变化[1]。

这是人类社会发展进程中最重要的一种变化,主要体现为社会的总物质不断积累,从匮乏变得丰盛。在物质匮乏的时代,消费者主要追求商品的使用价值,因为这是维持生存的根本;在物质丰盛的时代,消费者摆脱了对物质消费欲望的压抑,释放本能并彰显个性的诉求,愈发追求商品的精神价值[2]。而菲利普·科特勒认为,消费行为可以划分为三个阶段:消费者在第一阶段追求"量的消费",购买能支付、能买到的商品;第二阶段追求"质"的消费,购买质量好、有特色的商品;第三阶段追求感性消费,购买能实现个性、满足精神需要的商品[3]。当前从社会发展角度来看,人类社会物质积累越来越丰盛,从消费角度来看,物质丰盛改变了人们的消费价值追求,人们进入到高级消费阶段——感性消费。

在我国,人民的经济条件在过去几十年间得到不断改善,生活越来越富裕,这促使消费规模和结构发生改变[4]。首先,从中国居民消费的历史演进来看,社会消费规模和总量不断扩大(根据国家统计局"最终消费支出对国内生产总值贡献数据"可知:2017至2021年的五年间,除2020年外,其余年份的消费对经济增长的贡献均超过了55%,证明了居民消费对经济增长的主导地位[5])。其次,人们的整体消费目的从对物质的需要逐渐转向对美好生活的需要,消费结构向扁平化和多样化发展[6]。以服务产业为代表的新兴消费在居民消费占比中的重要性凸显,从2021年第1季度到2022年第2季度,服务型消费占比超过52%[7]。在消费结构上,人们在文化、在线娱乐、新零售、移动支付方面的消费发展明显[8],更多的消费资源被投入追求美好幸福生活中[9,10]。与此同时,媒体在制造符号、提供娱乐、创造体验等方面更是起到了推进的作用[11],互联网不断涌现的新鲜事物也极大地刺激了人们的感官体验和引起了人们的消费兴趣,唤醒人们求新求异的消费冲动。

当前,中国的社会发展水平到了物质丰盛的阶段。与此同时,经济水平的提高改变了人们的消费模式和消费追求,加上网络传播营造的消费环境,人们的消费活动开始更多地投入满足体验、兴趣等精神所需中，反映出感性消费的现象。而这种现象随着社会发展变得更加普遍和明显，人们已经进入了感性消费时代，并不断把它推向新高潮。

感性消费时代反映了人们对非物质需要的兴趣，而近年来"以人为本""以用户为中心"等理念大行其道，在产品设计中不仅强调要实现功能和完成任务，还强调设计应该因人的需求而生，尤其强调人的情感需求等非物质的需要。在设计心理学中，则是通过研究感性消费中的行为和心理来得到关于用户需求的知识；将其运用到设计实践中并赋予产品价值，让产品满足消费者的使用和感性需求。感性设计、情感化设计等熟知的理念已经为指导满足用户感性需求的设计提供了大量的路径、工具，产生了丰富的案例。如今，针对产品消费者的研究越来越重要，也促使设计心理学研究拓展其研究的范围和边界。剖析消费者的感性消费行为和心理成为引导未来感性消费商品设计的重要途径。而在展开叙述如何剖析之前，下面这些关于感性消费的基本问题是需要阐明的：

①感性消费的内涵是什么？与人们熟知的理性消费有何区别？

②感性消费导致产品设计以及设计过程发生了怎样的变化？

③感性消费语境下的设计心理学研究的关注点是什么？

针对这些问题，需要从消费心理学和消费行为学角度解释感性消费的内涵，厘清其和理性消费的辩证关系；从用户的需求以及设计的目标解释感性消费时代的设计以及设计过程的特点，同时回顾此前的设计心理学研究，厘清感性消费语境下的设计心理学研究。

1.1 一种特殊的理性消费

1.感性消费是一种广义的理性消费

由于感性消费和理性消费二者字面意义的缘故，朴素的观念认为它们是完全不同且对立的两种消费模式，事实上并非如此。

消费活动是理性选择与感性选择的统一。从资源约束的角度而言，消费是时间和可支配收入双重约束的结果。一般情况下，无论处在何种历史时期的何种社会形态，社会形态中的个体在宏观和微观层面都受到这两种约束[12]，这是消费生活的普遍形式，也是一种广义上的理性消费[13]。在具体的消费选择问题上，如果消费品供应受到绝对的限制，人们被迫以价格和效用衡量消费品，这种消费就是狭义的、特殊的理性消费（后文将直接表述为"理性消费"）。相对地，如果消费品的供应得到满足，人们以人生享受及发展衡量消费品，狭义的理性消费就让位于感性消费。因此，感性消费是在广义理性消费框架下存在的一种高级的理性消费形式。

从消费者心理而言，消费是在意识支配下的活动，理性的消费选择通过对资源的合理管理来安排消费，感性的消费选择则是出自个人的主观偏好。无论是理性还是感性的选择，都是意识支配行为的结果。由于意识的完整统一性，使得理性选择和感性选择构成连续统一体，在这个过程中理性或是感性占主导，是一个经验问题。可以肯定的是，理性选择和感性选择都参与了最终的消费决策，如果消费者受到了物质因素的客观限定而抑制感性选择，以获得物品的功能和使用价值为目的，就表现为理性的消费行为；如果消费者没有脱离对物质因素的客观限定，但是对差异性和商品符号价值的追求起到了支配作用，则表现为感性的消费行为。

因此，感性消费可以定义为：消费者在选择具体的消费品时，按照感性原则以直观感觉、情感、主观偏好和象征意义作为选择原则的一种广义理性消费形式[13]。狭义的理性消费则指消费者在消费能力允许范围内，通过价值衡量追求效用最大化原则的消费形式[14,15]。广义的理性消费构成了人类基本的消费形式和框架（见图 1-1）。狭义的理性消费、感性消费都属于这一框架中的具体形式。只是在具体的消费行为中，理性与感性选择的主导地位不同而决定了消费结果是理性还是感性的。从结果来看，感性消费和狭义理性消费的区别表现在：

①感性消费更加重视商品的外观形式，比如商品带来的美感享受；狭义的理性消费更加重视商品的物理性能，如功能、耐久性、可靠性等[16]。

②感性消费在商品使用中获得社会价值、情感价值[17]，而狭义的理性消费是为了获得使用价值。社会价值是消费者在社会生活中与他人相处时的感知效用，可以理解为证明存在、凸显身份的价值；情感价值是消费者在使用商品的过程中能获得的情感体验。

③感性消费不一定满足“边际递减规律”。狭义理性消费时，消费者从商品中所感受到的满足程度会随着商品数量增加而递减。但是在感性消费时，消费者可能由于对获得感很“上瘾”而一直得不到满足，这也是为什么“衣柜里永远缺一件衣服”。

④感性消费不稳定，而狭义的理性消费具有稳定性。感性消费是由于感性选择占据主导地位，但是又受到一些不确定因素的影响，比如感觉和情绪的变化，所以不稳定；狭义的理性消费以严密的逻辑和理性计算为主导，较少受到不确定因素的影响。

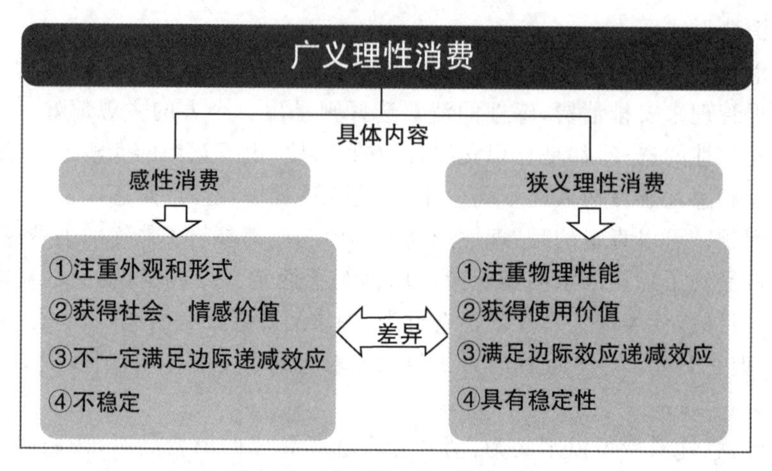

图 1-1 感性消费与理性消费

由于理性选择严密的逻辑性和理性计算，现代经济学构建了基于理性选择的科学理论和方法。但是，理性计算无法分析和解释人们的感性消费，当前众多的消费理论和研究将“理性”界定为经济学中的“经济人”原则，缺乏对获取社会价值的感性消费讨论[15]。有学者提出从“动机-决策”维度讨论消费，消费被分为完全理性、完全非理性、理性动机非理性决策、非理性动机理性决策等消费行为[15]，而不同的感性消费可能属于其中一类。在这里，动机决定了需求，决策决定了消费行为和结果。也就是说，感性消费的需求有一部分是理性的，也追求效用，行为也有一部分是理性的，不是无脑的挥霍。无论如何，现有理论和研究无法做到将感性消费完全置于理性消费的对立面，甚至感性消费中有理性的成分。

2.感性消费的类型与层次

一般而言，感性消费的动机主要是为了获得商品的社会价值(符号价值)，这样的价值基于社会和个体文化、价值判断，有鲜明的差异性。感性消费的决策具有理性的差异，理性的决策能使消费者期望的社会价值效用最大化，非理性的决策产生的效用是短暂的，一段时间之后就会产生负效用。

动机和决策的理性影响了感性消费的行为和结果，呈现出低层次感性消费和高层次感性消费。低层次感性消费与消费者的理性思考能力有关，消费经验不足或对商品消费理性思考不足的消费者，在面对商品时很难判断哪个更好，更倾向于具有非理性的动机和决策，比如儿童在面对玩具诱惑时的购买行为就可能属于低层次的感性消费。高层次感性消费与低层次感性消费的区别在于消费者具有更高的思考水平或消费经验，虽然他们也依靠感官体验挑选商品，但是更能洞悉商品的质量优劣、设计优劣从而节省更多的认知资源思考商品用起来是否轻松、是否能带来享受，因此更倾向于理性的动机和决策。从表现来看，两种层次消费的最大差异是在购买后的评价，低层次感性消费在购后阶段评价不稳定，对商品满意率不高。这也是为什么人们在冲动消费之后容易退货，而高层次感性消费是有计划、有目的的理性选择的结果，所以购后评价稳定且普遍较高。

而从消费的心理过程角度而言，在感性消费过程中，认知或情绪的主导会形成不同类型的感性消费[18]——基于直观感性认识的感性消费和基于情感体验的感性消费。商品的造型、味道、触感等都通过消费者的感觉器官直接造成刺激，所以美观的造型、宜人的味道、舒服的触感都会给消费者造成良好的感观享受，这也是感性消费的直接原因，形成基于直观感性认识的感性消费。不仅如此，一旦商品通过刺激消费者的感官获得成功，就会设法在消费者的周围设置相同的接触点，让消费者随时接触到这种刺激，维持商品带给消费者的知觉表象。而在基于情感体验的感性消费中，消费者在意的是商品或者商品相关物对情感需求的满足，而不仅是满足简单的感官享受。商品的外观、色彩、味道、触感这些商品本身的属性只是一种媒介，或许这些方面并没有那么优秀或者并不会造成很强的刺激，但是综合这些因素，甚至是商品的一些外部条件，比如广告、服务、环境等能激发消费者愉悦、快乐的情感。情感是情绪的主观体验，反映了外界刺激是否满足需要。消费者能通过商品产生正面的情感，也就证明商品满足了如赋予自信、体现社会地位、精神愉悦等需要。

我们对感性消费进行的层次和类型划分（见图 1-2）只是一种剖析手段，无论何种层次的感性消费都包含直观感性认知的感性消费和情感情绪体验的感性消费。后续内容将从心理过程分析感性消费，为感性消费的设计提供见解。

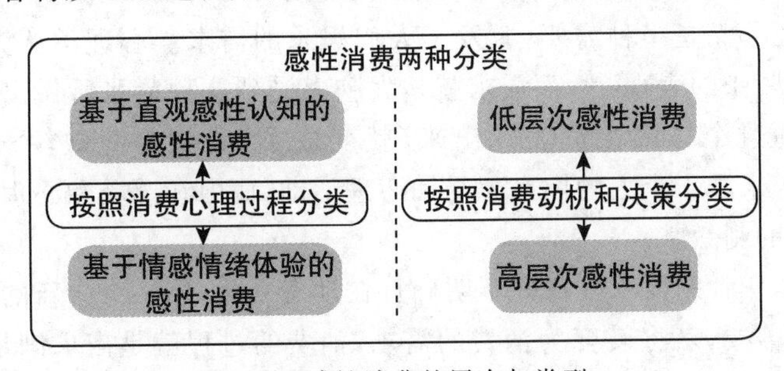

图 1-2　感性消费的层次与类型

1.2　感性消费时代的设计

事实上，不论何种层次和类型的感性消费，都是感性价值需求驱动的结果，是在用户对商品质量等机能价值需求上拓展的高级需求，对应要获得商品的使用价值、社会价值、情感价值、随机价值、知识价值等[19]。其中,社会价值、情感价值等是导致感性消费的主要价值目标。商品本身作为这些价值的载体,它的设计是对价值的有机整合和表达。感性设计、情感化设计等相应的理论方法的产生,都是为了满足人民日益增长的感性价值需求。所以,感性价值需求不仅驱动了消费行为,也驱动了商品的设计。

设计是一个包含了设计对象和过程的概念集合体,既是名词也是动词。就设计对象而言,商品随着社会感性消费的发展趋势而越来越富含感性价值。就设计过程而言,设计活动从解决大批量生产带来的艺术与技术结合问题,转变为建立以人为本的“人-物质”关系,满足用户情感、理念、文化追求等方面的需求[20,21]。以用户为中心[22]等人性化的思想成了设计的主导思想,以感性工学方法[23]为代表的设计方法也越来越理性和科学。

于是,设计既越来越感性,又越来越理性。

1.2.1 感性的设计

1. 需求驱动设计

在设计学的语境中,“设计”是指人类为实现一定的目的进行的设想规划,是构想和解决问题的过程。而营销学、管理学站在市场的角度认为“设计”是将人类的需要转变为需求,并加以满足的过程[24]。需要和需求不完全等同,需要是一种想要填满内心渴望的欲求,但是一种没有明确目标的紧张感[25],而需求是消费者明确地知道用什么方式可以满足自己的欲求,有具体的消费目标。饥饿是一种需要,激发了人们对食物的需求;关爱是另一种需要,激发了人们的交往需求;打发无聊又是一种需要,激发了人们娱乐的需求。心理学认为,这些需要是一种心理紧张的表现[25],而需求就是大脑感受到这种紧张所做出的反应或者心理倾向,通过个体的主诉表达出来,就变成了“我觉得我缺少……,我想要……”。需求来源于个人的内在感受和心理活动,而内在感受和心理活动也可能来源于外界的刺激。

但是,消费者的需求往往并不明确且在动态变化,当一个崭新的商品设计符合了人们的需要,就会转变为消费的需求,消费的过程就是需求满足的过程,也是商品和设计的享用过程,这个过程又会促进新的需求产生。举个例子,人们对新手机的使用想象只有当其可购买时才会转化为具体的消费目标,当其拥有新一代的手机时,欲求的想象又得到了增长。下一代新品推出时又刺激用户产生新的需求,同时培养新的使用想象。如此周而复始,用户的欲求和商品的迭代改变了需求,需求驱动了设计的迭代(见图 1-3),而新商品、新设计又进一步培养用户新的需要。在这个过程中,设计的重要任务是探索更好的需求满足方式,为商品赋予价值。需求具有复杂和多样性，主要来源于生理和心理上的需要，反映在消费现象中则是物质的需要和精神的需要，同时还具有不同的层次或类型[25]。

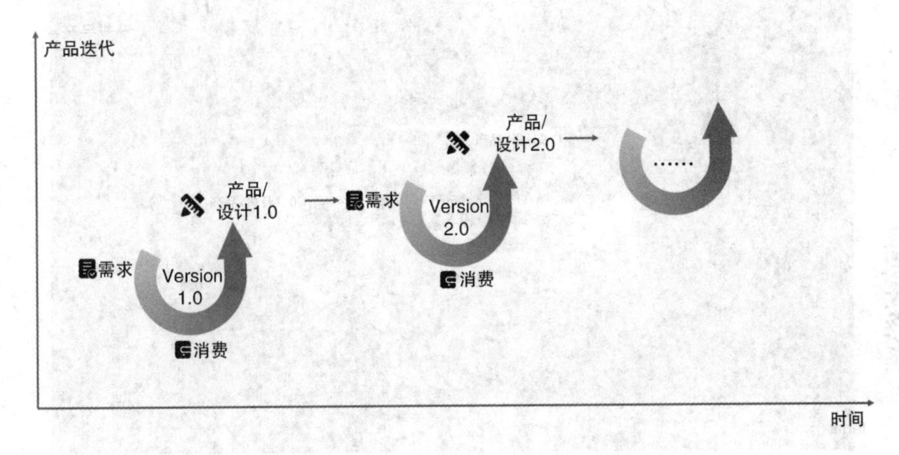

图 1-3　需求与设计的循环促进过程

2. 设计创造感性价值

设计对感性价值需求的满足是通过赋予产品感性价值而实现的，具体而言就是让产品不仅有良好的功能，同时还能在情感上打动用户，让用户精神愉悦。刺激感官、迎合审美、激起兴趣成为惯用的设计手段。当这些形形色色的商品越来越丰富时，商品造型、色彩、广告甚至连审美都趋同。所以设计在商品感官体验中的投入边际效应逐渐减小，此时，只有营造差异化的体验才能进一步增加感性价值。商品开始关注用户更加细微的情绪，满足他们的特殊情感所需，让用户在使用商品时获得不一样的满足感。这样一来，感性消费的需求又得到了发展，从简单的感官满足到张扬个性、释放情绪等情感满足。当产品不仅具备良好的质量和功能，而且满足人们个性、情绪、情感等需要时，也就具备了感性价值。在用户看来，这种价值也就是他们希望得到的“愉悦”使用体验。

20 世纪中期是收音机的黄金时代，随着声音技术的进步，收音机早已淡出人们视线，但是正因为收音机的消失才使人对那种有温度的声音愈发向往。如图 1-4 的商品无论是圆润的造型，还是木料材质、机械式的操作都极高程度地复刻了 20 世纪的音箱设计，代表了一种情调生活和对电台文化的承袭。与众不同的造型设计不仅吸引了购买者的注意，还为使用者创造了一种“引人注目”的心理满足。再加上与一系列精致生活品牌的合作，使得这一系列的音箱收获了大批年轻粉丝。这批粉丝出于对平庸生活的反叛，对有态度的生活苦苦追求的情结，要将自己对收音机文化的热爱和情怀倾注在这件产品中。这台音箱在为喜爱电台、收音机文化的用户提供优良收听音质的同时还创造了具有情感寄托的精神“愉悦”享受，这也是它独特的感性价值所在，令它在同类产品中独树一帜。

彩图效果

图 1-4　猫王复古音箱(https://www.radio1964.com)

设计的感性价值不仅体现在商品的横向比较中，也反映在商品的纵向发展中。图 1-5 是某音乐聆听数字商品的历史版本。在数字化音乐资源缺乏整合的时代，提供丰富的音乐下载资源就能满足用户的需求，这就是典型的“量”的消费，音乐下载服务受到青睐。当越来越多的音乐下载服务开始涌现，用户期望能获得音质好、丰富乐库，而且免费的音乐享受。随着市场规则逐渐完善，以及越来越多的商品提供正版的音乐下载，免费下载也变成了收费下载。用户从最初的不适应到现在的习以为常，甚至喊出“欠×××一张演唱会票”的口号，这何尝又不是感性的消费？移动互联网的发展和智能手机的成熟促进 PC 应用情景的扩散，用户从 PC 过渡到移动端经过了转移和沉淀，用户的需求不仅在于音乐本身，与音乐相关的一些人性化的需求被挖掘出来，并走向了差异化的发展。商品更是从互联网乐此不疲的分享和评论中提炼了人们社交的需要，这种需要和音乐聆听的功能结合起来，就成了用户创造的抒发情感的商品功能。此外，商品的“感性”之处还在于尊重用户听音乐的个性化选择，在细节中为用户创造贴心和愉快的使用体验。

图 1-5　QQ 音乐 App 的更新迭代

1.2.2　理性的设计

1. 理性的需求分析

需求是设计的驱动力，所以好的设计一定是满足了人们需求的设计。除了天才的设计和灵感的设计，通常理性、科学、系统的设计都以用户洞察和需求分析作为起点，为设计建立知识储备。目前，学者们在对需求进行研究时提出了诸多著名的理论或模型，如日本东京理工大学狩野纪昭教授在 20 世纪 70 年代提出的 KANO 模型，对用户的多种需求加以分类；心理学家亨利・默里（Henry Murray）提出了需要-压力理论；麦克里兰（David Clarence McClelland）的成就动机理论，弗雷德里克・赫兹伯格（Fredrick Herzberg）的双因素理论等。相比之下，马斯洛（Abraham Maslow）提出的需求层次理论则是将需求划分为不同的层次，是目前影响力最为广泛的需求理论，也是讨论感性消费需求的基础。

马斯洛在《动机与人格》（*Motivation and Personality*）[26] 中将人的需求分为 5 个不同的层级，构成了需求金字塔（见图 1-6）。在该需求层次中，最底层的生理需求指满足人类生存最基本的需求,比如进食、饮水、呼吸等。生理需求从原始社会开始发展,是人类最为强烈、驱动力最强的需求。安全需求则是指满足生理需求后人们要寻求长期发展,因此安全的环境能为个体安全、心理安全提供基础。在新时代,安全需求体现在为个体提供安全、有秩序且自由的发展空间,同时保障健康和财产安全,让个体具有安全感。情感与社交需求是个体当能在安全的环境中发展时,希望找到稳定的依属关系,因此需要在社交中获得认可,加入团体以得到归属感,成立家庭以获得关爱和温暖。个体在找到自己的归属之后,往往还希望在自己归属的环境中得到一定的承认,这就是尊重需求。尊重不仅是他人对自己的尊重、认可、欣赏,也包括自己渴求的自信和自尊。当个体得到他人的高度认可,获得自信变得自强之后,个体开始挖掘自己的潜能,发挥才能去突破自己或者环境的顶点,实现理想和抱负从而形成了自我实现需求。自我实现需求在不同个体中得到满足的形式具有很明显的差异,这是一种个性创造的结果。

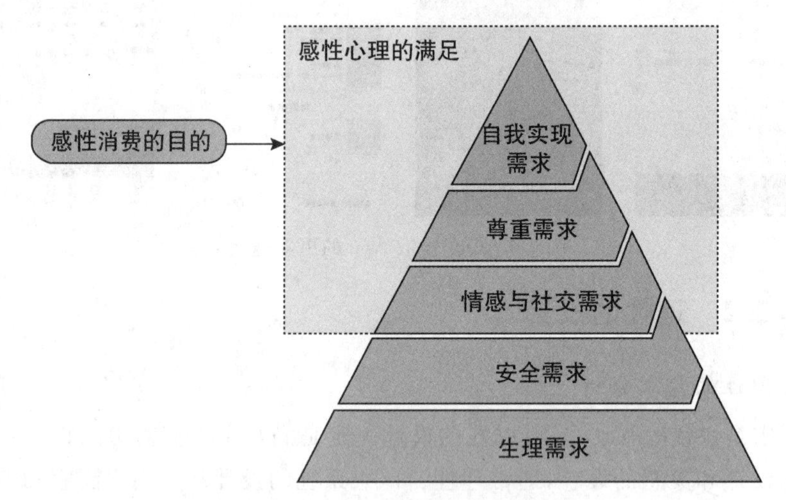

图 1-6 马斯洛需求层次金字塔

马斯洛的需求层次理论诞生以来,其他学者在其基础上对需求的层次关系不断进行检验和补充,如在尊重需求、自我实现需求之间加入求知需求和求美需求,也有学者认为马斯洛原始的需求层级理论缺乏自然信仰对人激励的阐述,在最顶层增加了天人合一的境界需求[27,28,29]。在感性消费时代,人们有更加强烈的个性化表达和独特的审美需求,同时也是社会物质文明、精神文明发展的整体趋势,所以结合感性消费与马斯洛的需求层次理论,有必要强调人的求知和求美需求。无论是求知或求美,还是追求天人合一的境界,都可视为感性需求的细分,都有可能在感性消费过程中得以实现[30]。

但是，在感性消费的语境下，需求层次理论的基本假设受到了挑战。首先，需求层次理论假设了需求的满足规则是阶梯式的，人们在底层需求得到满足后才会追求更高层次的需求。而事实上，个体的需求满足不是固定的机械式程序。譬如温饱问题没有解决时，人们仍然希望得到尊重，人们并不是在满足了底层的生理需求后，再追求更高层次的尊重需求。此外，需求层次理论过分强调需求纵向发展的关系，却忽视了横向联系。这种横向联系表现在，不同需求可以同时存在而没有明确的界限，并且可以同时被满足。

正是由于马斯洛的需求层次理论在解释需求的纵向和横向关系上存在不足，组织行为学教授克雷顿·奥尔德弗（Clayton Alderfer）在马斯洛需求层次理论基础上提出了新的需求理论。该理论认为人的需求分为生存需求（existence）、相互关系需求（relatedness）、成长需求（growth），因此也被称为“ERG 需求理论”[31]。生存需求指的是生存的基本物质需要，对应马斯洛需求层次中的生理和安全需求；相互关系需求即指人有发展关系的需要，要与外界建立联系并在联系中获得尊重，对应马斯洛需求层次中的情感与社交需求和尊重需求。而个人通过展示才能和激发潜能得到自我发展和自我完善的成长需要，则包含了马斯洛需求层次中的尊重需求和自我实现需求。虽然 ERG 需求理论仍然使用了层次划分的形式，且并未超出马斯洛需求层次理论的解释范围（见图 1-7），但是 ERG 需求理论的新发现在于：人在同一时间有多种需求在起作用；人们较低层次的需求得到满足时会追求高层次需求，但是高层次需求受挫时会加强对低层次需求满足的要求[32]。

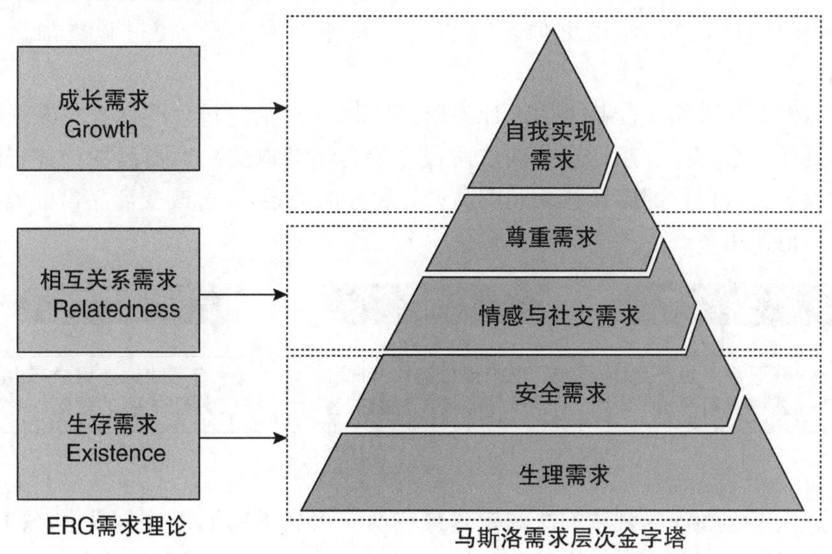

图 1-7　马斯洛需求层次金字塔与 ERG 需求理论对比

马斯洛需求层次理论揭示了需求的一般规律，ERG需求理论则补充解释了由于个体性差异导致的需求现象。随着时代的发展，两种理论在对需求、需求间关系等内容上都有了新的解释。物质缺乏年代的生存需求或许只要求吃饱穿暖，而现实的生存需求不止吃饱穿暖，医疗、保险等也都在列。对感性需求的满足，不仅有时代性差异，地域也存在差异，比如不同文化背景下的人们对相互关系的需求就不一样，有的是希望得到集体的认同，有的则是更渴望独立人格受到尊重。

在需求层次理论的框架下，感性消费的目的主要是感性心理的满足，对应情感需求和更高层次的需求。感性消费行为中存在多种需求，因此感性需求的内容不仅是情感性、社会性需要的满足，也包括自我实现等高层次需求的满足。此外，结合需求的层次关系与科特勒提出的消费阶段关系，低层次需求的满足是引导感性消费的必要条件，满足"量"的消费和"质"的消费是感性消费的前序过程，因此，设计也应该关注商品诸如好用、耐用等质量的基本属性。所以，从需求角度而言，感性消费的设计要同时满足低层次和高层次需求，关注商品质量和商品能带给用户的愉悦体验过程，愉悦不仅是快乐的简单情绪，而且是设计契合用户感性需要带来的精神享受。所以，感性消费时代的设计经历着从"质量"到"喜悦"的价值焦点改变。

2. 理性的设计方法

除了理性的需求分析，在设计方法上，也有以感性工学为代表的理性的设计方法。该类方法在创造产品感性价值时，结合工程学领域的理性方法，清晰地反映用户的感性认知，使用更加客观的设计和评价方法[33]，使过程更加高效、客观。

感性工学遵循一套基本的设计流程（见图1-8），主要包含感性意象获取、建模和设计三个部分。感性意象获取阶段主要为了获取用户对商品的描述，建模则是为了反映用户的感性意象和商品设计属性的关系，通过改变商品设计属性，有目的地让用户产生相应的感性意象。

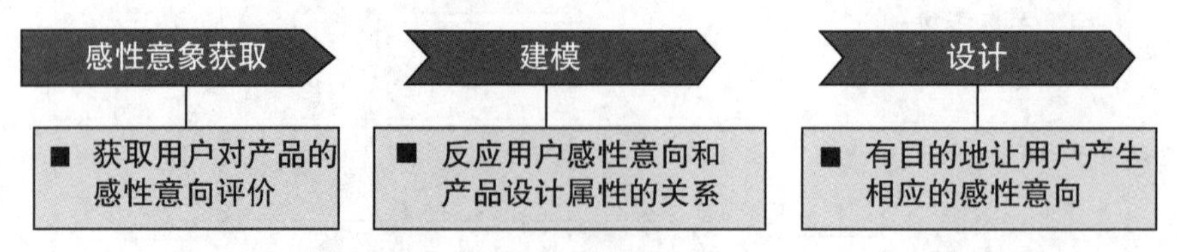

图1-8　感性工学的基本设计流程

感性工学设计的具体方法和工具被广泛应用到不同的设计阶段中，研究的对象包括设计师和用户。智能设计技术、大数据技术、智能感知技术等前沿技术催生了诸如用户大数据驱动的感性需求分析、情感检测驱动的感性设计等新方法。这类方法，能够在一定程度上取代原来采用主观报告来获取用户感性评价的方法，提升感性评价的效率和可信性。此外，在没有大数据支持的情况下，也可以采用主观报告结合脑电、眼动等检测、感知手段，再利用用户的自然语言、动作和表情分析等智能化的分析技术，使得我们更为全面、客观地了解用户的感性认识。主客观结合的方法为设计的分析和设计的创新提供了更加可靠的关键数据。在模型构建阶段，感性工学也从最初的问卷调研、语义差异法[34]发展出更多的感性认识挖掘的方法，比如使用文本挖掘技术洞悉用户描述商品的词汇真实所指是什么[35]，使用深度学习的方法对这些感性意象的词汇进行情感、功能等目标分类[36]，从而达到对商品的感性价值进行分类等目的。不仅如此，针对感性认识的建模还发展出了感性意象的预测模型，一些类似模糊认知模型、自适应模糊神经网络等基于深度学习的模型也被用于寻找感性意象与商品设计属性的关系。

方法和工具的发展使得感性设计更加精准、合理，相比此前依靠设计师灵感、用户主观报告的做法，相对降低了设计的风险和成本。从用户层面而言，结合了智能技术的客观测量方法能更客观和全面地反映他们对商品的感性认识，这些认知有时候是用户自己所意识不到的，所以也更能真实地反映用户的期望，甚至超出他们的期待。

1.3　感性消费时代的设计心理学

设计心理学是研究设计艺术领域中的设计主体（设计师）和设计目标主体（消费者或用户）的心理现象，以及影响心理现象的各个相关因素的学科[37]。梳理设计与相关领域中与心理学相关的内容，我们会发现，设计心理学的内容以心理学与艺术学为基础，同时融合了生理学、美学、信息科学等内容。因此，设计心理学是一门典型的多学科交叉的边缘学科。设计心理学既具有科学性、客观性和可验证性的基本科学属性，又在研究对象的性质和研究概念的抽象上，具有相应的艺术性和人文属性，是一门典型的感性与理性相融合的学科。

在感性消费时代，设计心理学在感性与理性融合的表现上更为强烈。由于情感需求在这个时代的强烈提升，设计师需要花更多的时间和精力去获取隐藏于消费和使用行为背后的情感需求。理性的方法和工具是帮助设计师挖掘用户的情感需求，提升创新设计效率和信度的有效手段，被更为广泛地应用。感性融合理性的设计方法，为创新设计提供依据和支撑，也是我们研究设计心理学的核心。

纵观设计心理学的发展历程，心理学的发展始终是其发展的基石，其中认知心理学的发展，则更进一步成为感性消费时代设计心理学的基础。

1.3.1 从心理学走向设计心理学

心理学诞生于哲学，19 世纪 70 年代，冯特(Wilhelm Wundt)提出用实验科学方法来研究心理问题，并于 1879 年建立了世界上第一个心理学实验室，标志着心理学逐渐脱离哲学走向科学。心理学开始像物理、化学等学科一样运用实验方法，研究人的心理以及生理过程。

由于发展过程中观点分歧，心理学产生了不同的学派和分支，其中最主要的两大学派是构造主义学派和机能主义[38]学派。**构造主义**心理学家认为心理学的任务是将意识分解为心理元素进行分析，并研究各个元素之间的关系。构造主义主要研究感觉、情绪、表象等心理过程，因为这些心理过程难以探测，所以内省法成了构造主义心理学家们常用的研究手段。内省法在训练受试者之后要求其自我观察并陈述内部反应。**机能主义**心理学家则认为心理学研究应该研究意识的目的而非结构。机能主义心理学派将心理的作用结果——行为作为研究的重点。所以，早期的心理测试、行为观察等与心理过程外显行为相关的研究成果多来自机能心理学派。作为心理学的两种学派，虽然观点不同，但是诞生了许多可行的心理探查理论和应用。

20 世纪以来，两种心理学学派中又产生了行为主义、精神分析、人本主义、认知心理学、神经科学、进化心理学等分支，诞生了新的研究成果。比如，行为主义心理学发现了由神经反射行为实现心理活动的基本机制；以马斯洛为代表的人本主义心理学提出了需求层次理论；认知心理学研究提出了信息加工模型；神经科学发现了生化过程与行为的关系。这些理论、模型、发现在设计研究和实践过程中都有广泛的应用。不仅如此，经典的心理学实验还为设计研究人员提供了直接的方法范例。比如，行为主义心理学家斯金纳等人的行为实验研究为设计中的用户行为研究直接提供了方法借鉴，现在广为使用的眼动实验就是受到启发产生的一种研究方法；生物电实验证明了直观、客观的生理反应与心理过程的联系，在设计中常被用于记录和分析用户的情绪变化。

心理学的发展为设计心理学奠定了坚实的基础。心理学领域中关于意识、认知、情感等与艺术、设计关联度较高的细分领域研究的深入，为设计解决不同领域问题提供了依据。也正是心理学与艺术学不断发展和交叉融合，使得设计心理学产生了更多细分领域，包括面向产品和交互设计的设计心理学、广告心理学、环境心理学等。在这些设计心理学研究中，心理学界的相关理论和研究方法被用来研究设计具体场景下的设计师和用户的行为、意图和情感等，帮助我们洞察用户或设计师的心理规律。这些心理学方式在设计领域的应用，为设计师优化设计结果，改善设计方法提供了依据。

1.3.2　走向感性消费的设计心理学

进入感性消费时代，设计心理学得到了较大的发展，认知心理学在与设计融合发展的过程中越来越得到重视。认知心理学是受到人体工程学、计算机技术、心理语言学和神经计算等领域研究的启发，融合这些领域的思想而产生的心理学分支。1967年奈塞尔(Neisser)出版了《认知心理学》。这本书展现了认知心理学研究的概貌并对相关研究进行整合，赋予各种不同的研究范式以合法地位。奈塞尔对"认知"做出明确定义，即"认知"是"感觉输入凭其被转化、简约、精加工、储存、恢复和应用的全过程……诸如感觉、知觉、想象、保持、回忆、问题解决和思维等术语……指的都是认知的假设阶段或方面"。这个定义一直为现代认知心理学家所广泛认同和采用。这本巨著还首次将以往零散的认知研究整合成一个完整的学科框架，并在心理学史上首次赋予认知运动一个正式名称，标志着认知心理学的开端，催生了信息加工认知心理学的诞生，掀起了认知革命的浪潮。

赫伯特·西蒙(Herbert Alexander Simon)1969年的开创性著作《人工科学》(*The Sciences of the Artificial*)一反过去设计思维表达几乎完全是对传统设计过程的重复的特点，增加了更深层次的同理心和更具体的多学科协作形式，将设计过程定义为：研究、创意、原型、选择。他的研究奠定了现代设计实践的基本范式，同时还将多学科协作式的设计提到了以往没有的高度。

进入感性消费时代，随着用户消费需求从"量"到"质"的变化，用户更加关注商品质量和所能带给用户的愉悦体验过程，认知心理学在这一阶段为设计心理学的发展提供了更有力的支撑。在设计融合认知心理学发展的过程中，唐纳德·诺曼的《设计心理学》系列丛书系统性地应用认知心理学的理论和观点研究阐述了感性消费时代的设计心理需求。

在《设计心理学1：日常的设计》(*The Design of Everyday Things*)[39]中，诺曼在认知心理学基础上提出了经典的"认知模型"(conceptual models)等概念来解释产品使用中的问题，揭示了人们日常生活中在使用商品时感到挫败的原因：那些看似人们不精通科技设备所造成的使用问题，实际是由商品设计的不合理性造成的。在反思问题的同时，诺曼还提出了"设计思维"(design thinking)和一系列基本的"设计原则"(design principles)，帮助设计师找到真正的问题解决之道。

Emotional Design 更进一步探讨了人与产品之间的关系，探索了人们在使用产品中的情感体验问题，不仅剖析了情感的多样性，还深刻分析了如何将情感融入产品的设计中，提出了经典的情感设计三层次——本能层、行为层和反思层

的设计，在人和机器关系日益复杂的情况下，探索了人类情感与产品和谐共融的设计新方向。

诺曼的一系列理论为感性消费时代的设计心理学奠定了坚实的基础。由于感性消费的复杂性，人们在设计中需要更进一步的研究，建立感性消费时代下的设计心理学研究范式，通过理性的设计方法，构架消费者感性需求与真实商品之间的桥梁，让商品的设计更贴近用户的概念模型。目前，在感性消费背景下开展设计心理学研究时我们更聚焦于：利用心理学原理和知识解释用户行为中的机制和心理过程，从而发现其感性需求；或利用心理学的方法和工具，发掘用户对商品的感知和情感；结合感性工学、情感化设计等方法，创造具有感性价值的设计。

总体而言，设计心理学兼具心理学的科学性和设计学的创造性，而科学性始终是设计心理学的核心。正如赵江洪教授所说："设计心理学总体上的发展趋势是和科学精神一脉相承的，设计和心理学走到一起是历史的必然。"[37] 而在感性消费时代，以心理学研究为基石，探寻和发展符合该时代设计需求的研究范式，从而支持创新设计，是设计心理学发展的目标。

参考文献

[1] 鲍德里亚. 消费社会[M]. 刘成富，全志钢，译. 南京：南京大学出版社，2001.

[2] 莫尔. 乌托邦[M]. 戴镏龄，译. 北京：商务印书馆，1982.

[3] 科特勒. 营销管理[M]. 梅清豪，译. 北京：人民出版社，1997.

[4] 习近平. 决胜全面建成小康社会　夺取新时代中国特色社会主义伟大胜利[N/OL]. 人民日报，2017-10-28[2020-05-08]. http://cpc.people.com.cn19thn11027/c414395-29613458.html? from=groupmessage&isappinstalled=0.

[5] 国家数据[EB/OL]. (2022-09-02)[2022-09-02]. https://data.stats.gov.cn/ks.htm? cn=C01.

[6] 孙豪，毛中根. 中国居民消费的演进与政策取向[J]. 社会科学，2020

(1):72-84.
[7] 国家数据[EB/OL]. (2022-09-02)[2022-09-02]. https://data. stats. gov. cn/easyquery. htm? cn=B01&zb=A0107&sj=2022B.
[8] 裴长洪. 中国经济向高质量发展的十大变化趋势[N]. 经济日报, 2019-07-27(1).
[9] 毕达. 消费升级视角下的中国居民消费结构研究[J]. 商业经济研究, 2019(12):31-34.
[10] 薛军民,靳媚. 居民消费升级与经济高质量发展——基于中国省际面板数据的实证[J]. 商业经济研究,2019(22):42-46.
[11] 薛蕾,石磊. 新媒介与新消费主义的互动逻辑[J]. 青年记者,2019(3):27-28.
[12] SIMON H A. Models of Bounded Rationality[M]. Cambridge, Mass: MIT Press,1982.
[13] 王宁. 消费社会学[M]. 北京:社会科学文献出版社,2011.
[14] NAM J,EKINCI Y,WHYATT G. Brand Equity,Brand Loyalty and Consumer Satisfaction[J]. Annals of Tourism Research,2011,38(3):1009-1030.
[15] 李倩倩,薛求知. 基于变革消费理念的消费者幸福模型研究[J]. 管理学报,2018,15(5):734-741.
[16] LIN P-C,HUANG Y-H. The Influence Factors on Choice Behavior Regarding Green Products Based on the Theory of Consumption Values[J]. Journal of Cleaner Production,2012,22(1):11-18.
[17] ARSLANAGIC-KALAJDZIC M,KADIC-MAGLAJLIC S,MIOCEVIC D. The Power of Emotional Value: Moderating Customer Orientation Effect in Professional Business Services Relationships[J]. Industrial Marketing Management,2020,88:12-21.
[18] 杜威. 心理学[M]. 熊哲宏,张勇,蒋柯,译. 上海:华东师范大学出版社,2019.
[19] 张书洋,马天鑫. 我国消费文化的现实维度解析[J]. 学术交流,2019(9):137-143.
[20] MACIVER F. Reversing the Design-Marketing Hierarchy: Mapping New Roles and Responsibilities in 'Designer-Led' New Product Development[J]. The Design Journal,2016,19(4):625-646.
[21] SALIMINAMIN S, BECATTINI N, CASCINI G. Sources of Creativity

Stimulation for Designing the Next Generation of Technical Systems: Correlations with R&D Designers' Performance[J]. Research in Engineering Design, 2019, 30(1): 133-153.
[22] WANG D, YANG Q, ABDUL A, etal. Designing Theory-Driven User-Centric Explainable AI[C]//Proceedings of the 2019 CHI Conference on Human Factors in Computing Systems. New York, NY, USA: Association for Computing Machinery.
[23] LEVY P. Beyond Kansei Engineering: The Emancipation of Kansei Design[J]. International Journal of Design, 2013, 7(2): 83-94.
[24] 戴力农. 设计心理学[M]. 北京:中国林业出版社,2014.
[25] 白玉苓. 消费心理学[M]. 北京:人民邮电出版社,2018.
[26] 马斯洛. 动机与人格[M]. 许金声,译. 北京:人民出版社,2007.
[27] LESTER D. Measuring Maslow's Hierarchy of Needs[J]. Psychological Reports, 2013, 113(1): 15-17.
[28] KENRICK D T, GRISKEVICIUS V, NEUBERG S L, etal. Renovating the Pyramid of Needs: Contemporary Extensions Built Upon Ancient Foundations[J]. Perspectives on Psychological Science, 2010, 5(3): 292-314.
[29] NOLTEMEYER A, JAMES A G, BUSH K, etal. The Relationship between Deficiency Needs and Growth Needs: The Continuing Investigation of Maslow's Theory[J]. Child & Youth Services, 2020, 1(1): 1-19.
[30] 张凯,周莹. 设计心理学[M]. 长沙:湖南大学出版社,2010.
[31] YANG C-L, HWANG M, CHEN Y-C. An Empirical Study of the Existence, Relatedness, and Growth (ERG) Theory in Consumer's Selection of Mobile Value-Added Services[J]. African Journal of Business Management, 2011, 5(19): 7885-7898.
[32] GU H, WANG J, WANG Z, etal. Modeling of User Portrait Through Social Media[C]//2018 IEEE International Conference on Multimedia and Expo (ICME).
[33] 丁满,程语,黄晓光,等. 感性工学设计方法研究现状与进展[J]. 机械设计,2020,37(1):121-127.
[34] MA K W, WONG H M, MAK C M. A Systematic Review of Human Perceptual Dimensions of Sound: Meta-Analysis of Semantic

Differential Method Applications to Indoor and Outdoor Sounds[J]. Building and Environment,2018,133:123-150.

[35] CHIU M-C,LIN K-Z. Utilizing Text Mining and Kansei Engineering to Support Data-Driven Design Automation at Conceptual Design Stage[J]. Advanced Engineering Informatics,2018,38:826-839.

[36] WANG W M,WANG J W,LI Z,et al. Multiple Affective Attribute Classification of Online Customer Product Reviews:A Heuristic Deep Learning Method for Supporting Kansei Engineering[J]. Engineering Applications of Artificial Intelligence,2019,85:33-45.

[37] 赵江洪. 设计心理学[M]. 北京:北京理工大学出版社,2004.

[38] 韦登. 心理学导论:原书第 9 版[M]. 高定国,等译. 北京:机械工业出版社,2016.

[39] 诺曼. 设计心理学 1:日常的设计[M]. 小柯,译. 北京:中信出版社,2015.

第2章　感性消费的行为与心理过程

消费者与消费品互动的过程是产生心理活动的前提，心理活动支配着消费过程中的行为，比如搜索商品、比较价格、付款购买等。同时，心理只有作用于行为时才能发挥出人的能动性，起到与环境互动的实质性意义。我们可以认为人的心理活动和外在行为是强相关的，但是并非一一对应。任何一种消费活动既表现出特定的消费行为，又包含了相关但并不特定的心理活动[1]。通过解读消费者的行为，能还原其心理过程，为了解消费者在这个过程中的真实所想提供了可能。消费者行为学和心理学将消费者行为(consumer behavior)解释为消费者获取、使用、处置产品和服务所采取的各种行为，实质上是一种问题解决的决策过程[2]。感性消费中的消费行为主要是指消费者的感性选择过程，这个过程包括购买前后的两个阶段，分为需求认知、信息搜寻、评价、购买和购后五个步骤[3,4](见图2-1)。

图2-1　消费行为的各个阶段

在心理学中，人的心理过程被划分为认知过程、情绪过程、意志过程[5,6]，人的所有行为都受到这些心理过程的影响和支配，感性消费也不例外。认知过程是人们通过感觉、知觉、记忆、思维、想象等形式反映客观对象的性质及对象间关系的过程。情绪过程是对客观是否符合需要而产生的态度体验，是伴随认知过程产生的一种主观反应过程。意志过程是人在自己的活动中设置一定的目标，按计划不断地克服内部和外部困难并力求实现目标的心理过程。认知过程决定消费者对商品信息的获取、评价和判断；情绪过程影响消费者状态，以及对商品的评价和态度;意志过程则是为了消费目标而努力的心理过程,与认知、情绪过程同时作用。三大心理过程的概括只是理解心理活动的三个角度,但是心理活动是一个连续统一体,心理过程中的这些方面互相影响,深度地融合在一起。

认知过程、情绪过程、意志过程又可以继续划分为不同的心理活动。这些心理活动也存在于多种感性消费行为中,并在不同的行为中起到主要的支配和决定作用。我们将结合消费行为的实例,分析其中的心理活动,为后续感性消费心理、设计研究建立概念基础。

2.1　认知、情绪、意志过程

2.1.1　认知过程

消费者通过感官接触到产品并产生感觉和知觉,连同相关的活动、体验等信息储存在大脑中;在对产品进一步认识的过程中,不仅依靠接触时的感知觉,同时利用了既有的知识进行间接判断;在判断过程中,一方面能认识现实中存在的产品,另一方面也能在大脑中创造出并未存在的产品。以上所有过程都集中在同一个对象上,揭示了认知过程中感觉、知觉、记忆、思维、想象、注意的一般心理过程。

得益于现代认知心理学的发展,人的认知行为和背后的心智处理得到了更进一步的研究。由于信息加工理论[9,10]的引入,认知心理学将人脑和信息加工系统做类比,引用计算机对信息的加工过程[11]创造了人脑的信息加工模型[12],用于描述人处理外部信息和形成知识的一般性原理(见图 2-2)。

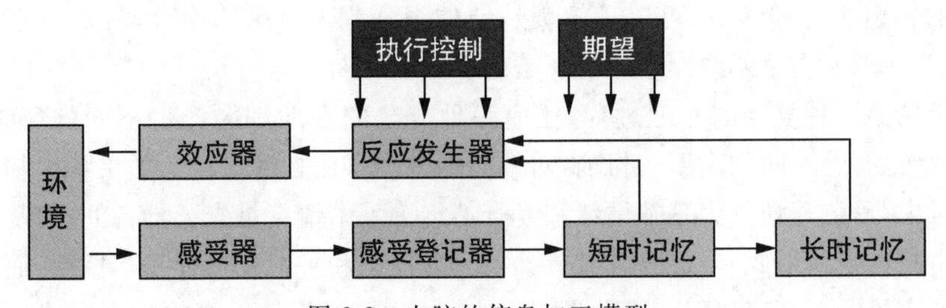

图 2-2　人脑的信息加工模型

信息加工模型是对认知的一种简化表达,人的认知层次不同,反映在信息加工模型中则是各个部分的效果不同。此外,并非所有人类个体处理信息的过程都与该模型相符,只有机体完整的个体才能完整进行其中的各个步骤。同时,认知发展具有从原始初级到特殊高级的形式[13],心智发展到一定层次才能执行高级的认知内容。比如,知觉、记忆是较为容易执行的认知内容,而想象、思维、直觉是更高级的认知内容。知觉能真实呈现特定事物和事件，记忆是呈现曾经出现但是当下不在面前的特定事物、事件，想象以一种特殊的形式将观念形象化，思维过程则是组织信息的关系形成观念，直觉是每一个具体的、实际表现出来心理过程的结果，也是一种个性化的识别。

2.1.2 情绪过程

在感性消费中，消费者的心理过程除了获取产品信息，还能综合这些信息来揭示产品对自我的意义，判断产品是否能满足自己的需要，从而产生一定的态度，消费者自身感受这种态度时的体验，则形成了某种情感或情绪。

情绪是人们对客观事物是否符合需要的态度体验和一系列反应的总称。情绪作为一种重要的心理过程，有多成分、多维度和多水平的特点，是设计心理学重点研究的内容。情绪的“多成分”是指情绪构成的多层次——个体的主观体验、生理唤醒和外部表现构成了完整的情绪。主观体验是情绪的重要组成部分，体验的好坏决定了个体会产生积极情绪还是消极情绪。生理唤醒是情绪过程发生时的生理反应，这种生理反应主要指神经控制的机体反应，比如心跳、血压、呼吸等生理特征的变化。而情绪状态发生时身体各部分的动作则共同构成了外部表现，比如面部的表情、姿势状态和语言等。情绪的“多维度”指情绪本身状态和带来的影响。情绪产生的根源来自个体内部或外在环境的刺激，个体受到刺激产生的情绪要么平缓地持续，要么迅速消解，要么起伏不定，这是情绪进行过程中的不同状态。这些状态对个体带来的影响也有好坏，“好”的情绪对人的机体健康状态或心理感受等方面大有裨益，而“坏”的情绪则相反。这里的“好”与“坏”并非学术的分类方法，而是我们的经验划分。情绪的“多水平”则是指一种情绪的特定内容的多少，可以理解为情绪的强烈程度。具体而言，又对应了主观体验、生理唤醒是否强烈，外部表现是否明显等指标。

情绪是一种复杂的心理过程，任何一种成分的变动都会产生不同的情绪，因此，情绪也有着不同的类型。目前，对情绪的分类方法多种多样。如果从生物进化角度考虑，可将其划分为基本情绪和复合情绪。基本情绪是先天具备的，而复合情绪是由基本情绪组成和派生出的情绪。比如，愤怒和害怕是一种基本情绪，而人在某些特定场景下会有愤怒和害怕同时存在的情绪，这就是情绪的复合形式。从情绪的影响和性质来看又可分为积极情绪和消极情绪。积极情绪正向且有益地支撑了人们的机体功能和行动，消极情绪则相反。由于设计对用户个体和社会的价值追求，调动积极情绪是设计的主要目标，而对抗消极情绪则是设计中的常用手段。此外，情绪根据一定时间内持续的强度、速度、时间等可进行状态的分类，比如紧急状态下的激烈情绪，缓和状态下的平静心态、心境等。

情感是一种比情绪更为高级的社会性需要体现，与情绪有着区别和联系（详见第 5 章）。情感按照社会活动需要可划分为道德感、理智感和美感。美感和设计息息相通，受到设计的客观刺激以及个人内在评价标准的影响。追求美感是社会生活，尤其是艺术生活的重要目的，也是设计活动的核心诉求。

鉴于情绪和情感对感性消费的影响，通过不同设计方案引发或改变消费者或用户的情感、情绪成为设计的一个重要目的。可以说，设计过程也是一个调节消费者或用户情感、情绪的过程，通过最终呈现的设计方案实现对消费者情绪的减弱、维持、增强等不同状态的调节。所以，基于情绪的设计是一个理解情绪和调节用户情绪的过程（见图 2-3）。从设计对情绪调节的作用点来看，设计可以探寻用户在产品使用过程中正向或负向情绪产生的原因，通过调整设计，实现对情绪的调节。例如解决用户在产品使用过程中产生的易用性问题，从而实现对用户负面情绪的调节，就是一种典型的针对原因的情绪调节。此外，用户在使用产品或完成交互动作的过程中，也会产生动态性的情绪，我们也可以通过设计的手段，实现对用户这些动态性情绪的实时调节。例如在游戏设计中通过创造不同的心流体验来调节用户在游戏中的情绪体验，就是一种典型的实时调节。

例如，日用品的设计，通常是希望能让用户在使用产品的过程中一直维持一种愉悦的状态；而冒险类游戏的设计，则希望用户在操作过程中能逐步兴奋，实现情绪状态的增强。

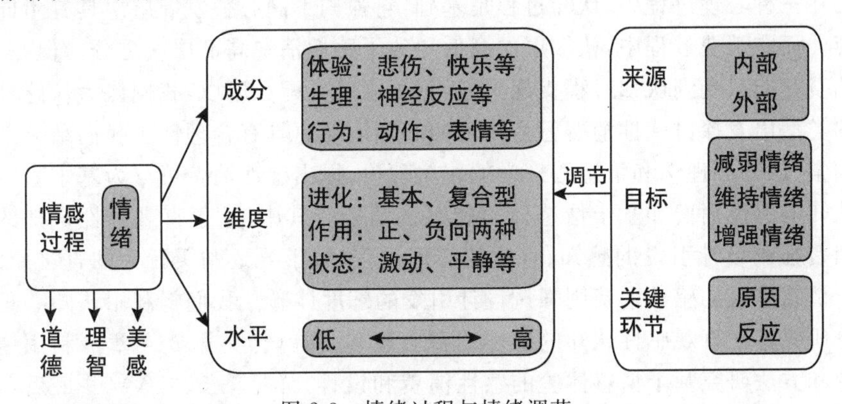

图 2-3　情绪过程与情绪调节

2.1.3　意志过程

认知心理过程和情感、情绪的心理过程是心理过程的两个方面，包含了维度更小的心理活动和环节，这些心理活动和环节是否顺利进行，与人的意志过程相关。意志过程最重要的体现在于根据目的支配、调节自己的行动，克服困难以实现目的。

认知和情感过程是外界刺激向内在意识的转化，意志过程则是内在意识向外部行动的转化。意志过程以明确的目的作为基础，在感性消费中该目的表现为符合自己感性需要的明确购买目标。意志过程为了达到目的，需要与排除干扰和克服困难相联系，为达到目的付出一定的意志努力，这个过程配合一定的行动调节，驱动消费者完成或者停止行动。在消费行为刚开始时，意志过程帮助消费者做出选择，包括选择要购买的商品、购买的方式以及购买的计划；在消费执行阶段，意志过程促使消费者将购买商品的决定转化为切实的行动，消费者通过意志努力选择购买的方式和渠道；在购买商品之后，意志过程伴随着消费者体验购买的效果，以判断下次是否继续购买或者拒绝购买等行为（见图 2-4）。

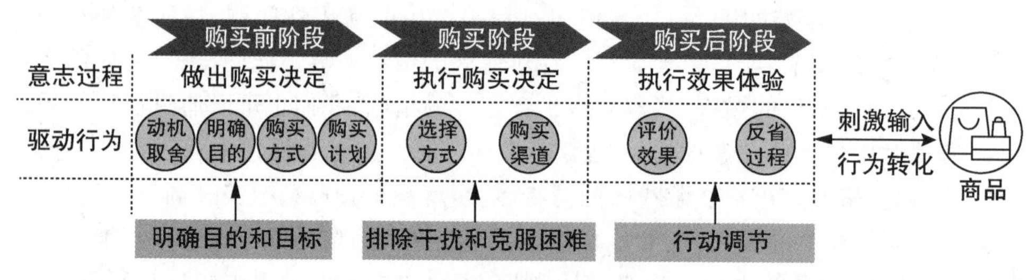

图 2-4　感性消费中的意志过程

在三种心理过程中，认知过程是基础，它强调不同心智发展层次具有不同的内容。而在消费过程中，认知层次高低导致了感性消费高低层次之分。但是，感性消费并非只受到认知过程支配，也受到情绪的支配。所以，我们认为从感性消费的类型出发探讨感性消费行为背后的心理活动更具有合理性。我们结合消费心理学、认知心理学和情感心理学的相关理论，提出感性消费可分为基于直观感性认知的感性消费和基于情感体验的感性消费。其中，基于直观感性认知的感性消费强调设计引发的感知、直觉的心理过程，属于导致购买行为的直接原因；基于情感体验的感性消费则强调设计引发的态度体验。我们将利用认知心理学理论研究基于直观感性认知的感性消费心理和设计（详见第 3、4 章），利用情感理论和方法研究基于情感体验的感性消费和设计（详见第 5、6 章），并最后总结现代心理学和设计学的研究方法，为感性消费时代下的设计提供参考。

2.2　感性消费过程中的心理活动

为了更加直观地了解消费者在消费过程中的心理活动，我们组织了一次模拟在线消费的活动，招募了不同的参与者，他们在活动中将站在消费者视角体验一次在线购物。活动观察者全程记录参与者的在线消费行为，并通过访谈了解他们在模拟购物过程中的心理活动。活动开始前，我们告知参与者把自己当作一个正在购物的消费者，并利用显示器呈现商品，模拟在线购物。在活动开始前，参与人员并未被告知接下来将要浏览的商品，以此模拟在浏览商品时“偶遇”的场景。

2.2.1　需求认知阶段

需求认知即消费者受到某种刺激时对客观事物产生的欲望和需求过程。本次模拟在线消费以韩国 Jiyoun Kim 工作室设计的香水瓶为对象（见图 2-5），活动中呈现给参与者一段时间后，询问其看到的结果。部分参与者的回答为“蓝色和黑色的摆件”，部分回答为“戴着帽子的小人”，还有“玻璃或塑料材质的摆件”等结果。这是因为，在相同的外界刺激下，不同人的感受性是不一样的。显然，参与者看见的实体是一致的，但是看到的结果在个体差异性的心理加工之后呈现出了不同的结果。“看见”和“看到”的差异其实来源于感知差异。所有参与者都通过感觉器官接受到了事物的刺激（在这里是图片的视觉刺激），再通过知觉综合了事物的整体，在认知的加工活动下得到了“看到”的结果。将这种试验推及至生活中的其他场景，比如在线购物浏览商品图片时也同样成立，参与者产生的不同知觉决定了他们接下来是否有进一步了解的兴趣，也决定了是否会产生需要的冲动，以及接下来的购买计划等行为。所以，知觉是消费行为开始时最为重要的心理过程之一，尤其是处于知觉前端的感觉，是整个消费行为的大前提。

知觉是认知心理学中重要的研究内容，“知觉”与“感知”基本同义。知觉的过程分为两个阶段：感官接受物理世界的刺激并转化为一些基本的感觉，比如视觉、触觉等。感觉再经过与知识、经验等的综合处理变成对客体及其属性的知觉[7,8]。

知觉在很大程度上受到人们对外部直接刺激处理方式的影响。身体“硬件”决定了人类以特定的方式感知世界，因此，知觉又与感觉系统逐一对应，可以分为视、听、触、嗅、味的知觉。

图 2-5　韩国 Jiyoun Kim 工作室设计的香水瓶

彩图效果

2.2.2 信息搜寻阶段

在需求认知的基础上，消费者受满足需要的动机驱使，开始寻求解决方案。解决方案一般指获得该商品的一系列准备过程，即了解更多的信息。信息搜寻除了指从环境中获得相关的信息，也可以是从已经获得的知识中搜寻相关的信息，前者表现为外显的行为，后者则是一个心理过程。模拟消费行为的试验中，是什么支持了参与者"看到"什么？在这个画面中，物体的颜色、光泽、形状、数量、排列方式等都可以组成回答的线索。但是，假如只有很短的观察时间，人们能注意到的内容就会变得有限。有的人注意到了颜色，有的人注意到了形状。此时，人们就难以回答一些更为复杂的问题(比如图中物体的数量)。所以，在这个有限的时间段内，人是怎样完成注意过程的呢？注意的机制是一个复杂的过程，也包含了更多细微的生理和心理活动。在解释注意时，英国著名心理学家布罗德本特提出"过滤器模型"，认为注意是因为人的感官通道和中枢神经加工受限而主动过滤和调节刺激信息造成的；美国心理学家特瑞斯曼提出了"衰减模型"，认为刺激信息在人的感觉通道中逐渐减弱，直至重要的信息才被加工保存在意识中形成了注意；心理学家卡里特提出了"容量分配模型"，认为注意是一种资源和能量，那些被注意的事物是由于人的感知和神经处理系统分配了更多的资源和容量。一言以蔽之，注意可以解释为"排除无关信息，将意识集中于某一方面的信息"。对于感性消费而言，那些陈列在橱柜里面的商品在某个时刻引起注意，主要和消费者当下的状态、商品具有吸引力的特质相关。消费者的经验和知识、精力、情绪、欲求等影响了注意形成的内在条件，而商品的外观、发出的声响等作为外在条件，能给感官造成的刺激强度，和周围其他刺激的对比的强烈程度也影响了能否被消费者注意到。商品要想被注意，消费者的内在条件是不可控的因素，所以更普遍的做法是让商品具有更夸张的与环境对比强烈的外观、特殊的声音、独特的气味等，给消费者的感官造成强烈刺激。

在模拟消费的试验中，我们发现短时间内人们对画面的知觉和注意是有限的，因此能记下的信息也有限。参与者在回答某些问题时很肯定且耗时较短，而其他问题则迟疑且耗时长，在迟疑和耗费的时间中，参与者尝试从脑海中"搜刮"任何一点与问题相关的信息。内部信息搜寻简而言之就是凭借记忆和消费经验来解决问题，受到需求唤醒程度、驱动力强弱、记忆信息量、信息匹配性等因素影响。如果画面未引起足够的兴趣，不足以驱动参与者去回忆，或者记忆中没有与画面相关和合适的知识，也就不足以刺激接下来的行为。

在上述过程中，参与者的记忆过程储存了在看图片时感知到的信息，并根据回答问题所需要的信息进行调取。人的记忆分为短时记忆和长时记忆。短时记忆是将信息保留短暂的时间，供当下的任务使用。在试验中，帽子样的瓶盖、圆润的瓶身、两足的瓶底等香水瓶的设计特征，会在参与者短时间看图形成知觉后，作为短时记忆储存起来，并用于回答试验中的问题。当参与者说“我第一次见”时，也就意味着这个瓶子带来的感官刺激和以前的刺激信息有很大不同，意识中当下知觉到的信息和所有记忆中的信息有所差异，这也证明了该过程长时记忆的参与。长时记忆是指储存时间较长的信息内容，这些信息刚开始是短时记忆，后来不断被利用和复述而变成了长时记忆。长时记忆很稳定，在经过很长时间之后仍能被认知调用，对当下的任务起到影响作用。由于记忆的过程可以近似看做信息的存储和调用，所以，当信息得到更新时，人的记忆也会发生变化，当调用的过程出现差错时，记忆相比事实内容可能会丧失部分真实性。

上述过程中，参与者调用记忆并在观念上复现香水瓶印象的这个过程称之为表象。表象指客观刺激作用消失后继续存在于人的记忆中，经过大脑加工之后呈现的感性形象。试验中，部分参与者觉得是第一次见到这样的瓶子，是因为他们认为眼前的这个瓶子和以往香水瓶子的表象有很大差别。在这里，记忆中的香水瓶以视觉画面的形式储存在他们的大脑中，与眼前刚刚受到的视觉刺激信息进行了比对，因而得出这样的结论。另外的参与者被提示画面中为香水瓶时，联想到具有女性色彩的相关特征和物品，比较发现与记忆中“女性”的表象并不相符，而感到好奇，引发探究的欲望。

2.2.3　评价与选择阶段

评价是指消费者根据知觉和信息搜寻所得对商品做出是否符合期望的判断。在随后继续模拟购物的试验中，我们将画面持续展示给参与者，并告知其是一款香水（见图 2-6）。随后，我们邀请参与者就这些图片信息评价这款香水，并询问是否有可能因为外观选择这款香水。

部分参与者在得到答案后表示惊讶，认为这种造型的香水瓶还挺奇特，是首次见到，有可能会被它有趣的造型吸引而购买。参与者的评价依赖于评价标准和标准下该商品的绩效。评价标准是消费者在选择时要考虑的这件产品的特征和属性，这些特征和属性也和消费者想要获取的利益以及需要付出的代价有关。在试验中，如果参与者是希望获得这款香水独特的外观造型以及寓意，且价格和其他同类产品相当，那么在外观造型和性价比两项标准中，这款香水极有可能达到较高的绩效值。当然，标准的制定以及绩效值的评估对于消费者个体而言是因人而异的：试验中也有参与者表示这个香水瓶的外观造型让人无法读懂产品的用途和语义，在第一时间很可能错过，所以极有可能不会购买它。

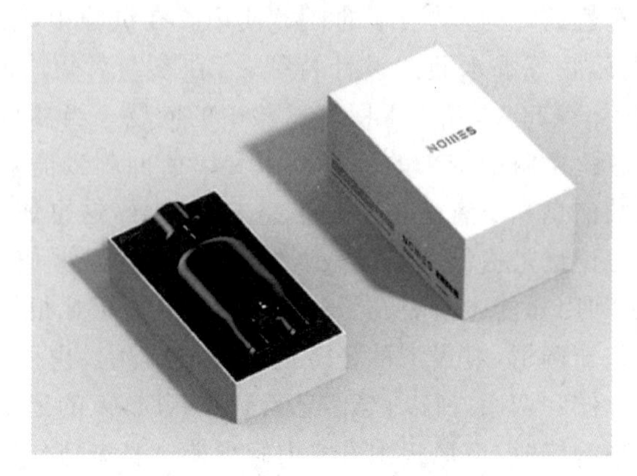

彩图效果

图 2-6 “Nomes”香水

2.2.4 购买阶段

无论是感性消费还是理性消费，购买决策是在购买前阶段的最后一环。在微观消费行为中，信息搜索和评估形成了购买的意愿，购买意愿到最终的购买行为实施仍然有消费者理性思考的余地。理性思考指的就是人们的思维活动，思维在心理学中被定义为：通过判断、抽象、推理、想象和问题解决这些心理特征之间复杂的相互作用，来实现信息转化从而形成新的心理表征的过程。这个过程的重点是实现信息的转化从而形成新的心理表征，这也就是说思维的目的就是将“看到了什么”“这东西怎么样”两个问题中得到的信息进一步转化。认知心理学认为思维活动包括了概念生成、逻辑思考和决策。

在模拟购买的试验中，当面临“会不会购买”这个问题时，参与者们面临的问题和生活中面临的消费决策问题是一样的。为了更加真实地模拟决策过程，我们将其他的香水也以图片的形式呈现给参与者，供其挑选（见图 2-7）。当只呈现 A 时，参与者认为自己可能会因为瓶子的外观吸引而购买，或者因为不明白用途而错过购买，但还是要考虑香水的质量和性价比。当呈现 A 和 B，并且告知参与者 A 和 B 香水质量、价格相同时，更多的参与者选择购买 A。当 A 和 C 一同呈现，并且不告知两款香水的质量和价格时，更多的参与者选择了 C。

对于这样的结果，我们观察到参与者模拟消费过程的决策时，对质量、价格等因素的理性思考仍然是主要的。但是，在没有判断、推理的参照和信息时，参与者可能会进行感性的选择。比如当 B 和 C 同时被呈现且不告知价格和质量时，参与者因为 C 的品牌影响力而更倾向于选择它，而在继续询问原因时，大多数选择 C 的参与者更相信知名品牌和款式更能保证质量和好的使用享受。不仅如此，当参与者看到大多数人都选择卡片 C 上的产品时，自己也会倾向于选

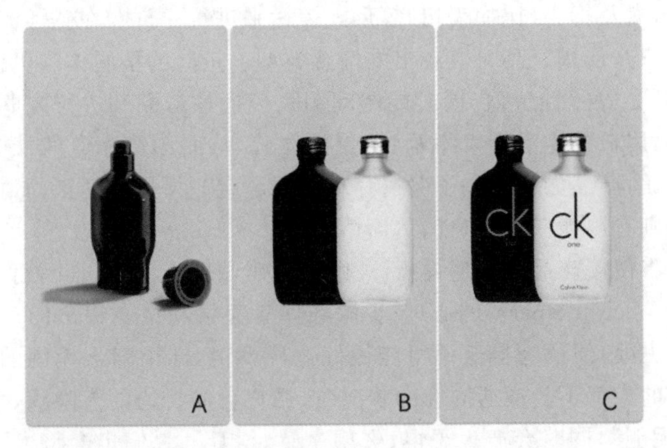

彩图效果

图2-7　加入对比参照(https://www.calvinklein.cn)

卡片C。这与实际生活经验是相符的:品牌效应代表了多数消费者的愿望和动机,人们在决策时容易遵从他人的愿望,尤其是与决策者关系越紧密的人越容易改变其消费决策。

这个模拟试验还发现,参与者的购买决策容易受到干扰而改变:当我们逐渐提供给参与者更多的信息时,参与者容易摇摆不定,难以决策。在消费过程中,尤其是在冲动型消费的决策最终阶段,更多的理性思考会阻止消费者完成购买行为。又或者是意外情况发生,比如出门忘带钱了或者预算问题等延迟了消费的决定,有可能未来就不会再购买该商品。除了自身原因,当前情境下的一些不确定性因素也容易导致临时改变决策,包括他人的态度以及一些意外情况,都有可能改变购买的决策意图。

2.2.5　购后阶段

消费行为不止购买行为,还有购后行为。购后行为主要是消费者使用并形成体验的过程。产品体验是设计中经常研究的领域,这与产品的使用息息相关。在这个阶段,消费者的角色转变为了产品的用户。对于产品本身而言,设计的可用性、易用性、美观等性能是影响当下使用体验的重要因素;对于商业而言,用户在产品使用中的体验影响了其对产品本身、品牌的评价,从而影响后续的购买计划。

在诺曼的《设计心理学——日常的设计》中,他描述了日常的产品功能、使用方式不合理给用户带来的困惑、懊恼,而这正是当前所有设计都要面对且解决的难题。良好的设计给用户创造良好的使用体验,优秀的设计能创造高于期待的情感价值,从而提高用户对产品的满意度。用户的满意程度可以通过用户主观叙述(语言),以及行为(比如表情)等形式表达来进行评价。在感性消费中,我们更加关注用户在使用产品时表现出的情感类型。正向的情绪体验不仅能让用户获得愉悦、开心等感性价值,同时能驱动用户传播该产品和进行复购,创造商业价值,以及为用户的生活带来幸福、享受的体验,从而创造相应的社会价值。与同类产品相比,产品如果解决了普遍存在的问题会激发用户的正面情感,如果又产生新问题则有可能激发用户的负面情感。

当用户将使用产品时遭遇挫折、失败等障碍归因于自己,会因而产生习得性无助(learned helplessness)的心理(美国心理学家塞利格曼提出的理论,指人们做某事多次失败,便认为自己不可能做好这件事情,结果陷入无助的状态)。尤其是当身边的人都不会遭遇同样的状况时,用户会向身边的人隐瞒,生怕别人发现自己的"无能",同时会产生恐惧、失望之感。相反,人们也会将失败归因于外界的条件。当用户对产品的要求越来越挑剔时,他们也倾向于将使用中不好的体验迁怒于产品。总之,不管是将这种失败归因于自己还是产品,对于用户继续使用产品都是一种阻碍和打击。事实上,随着人们对产品的态度越来越苛刻,使用中的不良体验带来负面情绪会引导人们将其他因素归因于产品设计的失败。所以,引导和说服用户接受设计中的缺陷是巨大的赌注。例如,笔记本电脑在迭代过程中倾向于取消高清多媒体接口,这种设计的缺陷在于需要用户准备一个拓展坞,以适配办公场景中的其他工具。但是这种新的设计是有一定风险的,比如在参加重要会议时,拓展坞失效或者被遗忘,都可能导致用户的失误和不良的体验。此时,设计师也不可能期望用户能包容这样的缺陷,尤其是在用户已经为此而恼怒时。又比如,电动转笔刀在打开废屑盒时总是会撒落墨粉,虽然小心翼翼地操作可以避免这样的问题,但是要让用户长期这样做,他们未必会继续包容这样的设计缺陷。

消费活动阶段的划分是对普遍现象的概括性描述,但是去便利店买个很便宜的商品和去4S店买辆车需要经历的心路历程和实际过程显然是不一样的。这是因为从需求的确认到购后的评价,消费者不一定按部就班地在每一次消费中都重复该流程。在这一过程中,消费者的认知过程存在着时序和完备性两方面的不确定性。通常情况下,消费者在购买一个很不起眼的日用品时可能不会花时间搜索大量的同类商品信息再来选择评估,也不会太在意使用体验的优劣。但是,如果去4S店买车,消费者会重复地搜索相关信息、进行评价,甚至在最后决策之前突然改变主意。也有例外情况,消费者对一件很便宜的日用品有特殊追求时,也会花上大笔的时间去了解相关资料,走遍商场发现同类商品。同样是买车,如果购买的目标车型在半个小时之后就要涨价,或许也容不得花时间去评估选择。所以,即使是在购买同样的商品,不同的情境也会使认知过程中的各个环节产生时序上的差异。显然,消费者总是会根据自己所处的状况、购买产品的价值,不断地在评价和决策环节徘徊,调整自己的评价结果和最终消费决策。有时,甚至会因为新输入的信息回到感知觉过程。即使是买汽车,某些消费者因为条件富足,不需要花太多时间选择,即使是看似非理性的选择也无足轻重,他们也可能不会花太多时间去评估对比。所以,即使是同一个商品,不同消费者之间的消费过程也不尽相同。

从接受外界刺激开始,消费者对商品形成知觉、转为短时记忆、调动长时记忆、思维、意识看起来是很长的一个流程,这些过程却可以在一瞬间就完成,或者这些心理活动能够同时发生。尤其是在感性消费者中,消费者看似因为感官被吸引而做了感性选择,但是意识和思维的过程在短时间内就已完成,因而在讨论感性消费类型时需要对消费者的主观心理活动和客观行为同时理解才能做出判断。另一方面,消费的认知阶段和消费阶段没有绝对的对应关系,认知过程是同时发生的,但是并非所有与认知相关的心理活动都呈现出了重要的作用。这也是为什么消费者会因为一时的冲动而没有足够的思考,进行了一些看起来不合理的消费,因为这个过程中思考活动并未占据上风,主导最后的行为。而类似于知觉这种心理活动是随时都可能进行的,只要接受的感觉刺激不间断,就会不断形成新的知觉过程,所以无论是信息搜索还是购后使用,都有知觉活动的存在。

消费者的情绪过程同样存在着不确定性,情感和情绪是人对客观事物和人的需要之间的关系的反映。即使是在相同的客观事物条件下,人们因为性格、经历、文化背景和社会背景差异而有不同需要。因此,面对相似的客观条件也会产生大相径庭的解读,从而产生不同的情绪。这种情况甚至会发生在同一个人身上:面对同一客观事物时,情感状态变化导致体验态度和评价并不能总是一致。我们在生活中也能找到这样的实例:热情的导购员作为一种消费过程中的客观存在,不同的消费者体验不同,有的会觉得备受打扰,而有的则是倍感亲切。即使是同一个消费者,在心情舒畅和希望交流时,对导购员的服务会产生亲切感和被尊重的满足感,而在心情烦躁时,会觉得导购员的服务聒噪而心生厌恶。

参考文献

[1] 余禾. 消费者行为学[M]. 2 版. 成都：西南财经大学出版社，2016.

[2] SVENSON O. Decision Making and the Search for Fundamental Psychological Regularities: What Can Be Learned from a Process Perspective? [J]. Organizational Behavior and Human Decision Processes，1996，65(3)：252-267.

[3] 所罗门. 消费者行为学(第 13 版)[M]. 符国群，等译. 北京：中国人民大学出版社，2018.

[4] 戴维 L. 马瑟斯博，德尔 I. 霍金斯. 消费者行为学[M]. 陈荣，等译. 北京：机械工业出版社，2015.

[5] 朱丛书. 心理学[M]. 杭州：浙江大学出版社，2015.

[6] 杜威. 心理学[M]. 熊哲宏，张勇，蒋柯，译. 上海：华东师范大学出版社，2019.

[7] TRAN P V，LE T X. Approaching Human Vision Perception to Designing Visual Graph in Data Visualization[J]. Concurrency and Computation-Practice & Experience，2021，33(2)：37-39.

[8] KIM S，YU Z，LEE M. Understanding Human Intention by Connecting Perception and Action Learning in Artificial Agents [J]. Neural Networks，2017，92：29-38.

[9] CHUANLEI L，BAISHU C，DIJIAN H. Effect of Cognitive Need and Purchase Involvement on Information Processing in the Online Shopping Decision-Making [J]. International Journal of Computer Applications in Technology，2019，61(2)：31-36.

[10] LEUNG B T K. Limited Cognitive Ability and Selective Information Processing[J]. Games and Economic Behavior，2020，120：345-369.

[11] CHATTERJEE I. Quantum Computers：A Perspective into Next Generation

Information Processing[J]. Everymans Science,2018,52(6):394-398.
[12] DE JONGSTE H. Mental Models, Humorous Texts and Humour Evaluation[J]. Review of Cognitive Linguistics,2018,16(1):97-127.
[13] WILLIAMS D. Hierarchical minds and the perception/cognition distinction[J]. Inquiry,2019,24:275-297.

第3章 直观感性认知心理

消费者的感性认识充分反映了主观态度和感性需要，也反映了真实的感觉与期望。现代设计理论认为，获取人们的感性认识能提升设计的可能性，确定创新设计范围及参照模板，能帮助设计师进行设计构思和制定创新策略。消费者形成对产品的直观感性认识主要依靠感觉、知觉、直觉等心理过程，这些过程影响了产品在消费者大脑中形成的最终感性表象，从而影响消费的感性选择。

3.1 感觉与知觉

感觉来自人体感官的本能，而知觉的核心是人类大脑的“天赋异禀”。“花若盛开，蝴蝶自来”，盛开的花朵映入眼球，让人们看到，而人们看到花朵盛开的体验远不止视觉受到刺激这么简单，受到经验的影响，可能会联想到“蝴蝶自来”。知觉是人们认识和理解世界的基础，同时，个体差异导致的知觉让我们对事物有不同的表象，在改造世界时才呈现出了多样性。如果没有知觉，人类对世界的认知只停留在感觉层面，对世界的定义或许只能靠猜测。虽然知觉在认知加工上比感觉更加高级，但是它们会同时发生，并且没有明显的界线，人们也很难在知觉中完全区分单纯的感觉内容。部分生理过程只发生在人体感觉接收器及其附近，其余的则依赖于神经中枢的参与，但是同一个生理过程在感受器和中枢神经的微弱反应难以被主体察觉，所以难以区分。从两者的区别来看(见表3-1)，感觉只反映事物的单一属性，知觉则反映事物的整体属性。感觉是知觉的基础，人们在感觉事物时所使用的通道越多，能获得关于事物属性的信息就越全面，因此知觉也会更完整。

表 3-1　感觉与知觉的对比

<table>
<tr><th></th><th>感觉</th><th>知觉</th></tr>
<tr><td rowspan="4">区别</td><td>单一感觉来自单一感受器</td><td>单一知觉可以来自多个感受器</td></tr>
<tr><td>感觉来自感觉器官，未经精细加工的信息</td><td>知觉是有组织的，对感觉信息的整合，并赋予感觉意义</td></tr>
<tr><td>感觉只能正确描述个别属性</td><td>知觉能描述同一事物的整体和综合属性</td></tr>
<tr><td>较简单的、初级的认知过程</td><td>较为复杂的、高级的认知过程</td></tr>
<tr><td rowspan="4">联系</td><td colspan="2">感觉与知觉密不可分，感觉是知觉的基础，知觉是感觉的进一步深化处理</td></tr>
<tr><td colspan="2">知觉是各种感觉的有机碰撞和结合</td></tr>
<tr><td colspan="2">在日常的生活很少有纯粹的感觉，一般都会立刻转化为知觉</td></tr>
<tr><td colspan="2">刺激物直接作用于感觉器官，是产生感觉和知觉的基本特征</td></tr>
</table>

同时，感觉和知觉都是对当前事物的直接反映，反映事物的外部特征和外部联系，都属于对客观世界的基本感性认识。基本感性认识为其他复杂的认识过程，如注意、记忆、思维和想象提供了必要的素材，并在这个基础上对事物产生情感，形成观点、信念、梦想等。因此，感知是认识世界的开端，是一切感性心理活动的基础。

3.1.1　感　觉

感觉是个体对刺激作用于感受器所产生的体内外的初级经验或者觉知。日常生活中，当外界环境中的刺激或者人体机体内部的刺激作用在人体感受器上时，通过神经传递和大脑的加工，就形成了感觉。由于感觉来自感受器，每种感受器都有其独特功能，大脑对这个感受器所受刺激的加工结果反映了刺激的单一属性。感觉是一种初级的经验，是一切高级、复杂心理现象的基础。有了感觉经验，人们才能进一步产生知觉、想象、思维、情绪等心理内容。

单一的感觉难以帮助人们建立对环境的复杂经验，所以，人们在实际生活中会用到身体的各种感受器接受来自环境的刺激信息，不同的器官就对应了不同刺激信息与大脑之间的感觉通道。人类在认识世界时使用最多的感觉器官是眼睛和耳朵。视觉与听觉构成了人们理解外界事物属性的重要通道。不过，感觉刺激并非全来自外部环境，也会来自机体本身，比如内部器官状态等。因此，我们也将感觉分为外部和内部感觉，两种类型的感觉有相互影响的作用。

意大利著名教育家玛丽亚·蒙特梭利(Maria Montessori)曾说过："与智力相关的东西，没有一件不是来自感官"。她的"感官教育"理论以人们与生俱来的各种感官能力为出发点，采用能够刺激感觉产生的感官教具为媒介（见图 3-1），有效地刺激各种感觉器官的感受学习。

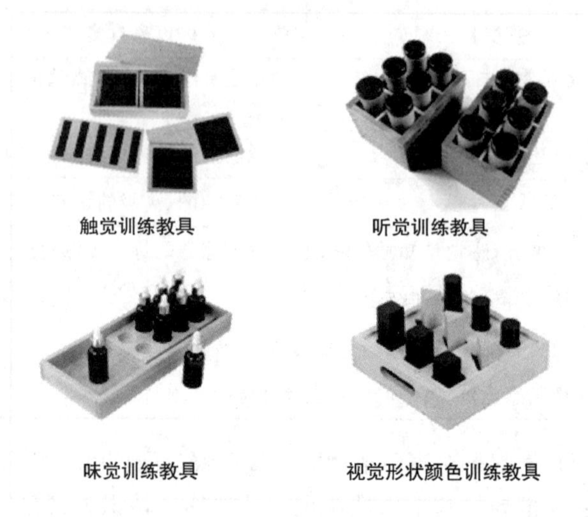

彩图效果

图 3-1　蒙特梭利感官教具

德国教育家、艺术家雨果·库克豪斯（Hugo Kükelhaus）基于感觉理论发明了刺激感官的玩具“Allbedeut”和其他感官体验装置，这些感官体验装置在蒙特利尔世博会上向大众开放，并获得了广泛的关注。随着时代的变化，雨果的感官体验装置已经发生了极大的变化，也衍生出了更多的体验装置，这些装置还被运用在公园建设中，增添人们感官体验的乐趣（见图 3-2）。

由于感觉的重要性，设计也很重视产品带给人们的感官刺激。目前，视觉与听觉的感官设计实践相对较多，相应的案例也更丰富。当我们期待与设计进行更加自然的对话时，多感官通道设计、自然交互设计等理念的兴起，引导了设计通过更多感觉通道为用户输入多维、强烈的产品刺激信号，创造出更丰富、新颖的感官体验。比如通过嗅觉唤醒睡眠者的概念，就产生了嗅觉闹钟的创意设计（见图 3-3）。

Wasserstrudel（水漩涡）　Lichtstein（光棱镜）　Oktoskop（八度镜）

彩图效果

Drehstein（转石）　Summstein（苏姆施泰因）　Lithophon（耳机）

图 3-2　赫敏豪斯公园(Herminghaus Park)中的库克豪斯感官体验装置

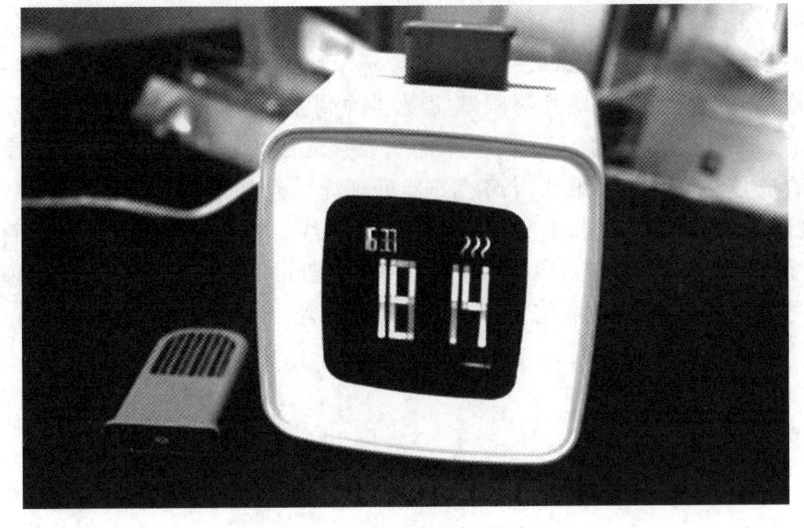

彩图效果

图 3-3　“嗅觉闹钟”设计

感觉的形成主要包括三个环节:感受器接受刺激、神经传递过程,中枢神经系统以及大脑皮层加工过程(见图3-4),视觉、听觉等感觉的形成都要经历这三个环节。虽然人们在日常生活中难以感受和区分这三个环节的界限,从感受器接受刺激到形成感觉经验也几乎是瞬时完成的,但是科学家们在利用微电极技术研究神经系统的感觉信息加工时,发现了外界刺激下感觉通路和大脑皮质不同的神经元放电,区分了感觉形成的生理反应阶段。最重要的是,这也证明了感觉最终是在大脑中形成的,又由于大脑的感觉信息加工形成知觉,所以导致感觉与知觉难以划分界线。

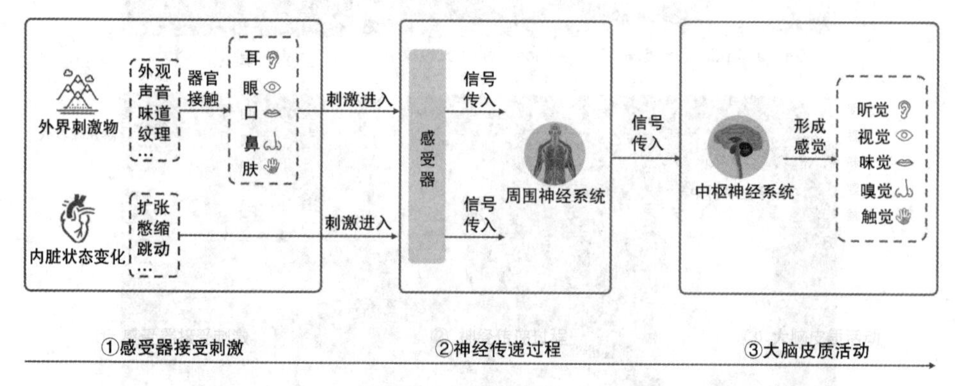

图3-4 感觉的形成过程

1.视觉

人主要依靠视觉感知外界物体的大小、明暗、颜色、动静等信息,至少有80%的外界信息经视觉获得[1],所以视觉是最主要的感觉通道。对于没有视觉障碍的人群而言,视觉通道会被优先利用以获取信息和参与完成任务,而视觉也会高度参与其他感觉通道,最终形成知觉。

视觉的形成始于环境光对眼球感受器的刺激,形成机制如图3-5所示。环境光的频率决定了光的颜色,高频率的短波被人眼识别为蓝、紫色,低频率的长波被看成是红色的光。眼球内部感受器处理光信息的部位依次是视网膜、视神经,视网膜外层是色素层,吸收进入眼球内的光线,内层是神经层,拥有数百万个光感受器细胞、双极神经元和节神经元,将接收到的光信号转变为可供传递的神经信号。最后,视神经将信号通过丘脑传递给大脑皮质的视觉区域,形成视觉[2]。

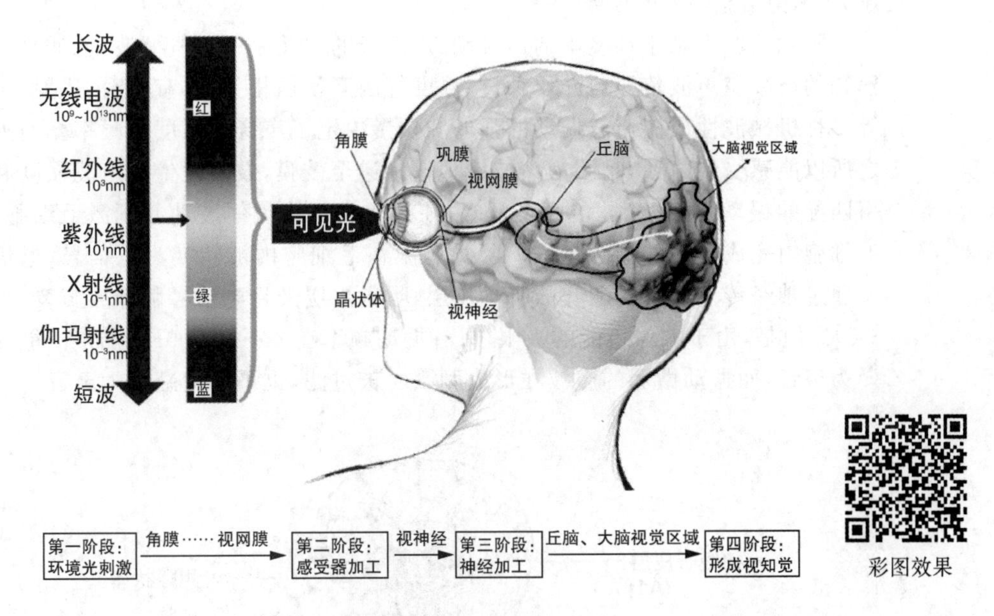

图 3-5　视觉的形成机制

视觉感受器在加工阶段有着重要的地位，从机体本身决定我们能看见什么事物。视觉感受器包括视锥细胞和视杆细胞。视锥细胞可以探测细节和色彩，每一个视锥细胞都和一个节神经元连接，可以捕捉精准的色彩和细节信息[3]。且不同视锥细胞对光的敏感程度不同，在环境较暗时难以发挥作用，所以需要视杆细胞的配合。而视杆细胞对光更加敏感，100 种不同的视杆细胞可能只与1 个节细胞相连且同时向视神经传递信息，这就导致视杆细胞无法提供精度较高的信息，只能提供物体大致的轮廓及明暗信息，并识别白和黑的灰度，但是能负责探索视野周边的信息。我们的视野就好比是一幅彩色的画面，视锥细胞是画面色彩和细节的控制器，而视杆细胞是画面亮度、灰度的控制器。明白视锥、视杆细胞的作用对于设计也有实际意义，比如对于先天视锥细胞功能障碍的人群，需要进行特殊的色彩设计以达到让他们正常辨别色彩信息的目的。

2. 听觉

听觉是人们获取信息的第二大感觉通道[4]。视觉能观察到光能所及之处，听觉信息补足了视线有不及之处的缺陷。所谓“未见其人，先闻其声”，之所以能形成对“其人”的知觉，就是因为“其声”的作用。听觉一直以来最重要的一面是让人们能欣赏音乐，而音乐对塑造丰富的精神世界和愉悦体验有重要价值。在设计层面，听觉体验设计是产品设计的重要方面。好的听觉设计能够在功能上缓解视觉通道压力，承担信息输入的任务。

听觉的产生始于环境中的声音刺激，声音的本质是一种机械波，也就是人们熟知的声波。声波传导与介质种类、温度等因素密切相关，具有折射、反射、干涉等多种机械波性质。声波振动的强弱和快慢决定了声音的强度和频率。而人体之所以能感受到声音，是因为声波沿耳道传递至鼓膜，鼓膜发生与声波强度和频率匹配的振动，振动又被传递至耳蜗，在耳蜗内形成流体波动并刺激毛细胞，在毛细胞内完成初步的刺激接收。听觉刺激在毛细胞内被转换为电信号，电信号又通过神经传入位于脑颞叶的听觉皮层，听觉皮层又将电信号翻译成声音（见图3-6）。但是，由于人体机能的极限，只有振动频率在20～20000Hz的声波能被翻译为声音，而振动微弱的声波在形成刺激时被过滤，也不能被翻译为声音。

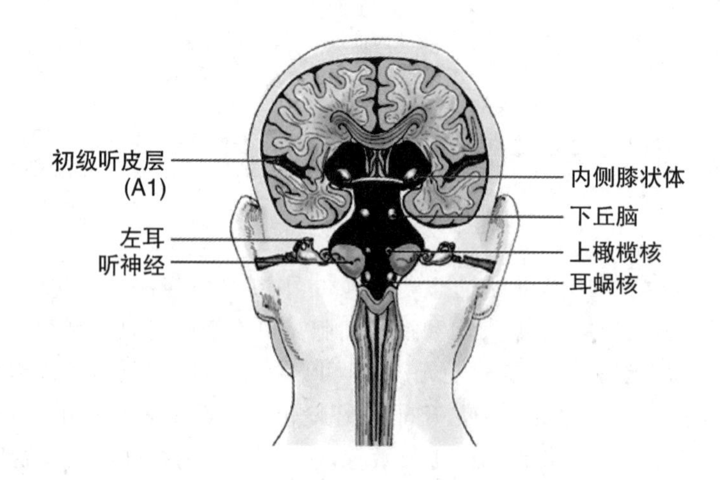

彩图效果

图3-6　听觉系统结构

被翻译的声音具有三大属性：响度、音高、音色，与声波的物理性质存在对应关系（见表3-2）。其中，音色对应了物理世界不同的发声源，帮助人们辨别声音对应的实体。长笛声音柔美清澈，双簧管声音明亮悠扬，两种发声实体就造成了音色上差异。

表3-2　声音的物理特性与知觉属性对比

物理特性	知觉属性
振幅	响度
频率	音高
波形、纯度、混合方式等属性	音色

3. 触觉

广义的触觉通常指肤觉，是由皮肤感受器官所产生的一系列感觉，也被称作皮肤感觉(cutaneous sense)。肤觉包含触觉、压觉、振动觉、温觉、冷觉和痛觉。而狭义的触觉是指皮肤浅层的触觉感受器接触微弱的机械刺激产生的肤觉，也就是刺激作用于皮肤后未引起变形时产生的是触觉，而皮肤变形时产生的是压觉。

触觉虽然不是人体主要的感觉通道，但是也弥补了视觉、听觉接收信息的不足，它的作用是为人体感知环境空间和物体的体积、外轮廓等细节提供基础，避免了视听觉的信息感受错误。比如，受限于光线、传播介质和观看角度等条件时，物体外表面上的凹陷与凸起形成的纹理难以被视觉准确识别，而皮肤直接接触物体表面获得的感受就能反映其表面的纹理特点。1952 年，大卫・卡特兹(David Katz)提出了纹理感知的双重理论[5]，该理论认为人们对纹理的知觉依赖于空间线索和时间线索。较明显的表面元素提供空间线索，如凸起和凹陷，它们能在触碰与按压表面时被轻易感知；而一些精细的表面纹理需要皮肤在表面上滑动采集时间线索的过程中才能被知觉。时间线索实际上也就是通过皮肤移动产生皮肤表面的振动来感知细小表面的粗糙度。

除此之外，触觉对振动的感受被广泛应用于设计中，振动反馈就是典型应用：如果虚拟视觉界面的按键只提供视觉操作反馈时，人们只能依靠视觉识别自己是否进行了操作，当增加振动反馈时就能很好地弥补单一通道反馈不足的缺陷，避免了视觉通道的任务压力。在屏幕界面交互广泛流行的情况下，触觉设计和视觉设计的互补被应用到各种场景中。比如奥迪汽车的车机屏幕交互设计中就利用了振动反馈提示操作(见图 3-7)，用户触摸屏幕上的虚拟按键时，屏幕会有轻微的振动反馈。

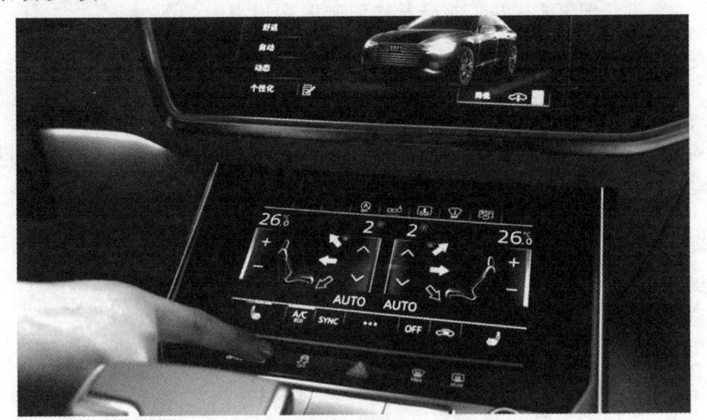

彩图效果

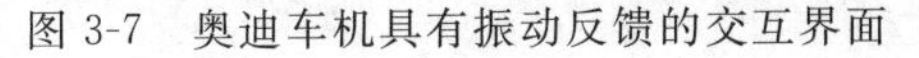
图 3-7　奥迪车机具有振动反馈的交互界面

触觉的形成也拥有一套精密而复杂的信息传递与处理流程。触觉的物理刺激来源于外界对皮肤传递的机械能、热能和化学能等能量。这些能量使皮肤中的感受器能接受按压、振动、温度等信号。人的皮肤至少含有6种类型的感觉受体,其中不同类型的受体负责应对不同的物理刺激。但是,研究也表明不同受体之间的感受差异并不明显[6],所以人体皮肤可以视作为均质的触觉感受器。皮肤感受器接受刺激后,到形成触觉仍然包括中枢神经系统以及大脑皮层加工两个环节:第一个环节是触觉信息加工的脊髓机制,包含形成从皮肤至躯体感觉皮层的触觉通路[7];第二阶段称为触觉信息加工的脑机制,主要由躯体感觉皮层(somatosensory cortices)网络对触觉信息进行加工。人类全身的信号都从皮肤传导到脊髓,而后神经纤维通过两条主要的路径:内侧丘系通路和脊髓丘脑通路将其传递到大脑。内侧丘系通路携带着与四肢位置和触摸相关的信息,对于控制动作和对触摸作出反应有重要作用。脊髓丘脑通路的细小纤维负责传递与温度和疼痛有关的信号(见图3-8)。

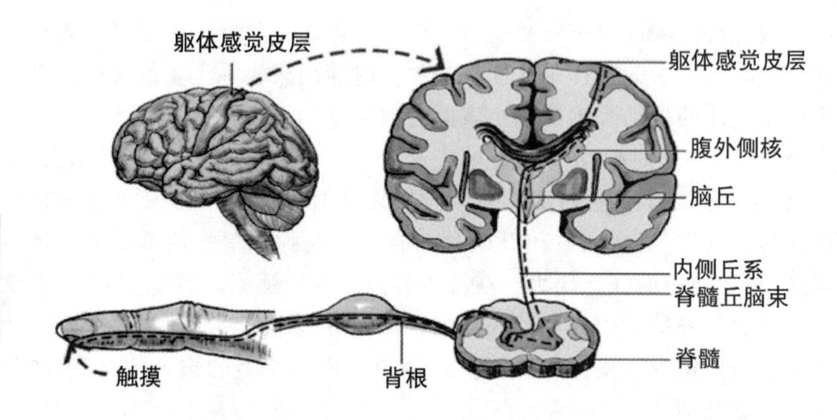

图3-8　皮肤感受器接受刺激到形成触觉的过程

躯体感觉皮层是加工触觉信息的首要高级中枢,通常划分为初级躯体感觉皮层(primary somatosensory cortex,S1)和次级躯体感觉皮层(secondary somatosensory cortex,S2)。目前,关于躯体感觉皮层网络对触觉信息的加工方式仍存在争议。S1被认为有协调触觉和肌肉运动空间感等功能,S2的功能是接收疼痛感并作出反应,并在看起来需要持续关注接触的情况下保持大脑忙碌,其他功能还包括评估触摸或压力的大小、形状和质地等(见图3-9)。

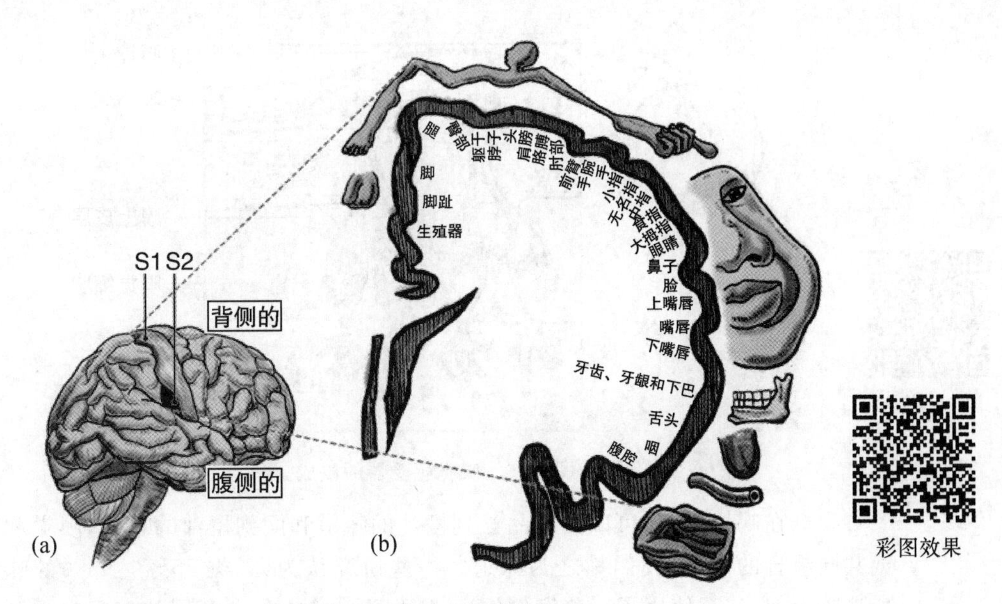

图 3-9　躯体对应的感觉皮层

4. 嗅觉和味觉

嗅觉刺激主要来自空气中的气味分子，只有部分分子可以通过保护性鼻毛的阻拦，进入鼻腔，到达感受器。在这里有多种不同的嗅感觉神经元，神经元上又分布着嗅觉受体，每一种受体都对特定的气味敏感(见图 3-10)。气味分子和受体结合，将转化的电信号通过神经元的轴突传导至嗅球中的嗅小球，嗅小球通过将神经元的轴突和另一种名为僧帽细胞的树突相匹配形成突触，将信号传至大脑中的处理区域。僧帽细胞将信息传至打包的嗅觉区域后，信息兵分两路，其中一条通往可以识别气味的额叶，额叶将信息综合处理后才产生了嗅觉。另一条通路走向控制情绪的下丘脑、杏仁核及其他边缘系统的部位，可以快速并高强度地唤醒记忆和触发情绪。一种物质往往包含几百种气味分子，每种气味分子都具有独特的气味，所以物体的嗅觉信息是多种化合物综合的味道，也正因为如此，化工生产中可以利用化合物混合模拟自然界中的味道。

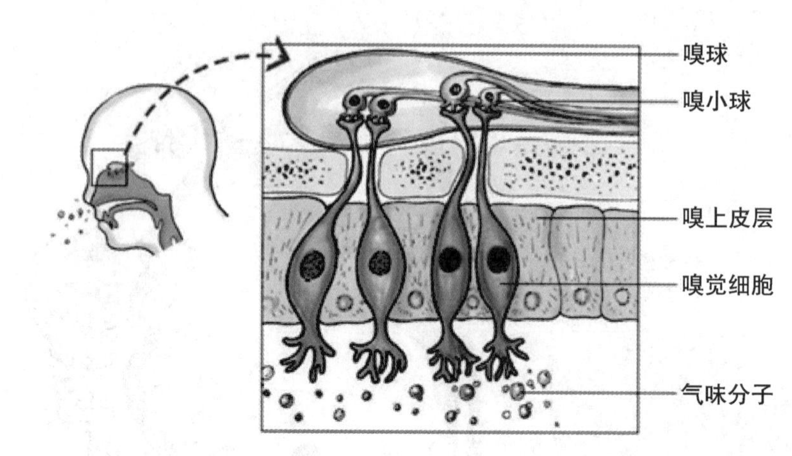

彩图效果

图 3-10　嗅觉感受器的组成

我们在喝橙汁时，可以同时品尝到橙汁的味道和闻到橙汁的香味，嗅觉和味觉共同组合的结果，我们称之为味道。一些研究认为，人类 75%～95%的味觉来自嗅觉[8]，甚至使用了一些案例佐证，比如为什么人们在感冒状态嗅觉受到影响时，相比健康状态下对食物的气味感觉不敏感[9]。

3.1.2　感觉的规律

1. 感觉的阈限

感觉阈限是指在刺激情境下感觉经验产生与否的界限。感觉阈限普遍存在于日常生活中，例如足够多的糖分才能让人们感觉到水果的甜，这就是因为味觉感觉阈限的存在；有的人只需一颗糖就能尝到甜味，而有的人却需要四到五颗糖才能尝到甜味。这是因为引起不同人的甜味感觉的最小刺激量，也就是下绝对阈限不同。与之相对的差别感觉阈限指人类对于某一特定的感官刺激所能察觉的最小改变量，也称最小可觉差 JND(just noticeable difference)[10]。韦伯定律认为：差别感觉阈限并不是固定不变的，它随着原来刺激强度的变化而变化，差别阈限和原来刺激强度的比例却是一个常数，也称韦伯常数。在绝对感觉阈限之上，主观感受强度变化量和刺激强度变化量之间又呈现出对数关系，或者说，感觉量的增加落后于物理量的增加。该定律适用于中等强度的刺激。

绝对感觉阈限指的是刚刚引起有机体感觉的最小刺激量，也就是说，这种感觉量正处在“感觉不到”与“感觉到”的过渡地带，而且在从“感觉不到”到“感觉到”的转折点上。如人眼可以看见的光波的波长为 312～1050nm，也就是说，人眼视觉上可以接受到的光波刺激的波长最小值为 312nm，最大值为 1050nm。绝对阈限并非一个特殊值，而是一个逐渐过渡的强度范围，人们将有 50%的次数被察觉到的刺激值定为绝对阈限。绝对阈限可通过极限法、常定刺激法、调整法等方法测量。比如极限法，该方法用递增和递减的刺激把信息呈现给被试者，被试者感觉中出现阈限（第一次感觉到）与消失阈限（第一次感觉不到）的算术平均数就是绝对阈限。

差别感觉阈限和绝对感觉阈限在设计中都有相应的运用。差别感觉阈限多体现在营销和设计中，面对一定强度的物理刺激，人的感觉会越来越麻木，故墨守成规，沿用一个套路无法在竞争激烈的市场中保持对消费者的吸引力和感染力。针对消费者的不同新需求提供新的刺激点成了保持吸引力和感染力的做法，这也是为了让产品设计的刺激能超越差别感觉阈限。而绝对感觉阈限常见于视觉、听觉方面的设计当中，需要保证目标用户在合适的时间、位置接受到相关刺激，如道路交通指示牌的设计就运用到了绝对感觉阈限的原理。

美国果汁品牌 Tropicana 曾经在更换外包装设计时，由于新包装设计与旧包装视觉风格相差过大，导致熟悉了旧包装的用户感到很迷茫（见图 3-11）。这就是因为设计造成的刺激超越了感知阈限的临界，让人认为这是两个毫无关联的实物。这也提示了后来的品牌，在更换包装设计时，尽可能地利用相似的元素避免带给用户陌生感。包装设计更改的案例在可口可乐、百事可乐、椰树牌椰汁等著名品牌的发展过程中都十分常见，相同或相似的设计元素，表现在包装的造型、色彩或整体风格上都保持了原有的核心元素，其目的就是使新设计带来的感觉差异保持在适当的阈限范围内。

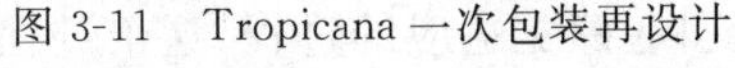
旧包装设计　　新包装设计

图 3-11　Tropicana 一次包装再设计

彩图效果

道路交通标志牌的设计制作也充分体现了绝对感觉阈限原理的应用（见图 3-12）。道路交通标志牌的大小，颜色以及标志牌上文字的字体字号，图案符号都需要符合一定的标准和规格，制作时要严格按照国标或者当地地方标准制作，如果制作时使用的汉字、英文过小，导致开车的司机看不清内容，就容易引起交通事故。以桥梁限速指示牌为例，指示牌在设计时考虑的视觉阈限包括了对文字大小的感觉阈限，以及文字颜色与背景颜色差的感觉阈限。指示牌的字体和大小，是为了在适当的时机和位置，让限速信息能达到视觉的绝对感觉阈限，快速引起驾驶员的注意。数字颜色与背景色差是为了让驾驶员快速分辨数字的含义。

彩图效果

图 3-12　跨海大桥上的限速牌

感觉阈限能反映人的感受范围，所以能反映人的感受性强弱[11]。绝对感觉阈限越小则证明需要引起该个体感觉注意的刺激量越小，而绝对感受性越强。当差别感觉阈限越小时，证明很小的刺激量变化都能引起个体的感觉注意，这证明个体的差异感受性强。

2.感觉的适应、对比与后效

感觉适应(sensory adaption)是指在同一感受器中，长时间的刺激导致的感受性的变化。所有感觉都存在适应现象，比如从光亮处走进黑暗处时，视觉感受器需要适应一段时间才能看清楚黑暗中的物体，相反，从黑暗处进入光亮处时也需要适应才能让视觉从发眩到恢复正常。听觉的感觉适应不明显，味觉的感觉适应具有对刺激的选择性，而触觉的适应性比较明显。因为感受器的适应性，人们能在不断变动的环境中分析外界环境，从而作出准确的反应。感觉适应是一种状态，环境刺激的改变引起感觉适应的过程，这个过程在不同的机体中有快慢的差别。因此，针对特殊环境转变中的任务，人们需要对环境刺激进行干预帮助人们提高适应的速度。比如，进入隧道的灯光设计由特别明亮变暗就是为了帮助驾驶员进行暗适应，出隧道时灯光由暗变亮则是为了帮助驾驶员进行明适应(见图 3-13)。

彩图效果

图 3-13　隧道内辅助驾驶员进行明暗适应的灯光设计

感觉对比(sensory contrast)指不同的刺激物作用于同一感受器时导致的感受性变化现象。在时序上,如果刺激同步作用于感受器,会发生同时感受对比,不同步时则会发生前后对比。感觉对比规律在设计中最典型的应用就是制造强烈反差,比如视觉设计中会选择与背景具有强烈视觉反差的物体突出画面重心,听觉设计会使用特殊的音效引起人们的注意,类似的例子比比皆是。

感觉后效(sensory aftereffect)是指刺激在消失之后仍能短暂保留感觉的现象。感觉后效在视觉中最为明显,当注视一幅画面较长时间后立即转移视线到其他画面中,在转移视线看见的画面里还是会有原来画面的印象。感觉后效可用于视觉的体验装置或电影艺术中。

3. 联觉和通感

联觉(synesthesia)是指一种感觉引起另外一种感觉的心理现象[12],常见的联觉有颜色与温度的联觉,如人们看到黄色、橙色联想到温暖。其他联觉有视听联觉、色味联觉、色声联觉等,可能的联觉形式有 80 余种[13]。联觉被认为与人的基因遗传有关,不能被后天习得,拥有强联觉的人在人群中的占比约为 0.05%。联觉此前被认为是一种神经系统的病症,甚至给出了诊断的标准[14]。现有研究认为,拥有稳定联觉能力的联觉者在脑结构或者神经加工方式上与普通人存在区别,事实上,神经科学的研究也发现了联觉者与普通人在受到相同刺激时脑部激活状态的不同(见图 3-14)。

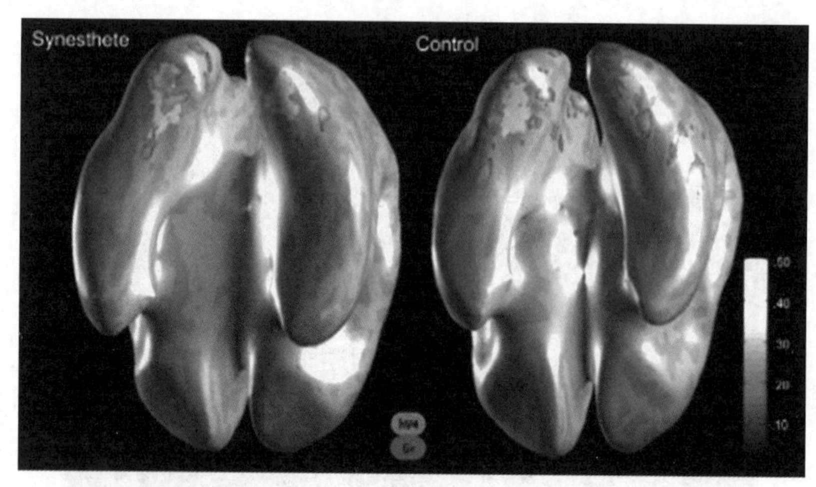

彩图效果

图 3-14　图像-色觉联觉者(左)与普通人的视觉皮层激活 fMRI 扫描图对比[15]

“通感”的本质是感觉之间的互换或者错位,“通感”一词最早见诸钱锺书先生《七缀集》[16]中的《通感》一文。钱锺书先生在这篇文章中更多地将“通感”作为一种描写的形式和修辞手法,而非一个学术术语。后人受到影响,在音乐、艺术、设计等领域引入了通感的研究,所以有了“音乐通感”“通感设计”等研究。通感是人们在特定的情境中常有的一种感受和体验,非基因决定,在后天经验积累和训练中能培养和激发通感。在设计中的“联觉设计”或许视为“通感设计”更为准确。

国内研究中,通感也受到了联觉研究的影响,部分学者认为联觉和通感是同一种心理现象。从人群的发生概率、是否遗传等标准来看,两者确实并非一物,但是仍然存在共同性质:两者都需要外界刺激产生,并不能靠人自主想象、幻想产生;联觉和通感在形成后都具有一定稳定性,不容易消失;联觉和通感能帮助人们形成对某一个对象更强的感受性;两者与情绪、情感都存在关联。

通感在设计中的应用主要是感觉体验的联合,设计师试图通过产品、界面、交互等设计的感官刺激输入唤醒其他感觉通道的体验记忆或联想,或者是引发相关联的情绪、情感体验,从而丰富、多元化的用户体验。

3.1.3　知　觉

知觉是个体将来自于感觉器官的信息转化为有意义的对象的心理过程。在这个过程中,以来自感受器的刺激信息为基础,解释感觉信息的高水平的复杂加工。知觉是对客观刺激物的整体反应,知觉涉及解释事件或加工整个客体信息等高水平的脑活动[17]。比如,当我们看见阿莱西(Alessi)公司的经典水壶设计时(见图 3-15),视觉能反映立即所见的画面元素,即画面中物体的形状、颜色、位置、组成等,而知觉过程使用了大脑中储存的知识对这些元素进行整体解释,我们才有机会意识到这是一只茶壶。该茶壶的壶身、壶把、壶嘴、壶脚在造型上形象地对应了鸟类或家禽的身体部分,再加上颜色的区分,让人容易联想到公鸡。感知过程为我们视觉感受到的画面元素赋予了意义,让我们能意识到所观察客体的本质。

图 3-15 阿莱西水壶的知觉过程

如图 3-16 中第一个图形是极其简单的一个圆形,可以暂且假设人们看这样的图形没有涉及高级的知觉过程。在观看中间的图形时,知觉系统将多个相同的圆形组合成了一个整体,在视觉上构成了一个向右的箭头。而在观看第三个图形时,人们可能容易联想到"蝴蝶"的形象。这个时候除了视觉上若干圆形组合图案所造成的视觉刺激,大脑中对蝴蝶外形的记忆也发生了作用,这就是知觉的高级加工。这时再回到第一张只有圆形的图,即使它是一个再简单不过的圆,不同知觉也会对它产生不同的解释——或许有人会将其解释为"一个黑色的圆形卡纸放在白纸上",有人则认为是"一张白纸被裁了一个黑色的洞"。

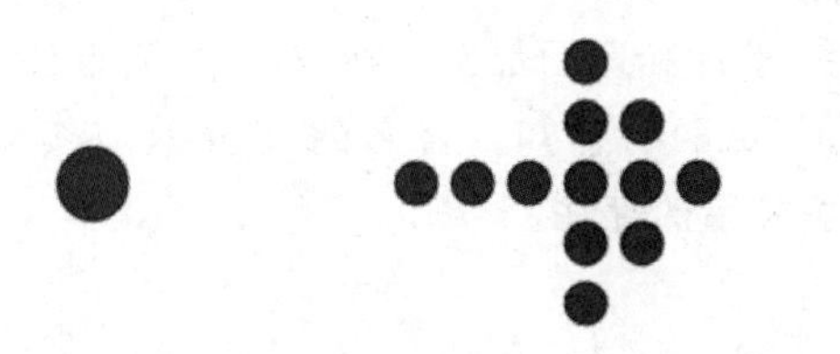
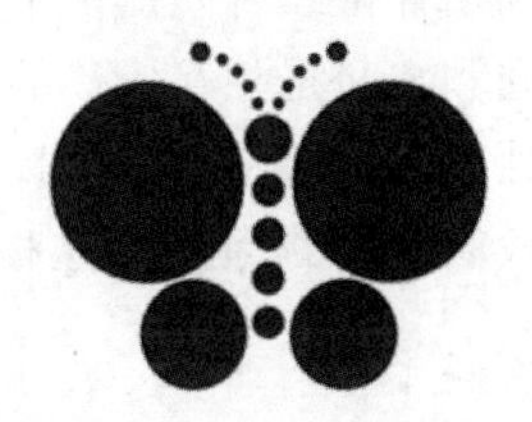

图 3-16 知觉包含了感觉

所以,知觉中一定包含感觉,感觉则会引发不同的知觉。如果要让用户在使用产品时获得愉悦感,按照知觉的形成原理,产品设计需考虑传递怎样的信息,以及通过何种方式传递这些信息。这就导致了设计具有不同的感官体验,用户使用不同感官通道与产品交互。如果用户和产品交互的过程中,感官信息存在冲突或者未引起人的察觉,就可能导致使用过程中的问题,让用户产生疑惑或恼怒。为了感官信息传递得正确和到位,产品的设计就要符合用户的知觉特性,这也要求设计过程对用户心理有足够的洞察与研究，从知觉系统的运作方式建立对用户的认识。运用合适的设计调查方法，建立符合用户心理的产品思维模型和任务模型，形成易于理解、便于操作的设计表象。

1. 感知空间

知觉对于人的一项重要功能是使用视觉、听觉感官信息感知自己与周围事物的位置、方位、距离等空间关系要素，对这些要素的察觉形成了空间知觉。空间知觉感知的内容包括形状、大小、距离和方位等。

使用感官信息构建空间知觉时主要依赖大小知觉和深度知觉。使用视觉信息时，如果使用单眼内可见视觉信息即为使用单眼线索。单眼线索又称单眼深度线索，使用单只眼球获取对象相对大小、遮挡、透视、明暗信息或利用运动视觉差，眼睛调节反馈确定深度。相对地，使用双眼内可见视觉信息即为使用双眼线索，具有比单眼线索更好的精度。而在使用听觉信息时，人体也可以依靠单耳线索和双耳线索构建空间知觉。单耳线索能较好地感知距离，而双耳线索不仅能感知距离，还能更好地感知方位。

2. 感知时间

时间并不对应真实世界的物体，但是世界的改变能提醒人们时间的流逝。人对时间的感知主要来自对进行或者发生的事件或是对物体运动的感知。

除了宇宙系统中的自然现象能为人们感知时间提供线索，如日出日落、月亮的盈亏等自然事件，人们对内部周期性节律的感觉也能提供时间感知线索，也就是人们熟知的生物钟。时间感知主要为事件发生的顺序和持续提供了经验，也为预测和估计持续时间提供了可能。

时间和空间是相互依赖的关系，事件和运动都发生在空间中，而事件发生的时间属性改变也能影响人们对空间要素的感知。著名的 Tau 效应实验[18]和 Kappa 效应实验[19]证明了这种影响关系的存在。

3. 感知运动

知觉对物体运动的感知主要取决于物体在空间中的位置变化和速度，而速度是单位时间内物体在空间位置变化的结果。对运动的感知包括真动知觉和似动知觉。真动知觉反映物体在空间内真实发生的位移和速度，似动知觉是指在一定条件下将客观相对于地球静止的物体看成运动的，把客观上不连续运动的物体看成是连续运动的。

似动知觉对于人们的生活和创造有极其重要的作用，包括了动景运动、自主运动、诱导运动、运动后效这几种形式。其中，动景运动是指将断续的刺激视作连续的刺激，电影就利用了这一原理，将画面用较短的时间播放出来，制造了连续运动的知觉，所以有了流畅的视频观看体验，提高帧率就越发觉得画面流畅。自主运动则是人们在缺乏参照物时，长时注视一个客观上静止的物体时，会感知到该物体发生轻微的动荡，这可能是因为生理上眼球的微弱颤动或者缺乏参照物。诱导运动则是由于客观静止物体的周围物体在运动，导致静止的物体看上去也在运动，当人坐在静止的高铁中观察旁边离站的高铁时，就会有一种静止的高铁也在运动的错觉。运动后效指让人观看运动的物体再观看静止物体时，会觉得静止物体往相反方向运动。

3.1.4　知觉的特性

感觉的功能给予了人们感知世界的基础，虽然感觉的内容是事物单一的属性，但是最终反映在大脑中的印象却是一个实际的实体，这个实体包含了我们感受到的视觉、听觉等各方面的信息，即使是有感觉上的波动也不妨碍我们认定这个实体，这种经验告诉我们知觉是对特定事物的整体感知，且不容易受到干扰而改变，这就是知觉的整体性、对象性和恒常性特点。

1. 知觉的整体性

虽然人们认识世界的感觉通道是分离的，但是最终描述时，人们会把感觉到的多种属性组成具有一定结构的统一整体，这反映了知觉的整体性特征。格式塔心理学将其中的心理意识活动解释为在经验之前的“完形”，即“具有内在规律的完整的历程”[20]，所以，知觉的整体性即指知觉所遵循的格式塔组织原则，或完形组织原则。

1912年，由韦特海墨、考夫卡和苛勒创造的格式塔心理学正式诞生。在这一时期，由于德意志帝国正处于迅速崛起的阶段，特殊的意识形态及政治环境影响社会各个层面的发展，将“统一”的理念推向高潮。心理学研究也同样受到影响，研究者观察到了心理和生理反应的联系，因而利用完形(即统一)的概念来解释。此时诞生的格式塔心理学强调经验和行为的整体性，反对当时盛极一时的构造主义元素学说和行为主义“刺激—反应”论点。

至今，格式塔心理学已经发展到广泛的心理学问题领域，包括感知觉、学习、人格等方面。在知觉的研究上，韦特海默、考夫卡等格式塔心理学派的学者发现人类对事物的知觉并非根据此事物的各个分离片段，而是以一个有意义的整体为单位，因此提出了知觉的格式塔组织原则，该原则也是目前设计遵循的重要原则之一，尤其是在视觉设计中。知觉的格式塔组织原则包括了几条定律，本书第4章的设计应用将对其进行详细解释。

2. 知觉的对象性

知觉的对象性又被称为知觉的选择性，人们接收到感官刺激时，会把其中一些刺激自觉地组织起来并与特定的对象对应。组织这些刺激的必要条件是将这部分刺激与其他刺激进行区分,并使其他的刺激作为“背景”。这也有赖于感觉器官的感受性,如果多个刺激之间的差异未被区分,知觉倾向将这些刺激均匀化。但是,一旦刺激周围有了边界,被区分的对象就会立刻凸显出来。在如图3-17中的三个画面,画面较为均匀地使用了相似的设计元素,但是由于边界的作用,我们能感知到第一个画面中的分块,第二个画面中的球,以及第三个画面中的圆。注意的选择作用以及过往经验在这个过程中占据重要地位,注意选择的刺激会被挑选出来形成被知觉的对象,而这个过程又受到以往经验的影响。比如,不同的人在观察天上的云朵时,会选择性将一些特殊形状的云组合起来形成特定的形状,把它与生活中其他物体进行比拟。

彩图效果

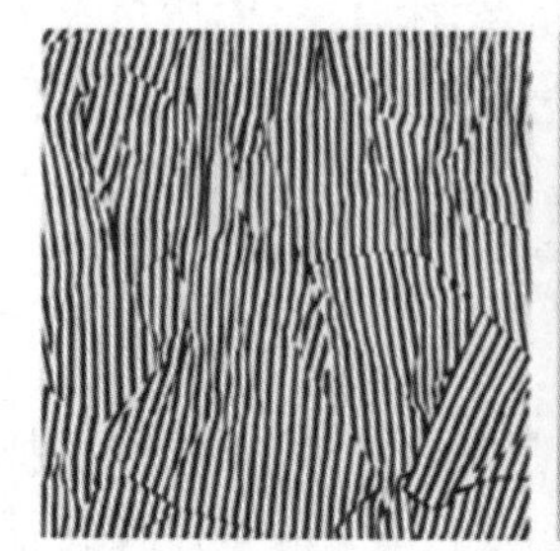

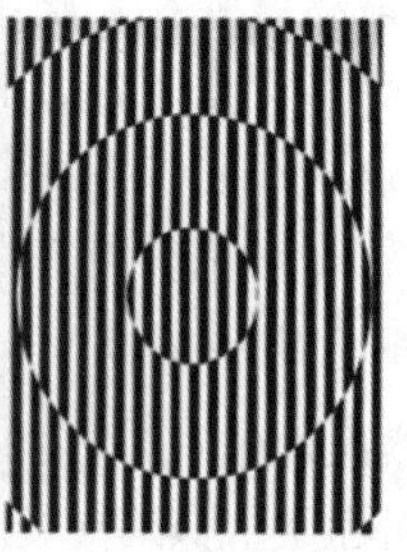

图 3-17 均匀图形被边界区分

3.知觉的恒常性

知觉的恒常性是指知觉对象的刺激在一定范围内变动时,知觉形象并不会因此发生变化的特性。知觉系统发展出了维持对象知觉表征的倾向,从而使得人们根据不同的观察条件来校正输入的信息。校正的信息主要包括了物体的大小、形状、明度、颜色。

人们从经验中已知某种物体的大小时,即使是由于距离原因使其视觉上看起来较小,但是仍然不会破坏大脑对其真实的大小判断。比如,汽车由远及近地行驶而来时,即使在远处看起来较小,但是人们仍然会避免与它碰撞,因为知觉认为汽车的体积肯定是大于人的。这就是知觉对大小感知的恒常性。在城市上空观察高楼时,楼体由于透视的原因看起来会向下越变越细,但是知觉在主观上仍将其视作真实的模样,这就是知觉对物体大小感知所保持的恒常性(见图3-18)。

彩图效果

图3-18　透视变形的大楼仍不影响人们对它的知觉

将一张黑色的A4纸呈现在灯光下，调节灯光的亮度并不会影响人们判断它的颜色，这就是知觉对明度感知保持的恒常性。值得注意的是，当曝光非常严重时，黑色纸张会呈现白色，这并非颜色恒常性不成立，而是环境刺激改变超出了一定范围。当人们知道了橘子的颜色是橙色，不管在何种颜色的光照条件下，都能知道它的实际颜色。其次，人们对色觉具有一定的适应性，如果突然在万花丛中看到一点绿色时，这种绿会很显眼，但是经过长久的目视之后就不会觉得有那么显著(这时是实际的颜色)。颜色的恒常性说明我们对日常所使用的产品或设计会留下固有的颜色印象，使用相近颜色可以帮助人们识别产品的用途或功能。

知觉恒常性是"火眼金睛"，它能保证人们对物体的知觉不受外界环境变化的影响。当物体因为环境影响发生变化时，我们依然将物体看作具有稳定的尺寸、形状、亮度、色调和材质等属性的对象，不会因为观看角度、环境亮度等外界因素变化而改变。因此，当你观察某个物体时，无论从哪个角度，呈现在眼前的画面有多不一样，那也绝不会改变该物体在你脑海中本来的面目。当然，以上的举例均使用视知觉案例，来自其他感官的知觉仍然具有该特性。比如，当空间中出现一个固定音源时，听者转动头部或者是在空间中移动都不会影响判断该音源的位置，这就是听觉在感知方位时的恒常性。

4.知觉的谬误:错觉

但是,“火眼金睛”也有“眼见为虚”的时候。知觉是结合经验对感觉信息进行解释的结果,试想如果感觉信息不足或者缺乏相关的经验,解释的结果就可能与真实情况存在偏差,形成错觉。但是这种知觉的结果并非大脑凭空捏造,所以错觉也属于知觉,是偏离事实较为严重的一种知觉形式。

以视错觉为例,它是指在某些视觉因素干扰下而产生的错觉。视错觉是生活中最常见,且被研究得最为深入和广泛的错觉。诱发视错觉的因素复杂且目前未得到较好的解释,大致可以归为环境刺激因素和机体的主观因素。观察水中的筷子时,折射现象导致筷子像被弯折,这就是环境刺激导致的错觉。而视觉暂留现象[21]则是典型的生理因素导致的错觉,视觉后效和机体的感觉适应导致在观看画面后移开视线时仍有该画面的印象。

虽然错觉较为“离谱”,但是并非一无是处,人们会利用错觉原理“欺骗”大脑,制造认知的混乱从而达到想要的效果,这种应用遍及视觉艺术、电影等领域。比如,伦敦大学教授皮特·马克·罗葛特在《移动物体的视觉暂留现象》中就讨论了视觉暂留现象[22],该研究成果也影响了动画、电影等创意创造工作。在产品造型设计、视觉传达设计、环境设计、建筑设计等设计子领域,视错觉都具有重要的意义和应用价值[23]。

视错觉中又以几何图形的错觉最为突出,包括关于线条的长度和方向的错觉,图形的大小和形状的错觉等[24]。视觉上的由大小、长度、方向、角度等几何构成,和实际测量的物理数据有差别的错觉被称为几何错觉。经典的几何错觉包括缪勒-莱尔错觉、庞佐错觉等。如图 3-19 所示,上面箭头向内的线段看起来比下面箭头向外的线段长,但其实两条线段长度相等,这就是缪勒-莱尔错觉(Muller-Lyer Illusion)。

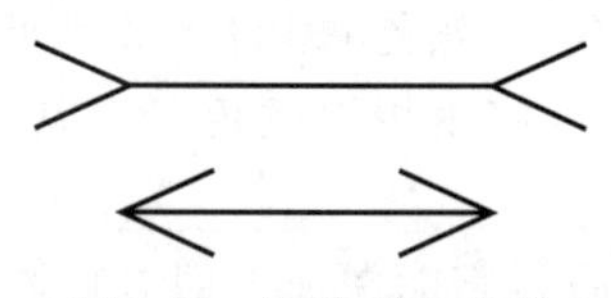

图 3-19　缪勒-莱尔错觉

庞佐错觉(Ponzo Illusion),又称铁轨错觉。如图 3-20 所示的相同视角所观察的同一平面中,两条辐合线的中间有两条等长直线,但是上面的一条直线看上去比下面的直线长,图中上方的月亮也仿佛比下面的大。与缪勒-莱尔错觉类似,周围环境调整机制使得画面深度明显增大。但事实上给出比较的线段也好、月亮也罢都是在同一个纸面上,没有深度差别,只是图中铁轨的透视给了视觉深度的参照,所以产生了错觉。

彩图效果

图 3-20　庞佐错觉

经典视错觉还包括赫氏错觉、埃氏错觉和奥氏错觉等，总体而言，都是由于周围图面元素的调整机制，使得原本的图面知觉被打破，从而形成了错觉。

3.2　直　觉

感知觉构成了认识世界的基础，是一切高级认知、意识等心理活动的基础，也是感性消费中，消费者对产品产生感性认识的心理基础。但是，并非所有的直观的感性消费都是消费者经过了足够时间的感性认识和选择的结果。在第2章中，我们虽然从广义上定义了消费者的选择行为，但是某些购买决策是高效且短暂发生的，并不完全执行这一流程，消费者在这个过程中几乎是无意识地就完成了商品选择并下决定要购买。这就无可避免地要理解消费者对商品的直觉。

3.2.1　意识之外的直觉

心理学家戴维·迈尔斯在其经典著作《迈尔斯直觉心理学》中将直觉定义为：人可以不加观察或推理，直接快速地得出认识与洞见的能力。与这种能力相对的，则是有意识、需要分析和批判的理性思维[25]。纽约大学心理学家约翰·巴奇(John Bargh)认为：大部分思维、感受和行为都是在意识之外运作的，不用花费什么心力就能自如地处理好[26]，这是因为直觉在无意识的情况下运作。或许我们都有这样的经历：生活中经常路过的三岔路，即使是在行走过程中玩手机或者处理其他事情，身体也会很自然地选择该走的那条路。像大多数的生活技能一样，当某个行为经过长期的训练已达到能自动进行的程度时，意识就被解放出来。

相较于感觉，直觉的定义更模糊，且研究起来更加困难。人的思维和记忆是一套双重加工系统，分为有意识的和无意识的。根据迈尔斯的理论，无意识的学习是直觉的形成基础。我们已经知道知觉的对象性是意识中注意分配的结果，我们在知觉对象时将其余刺激自动归类到了“背景”中，但是“背景”中的刺激真的没有在大脑中形成知觉吗？戴维认为，尽管知觉需要投入注意力，但是未被注意到的刺激能自动、无意识地植入大脑，并影响记忆和对事物的解释。

社会心理学家威廉·威尔逊(William Wilson)的双耳分听实验[27]中，被试一只耳朵听散文并复述，另一只耳朵听播放的音乐。该实验要求被试完全投入注意力到左耳的内容中，这样意味着他们无法注意另一只耳朵的音乐内容，但是在实验后，将这些播放过的音乐穿插在其他未播放的音乐中让被试进行偏好打分，结果表明被试对播放过的音乐有更高偏好，该实验证明大脑记录了未被意识的事实[28]。无意识学习的存在，也导致人们在生活中不知道自己“知道”哪些事情，但是这些事情明显影响了人们的行为。旧的精神分析由于是建立在意识分析基础上的，所以难以对无意识学习有合理解释，好在认知科学的发展为无意识的研究提供了方法:实验检测。在设计界流行着一句话:“不要只听用户怎么说，还要看他们怎么做。”看他们怎么做就是一种检测方法。用户怎么说代表了他们有意识的理性思维的结果，而他们怎么做的部分可能与说的部分相违背，但是用户本身并未意识到，这也是他们不知道自己“知道”喜欢什么。

用户怎么说和怎么做孰轻孰重？换言之，在感性消费决策中人受理性思维支配更多还是直觉更多？在第1章中，我们知道了感性消费也是广义理性消费的一种，感性消费也有理性思维的成分，能让消费者判断其感性价值的依据来自哪部分知识？我们可以从双耳分听实验的测后偏好调查中找到部分答案，即感性价值有部分来自日常生活中的无意识学习，在消费决策中则表现为直觉。

心理学家西摩·爱泼斯坦(Seymour Epstein)从认知角度解释了人的理性思维和直觉，认为理性思维属于理性认知，而直觉是经验性认知[29]。理性认知虽然具有逻辑性，是有意识的评估过程，但是引发的行为迟缓，而经验性认知依靠过去的经历，认为“经历过的即是真的”原则，并且能迅速地引发行为。经验认知还有一个重要标志，其情绪化特性迎合令人感觉良好的事物。有时候，理性认知的结果会和人的直觉相悖，如果遵循理性，结果大有可能让人后悔。因为人在面对复杂的情况需要作出判断时，很多他们自以为掌握的知识以及常识可能并不完备。特别是在一些知识没有经过有意识地梳理的情况下，这些信息反而会混淆自己的判断。相反，在这种情况下运用已有的经验，通过无意识直觉进行探索和判断，反而能够显著增加选择正确的概率。

总结而言，消费者在进行感性选择行为时，直觉在其中起到了重要的作用。而直觉的产生基础是无意识的学习，这表明了过往的经验有重要的影响。而要分析感性选择中的直觉影响，可以从认知科学的角度，通过探索和分析无意识行为的方法了解连消费者自身都无法意识到的事实,弥补消费者理性认知和语言反馈之外的信息空白。

3.2.2　用户:具有特殊直觉的“专家”

在一些刑侦类电视电影作品中,剧中的破案专家经常会有给人感觉是蒙上了“主角光环”一般的强直觉,这在直觉心理学中被称为“专家直觉”。专家直觉需要特别的、针对性的专业学习,训练以及经验的积累才能够形成。各种专业人士都具备各自行业的专家直觉,例如消防员、医生、警察、老师、运动员等,他们熟练工作几乎都会形成不需要经过思考的非常准确的直觉,用手掂量就知道几斤几两、能恰好掐住10分钟的时长以及对于细枝末节的敏锐等。专家的直觉之所以十分强烈,首先是因为专家所拥有的专业知识比普通人多几个数量级;其次,这些知识都是以模块的形式存储在专家头脑中,各个模块之间有着紧密有序的联系。正是这种庞大、坚实、稳固的知识网络激发了准确有效的直觉[30]。

推而论之,感性消费中的消费者和用户,都在日常生活中某一领域或者某个行为中日积月累形成了丰富的经验,对于一些任务的处理或者行为范式形成了“专家直觉”,难以改变。又由于直觉属于经验性认知,有情绪化特征,如果设计偏离了用户“专家直觉”的经验就会引起负面的情绪。诺曼在《日常的设计》中提出,符合用户经验认知的设计是迎合了用户心理模型的设计。所以,尊重和发掘用户的“专家直觉”和直觉化行为是直觉设计的重要条件。

专家直觉的科学研究始于国际象棋领域,科学家格罗特(Adriaan De Groot)研究了国际象棋大师对行棋关键手的直觉判断[31]。研究发现,象棋大师们在面对棋局时对于下一步棋的直觉判断明显优于普通的象棋爱好者。事实上,很多其他领域如经济学、物理学对专家直觉也展开了大量研究,并且普遍验证和肯定了国际象棋领域对于专家直觉研究的这一观点。专家直觉优越性的发生机制在社会科学家西蒙(H. Simon)的探索之下,也有了相应的解释。西蒙认为,专家直觉优越性的关键在于模式识别,大量的知觉模式积累形成了专家直觉,这些知觉模式也被称作组块(相互联系的一系列元素),恰恰是众多的组块产生作用,专家直觉才能发生,从而使人作出快速并且准确的直觉判断[32]。但是,在看到专家直觉优势的同时,我们也不可忽略其局限性。诺贝尔经济学奖得主丹尼尔·卡内曼(Daniel Kahneman)曾提出了对专家直觉的担忧。他认为,只有在处理自己之前已经处理过很多次的事情时,专家直觉才能够体现它的价值所在,真正发挥作用。也就是说,当碰到之前从未处理过的独一无二的非典型性问题时,专家直觉往往并没有明显的作用。除此之外,在专家直觉思维当中如果过度自信,甚至还可能造成一些严重后果。决策心理学家盖里·克莱因(Gary

Klein)也提出了专家直觉的适用条件:决策情境的可预测性以及决策者有机会获得对于自己判断的反馈信息[33]。

在强调任务准确性的设计中,比如仪表盘的交互设计,某些迎合用户原有的经验习惯和“专家直觉”的做法可能不合时宜,或者需要培养用户新的直觉行为,使他们能正确使用和操作,以达到准确的使用效果。这就是为什么飞行员操作界面设计既要考虑到人的习惯,也要考虑操作安全、准确的规范性设计,并对飞行员进行培训,以形成他们的新的直觉行为、肌肉记忆等。

3.3 表象与意象

3.3.1 表　象

表象(image)是知觉在头脑中形成的感性形象[34],它总是保留事物最显然的特征与最深刻的感知,并且可以长时间存在于人的记忆中[35],从信息加工角度而言,大脑对记忆中的感知信息表征成具体的形象就是表象。

人们可以从对许多个别事物的知觉中抽取某些共同方面形成一般表象,也可以把知觉要素任意组合形成虚构的表象。表象是对感觉、知觉的重组和加工,接近于理性认识,在感性认识上升到理性认识的过程中有重要作用,但它还没有超出感性认识的界限,仍是感性的具体形象[36]。

表象包括了记忆表现和想象表象。记忆表象是指保存在人脑中的曾感知过的客观事物的形象,也就是感知过的事物不在眼前而在头脑中重现出来的形象。知觉形象是通过对现实的对象或现象的知觉而获得的,它由知觉事物本身直接引起,而记忆表象往往是由其他的事物,特别是在有关词语的作用下引起的。不妨想象这样的一个场景,人们在夏日炎炎的夜晚需要一些清凉的食物解热,于是会由夏日、清凉以及食物这几个关键词想起了去年夏天在某一处吃过的冰粉,并仿佛已经尝到了冰粉那清爽又美味的滋味。记忆表象产生于感知,是在过去感知的基础上形成并保持在头脑中的事物映象,所以它与感知觉一样具有形象性的特征。记忆表象属于对客观事物的感性印象,是直观的、具体的。但是,由于记忆表象所反映的事物并不是此刻发生在我们眼前的,所以它不会像知觉映象那么鲜明、清晰和完整,而是较模糊、零碎、暗淡以及不稳定的。

如果说记忆表象是在过去事物感知的基础上形成的映象,那么想象表象就是在记忆表象的基础上通过发挥自主的想象从而产生的新形象,是人脑对记忆表象进行分析、综合、联想、夸张、拟人化、典型化等加工改造之后产生的。记忆表象是过去感知过的事物的形象在头脑中的重现,想象表象的不同点在于,它是新的、过去未感知过的事物的形象。想象表象可以是现实世界中存在但自己从未感知过的,也可以是世界上不存在,或永远也不可能出现的。其中用以想象的材料来自记忆表象,是人脑对原有的记忆表象进行加工改造的结果。想象表象源自客观世界,是人脑反映客观世界的一种特殊形式[37]。请试想这样一个场景,你前一天和朋友出去逛街看到一个蓝牙音箱,当时觉得还不错,但还是没有下定决心购买。结果回到家之后的好几天里,脑中都在想着那个蓝牙音箱,从外观到音质到各种细节,脑海中浮现关于蓝牙音箱的形象。但是,这个蓝牙音箱当下显然是"求之不得"的形象,当你脑海中浮现使用它的各种场景时,出现在你想象中的这个蓝牙音箱就是想象的表象。

表象可以是各种感觉的映象,视觉的、听觉的、嗅觉的、味觉的以及触、动觉的表象等。这样由单一的感官构成的表象称为单一表象。而人类在进行各种活动时,各种感官之间是相互配合并且相辅相成的,由于各种感官之间的相互作用,当各种单一表象综合在一起的时候就构成了综合表象。

3.3.2　意　象

南朝文学理论家刘勰撰写的《文心雕龙》中,首次完整出现了意象这个概念——"独照之匠,窥意象而运斤"。开启了我国文学审美意象理论的研究。可以说,意象理论在我国经过了上千年的发展。

在《大辞海》中,由记忆表象或现有知觉形象改造而成的想象性表象便被归类为意象。这个形象是为了寓意,灌注了主观认知、情感的一种形象。《心理学大辞典》中将意象解释为艺术家头脑中融入了某种思想情感等因素的形象[12]。人们一般提到意象时,通常指其狭义上的定义:这里的"意"可以理解为人的意志活动或人的潜意识活动,而"象"是"意"的具象,是"意"的具体表示,或者看作"意"的象征性表现。合在一起,就是说现实中看不见的人的潜意识活动,通过脑海中的具体画面内容来感受到或看到的形态。

意象一般是模糊、朦胧的,它经过了人类大脑一定程度理性及感性的再加工。一般认为,意象能够体现主观的情感和意识内容。意象与表象的差别在于,表象是客观感受到的事物形象,表象经过大脑的简化、抽象化、主观化处理之后,渗透了主观情感就转换成了意象[38]。表象一般指向客观事物,而意象不仅仅是对物体本质属性或物体给人感受的描述与记忆,同时指向认知主体的心理、认知等因素。举个例子,圆月给人的表象本是一个在视觉上呈现圆形,且散发着白色光芒的形象。而经过艺术的加工,如诗人笔下"举头望明月,低头思故乡"所寄托的思乡之情,月亮也可以作为思乡的意象,又或者是"动处清风披拂,展时明月团圆"所寄托的团圆期望,月亮又成了团圆的意象。

在文学、艺术、哲学、心理学、语言学等领域，意象的概念、内涵及外延都有所差别。将它们汇总分类后得到其主要的四种含义，即心理意象、内心意象、泛化意象、审美意象(或至境意象)。其中，与设计关联程度最高的便是审美意象。它是在对客观世界审美感知与体验的基础上，融汇主观的思想、感情、愿望、理想，并且在艺术家头脑中经过艺术创造形成的意象。意象的重心是主观的情绪体验、思想的传达，让人联想到许多，却又不能通过任何明确的思想或精准的概念完全地表达出来，因此也没有语言能完全描述它，所以只有通过媒介或艺术语言等物质手段传达出来，而被传达了的意象就成了艺术家的作品或艺术形象。

审美意象一般又可以分为寓言式意象与符号式意象。通过一则故事表现一种思想观念与哲学理念，这就是寓言式意象。而设计创造活动中运用到更多的是符号式意象。它指不具有情节性的单个或整体意象。

设计师石昌鸿先生对省份简称进行的字体设计就利用了符号式的意象(见图 3-21)。设计师将不同省份的意象浓缩，使用了一些符号进行传达，比如用紫禁城和天安门的轮廓传达北京的意象，使用东方明珠电视塔的造型传达上海的意象，使用了武陵源的风景传达了湘西、湖南的意象。设计师又通过文字的变形，使这些意象符号能融入字体中，让观者意会到本来的字。在该案例中，意象串联了地域特征、文字、大众认识，最终创造了饱含地域特色的文字设计审美。意象也被广泛运用于其他的艺术作品创作以及产品设计中。

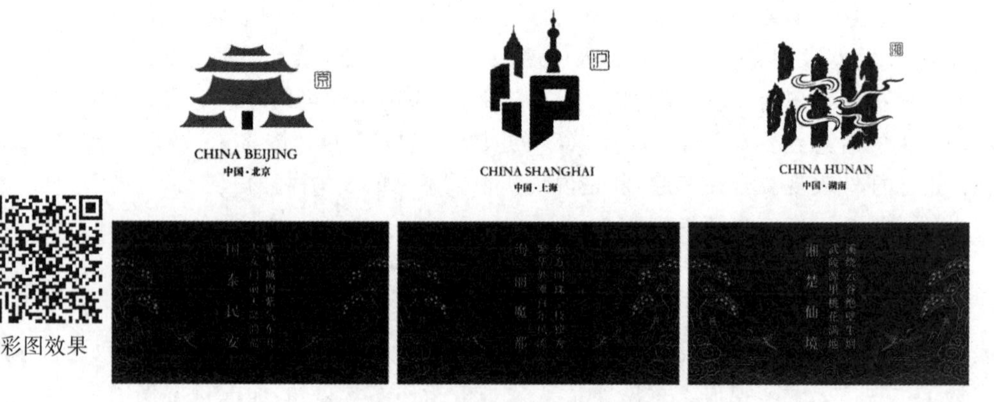

图 3-21　石昌鸿的省份简称字体设计

在设计学中，意象既出现在从无到有的设计创造过程，又出现在设计的评价与感知阶段。创造过程中，意象既可来自具象的器具、事物、人物等，亦可来自抽象的文化、思想，结合设计师的主观创造，最终表征成设计的表象，并实现出来。对于使用者而言，设计传达了怎样的意象，以及个体感受到的意象受到产品的设计以及自身因素影响。但是由于意象的模糊和难以传达，设计师与用户之间关于意象的交流变成了复杂且困难的事情，而意象的问题确实又影响设计师与用户的感受、想法是否能达成共识，关系到设计的成功与否。所以，设计学使用了语义的方法来阐释意象的各个维度，通过不同的形容词汇来标记意象。就好比把意象看作实体，通过词汇建立多维的空间坐标系，最终将意象大致定格在这个坐标系中。这种方法称为意象尺度法，意象尺度的思想和方法至今仍然广泛应用于设计中。

参考文献

[1] ENGSTROM S. Understanding and Sensibility[J]. Inquiry，2006，49(1)：2-25.

[2] DOWNING P E，JIANG Y，SHUMAN M，et al. A cortical area selective for visual processing of the human body[J]. Science，2001，293(5539)：2470-2473.

[3] CONNOR C E. A new viewpoint on faces[J]. Science，2010，330(6005)：764-765.

[4] ROSENBLUM L D，DIAS J W，DORSI J. The supramodal brain：implications for auditory perception [J]. Journal of Cognitive Psychology，2017，29(1)：65-87.

[5] KATZ D，KRUEGER L E，KRUEGER L E. The World of Touch[M]. New York：Psychology Press，1989.

[6] 韦登. 心理学导论(原书第9版)[M]. 高定国，等译. 北京：机械工业出版社，2016.

[7] 周丽丽，姚欣茹，汤征宇，等. 触觉信息处理及其脑机制[J]. 科技导报，2017，35(19)：37-43.

[8] SPENCE C. Just How Much of What We Taste Derives from the Sense of Smell? [J]. Flavour，2015，4(1)：30.

[9] COOKE L，WARDLE J，GIBSON E L. Relationship between parental

report of food neophobia and everyday food consumption in 2-6-year-old children[J]. Appetite,2003,41(2):205-206.

[10] WAN W,WANG J,LI J,et al. Hybrid JND Model-Guided Watermarking Method for Screen Content Images[J]. Multimedia Tools and Applications, 2020,79(7):4907-4930.

[11] YOSIPOVITCH G, YARNITSKY D. Quantitative Sensory Testing [M]//Dermatotoxicology Methods: The Laboratory Worker's Vade Mecum. CRC Press,1998.

[12] 林崇德. 心理学大辞典(上下)[M]. 上海:上海教育出版社,2003.

[13] 李一城,吴文佳,江牧. 全适性设计中的通感与联觉[J]. 包装工程, 2018,39(06):29-33.

[14] CYTOWIC R E. Synesthesia: A Union of the Senses[M]. Springer Science & Business Media,2012.

[15] HUBBARD E M, ARMAN A C, RAMACHANDRAN V S, et al. Individual Differences among Grapheme-Color Synesthetes: Brain-Behavior Correlations[J]. Neuron,2005,45(6):975-985.

[16] 钱锺书. 七缀集[M]. 北京:三联书店,2002.

[17] E. Bruce Goldstein, James R. Brockmole. 感觉与知觉[M]. 张明,等译. 北京:中国轻工业出版社,2018.

[18] HELSON H,KING S M. The tau effect:an example of psychological relativity. [J]. Journal of Experimental Psychology,1931,14(3):202.

[19] PRICE-WILLIAMS D R. The kappa effect[J]. Nature, 1954, 173 (4399):363-364.

[20] BEHRENS R R. Art,Design and Gestalt Theory[J]. Leonardo,1998, 31(4):299-303.

[21] GUSTAFSSON H. Persistence of Vision[M]//Crime Scenery in Postwar Film and Photography. Cham: Springer International Publishing,2019:183-219.

[22] BLUNDELL S. Dr Peter Mark Roget (1779-1869) - psychiatry in history[J]. British Journal of Psychiatry,2016,1(1):62-67.

[23] WANG D, CAO P. Analysis and Application of Optical Illusion Images[C]//Proceedings of the 2020 5th International Conference on Biomedical Signal and Image Processing. New York, NY, USA: Association for Computing Machinery,2020:37-40.

[24] YUE F,ZANG X,WEN D,et al. Geometric Phase Generated Optical Illusion:1[J]. Scientific Reports,2017,7(1):11440.
[25] 迈尔斯. 迈尔斯直觉心理学[M]. 杭州:浙江人民出版社,2016.
[26] BARGH J A,CHARTRAND T L. The unbearable automaticity of being[J]. American psychologist,1999,54(7):462.
[27] NEHER T,WAGENER K C,LATZEL M. Speech Reception with Different Bilateral Directional Processing Schemes: Influence of Binaural Hearing,Audiometric Asymmetry,and Acoustic Scenario [J]. Hearing Research,2017,353:36-48.
[28] 迈尔斯. 迈尔斯直觉心理学[M]. 黄钰苹,译. 杭州:浙江人民出版社,2016.
[29] EPSTEIN S,PACINI R,DENES-RAJ V. Individual differences in intuitive-experiential and analytical-rational thinking styles. [J]. Journal of personality and social psychology,1996,71(2):390.
[30] ADAM F,DEMPSEY E. Intuition in decision making-Risk and opportunity[J]. Journal of Decision Systems,2020,8:1-19.
[31] DE GROOT A D. Thought and choice in chess[M]. De Gruyter Mouton,2014.
[32] 张学义,隋婷婷. 专家直觉与大众直觉之辨——实验哲学的方法论基础新探[J]. 哲学动态,2018(08):63-71.
[33] 孙慧明. 如果你是专家,请相信自己的直觉[J]. 医学争鸣,2016,7(03):47－49＋53.
[34]艾森克 M E. 认知心理学[M]. 高定国,何凌南,译. 上海:华东师范大学出版社,2009.
[35] 黄堃源. 表象、意象和情象[J]. 美术,1983(11):42-43.
[36] 彭聃龄. 普通心理学[M]. 北京:北京师范大学出版社,2012.
[37] 林崇德,杨治良,黄希庭. 心理学大辞典[M]. 上海:上海教育出版社,2003.
[38] 林可济. 对创造性思维的全方位研究——《创造的秘密》述评[J]. 自然辩证法研究,1995(03):61－66＋68.

第4章　基于直观感性认识心理的设计

感觉和知觉不仅是人类高级认知活动的基础，还是体验设计中的重点内容，根据人类的感知觉特性进行感官体验设计，一方面符合了感、知觉的生理特性，另一方面也影响了高级认知活动，提高人们对设计的感知和正面评价。良好的感官体验设计是为用户留下完美第一印象的基础。而直觉设计，或者说是无意识设计则是为用户接下来使用产品提供便利，塑造产品与用户的交互流程。而所有的设计信息集中反映在产品本身时，不仅灌注了设计师的意象，在用户脑海中也可能产生不同的意象，两种意象之间的差异只有被度量后，才能判断设计师的想法能否令用户满意，这也决定了产品是否成功。

从心理学角度而言，用户从产生需要到获得产品体验，离不开设计作为介质，因此，设计的作用就是基于用户的心理特性，为产品赋予感性体验的价值。因此，本章我们通过设计案例，从感官体验、知觉特性、直觉设计等方面来阐释基于直观感性认识心理在设计中的表现。

4.1　感官体验设计

由于视觉是刺激信息传递的主要通道，所以视觉设计一直以来都是设计的重点。而随着智能时代的到来和交互技术的发展，人类更多的感觉通道被调动和利用起来，多感官体验设计突破了视觉的局限性，从多方面、多层次开发用户的感官机能，引导用户对产品的感知。

4.1.1　视觉体验设计

在知觉的形成过程中，视觉系统提供了空间物体大小、形状、明暗、颜色、动静等信息，视觉体验也是从这些元素入手进行设计的。视觉体验广泛存在于产品设计、交互设计等领域，在不同的场景和设计对象上表现为不同的存在形式。比如在产品设计中，产品给人的视觉体验主要来自外观，即物的造型、结构、纹理和色彩等因素；在交互设计中则表现为界面的内容、结构、布局、色彩、动效等。

目前，智能产品的多感官体验越来越深入人心，视觉体验的一项重要任务是配合其他感官刺激的信息进行视觉化呈现，增强用户体验，呈现出以视觉为中心的多模态交互体验的设计趋势。

具体设计时，视觉体验利用视知觉的原理，比如格式塔组织原理、错觉原理等进行界面设计。而作为信息的传递方式，视觉界面设计首先要对信息进行组织和布局，考虑人们对视觉信息的浏览流程和方式。信息的呈现形式，即显示内容设计是组织布局同时要考虑的内容。视觉内容的易识别性、易理解性是重要的指标，而视觉内容的艺术体验决定了用户的审美体验，是一种高级的视觉体验。

案例1："巢"——智能汽车APP的视觉设计（作者：雷雨甜）

设计背景和目的：年轻的汽车用户对于车内空间的安全和生理需求基本上得到了满足之后，随着互联网社交场景的扩散，他们对车内的社交需求关注度提高，渴望在智能汽车内能有意思、有温度上的陪伴。通过调研发现，目标用户群体希望在群体生活中找到安全感与存在感，向往温馨的、新颖的社交形式。本设计针对这类年轻人的社交需求，为智能驾驶汽车设计了一款有趣、温馨的社交APP，以满足在智能汽车场景中的社交、情感交流的需要。"巢"视觉设计获得了2021"米兰设计周"大赛全国一等奖。该概念设计完成了前期的需求调研、设计概念、功能定义、信息架构、交互设计内容，这里主要以视觉的呈现为例说明其体验设计（扫描二维码查看完整案例报告）。

概念设计的过程主要包括：

(1)首先，本设计对目标群体进行了访谈研究，对获得的语料文本进行主题和情感倾向分析，获得了"孤独感""独居""异乡""空巢""交流"这几个高频的关键词。通过解析这些关键词和原始文本发现：受访的目标群体多数处于在异乡工作且独居的状态；而对于情感的需求，多数受访者提出孤独感有时候会成为最大的情感障碍；"交流"反映了他们解决这种孤独的形式，具体到文本时发现主要以网络社交为主，因为网络社交是当前社交的主要场景。通过访谈的文本数据和基本属性，设计生成了用户画像（见图4-1），包括行为痛点、情感需求和动机愿望等信息。

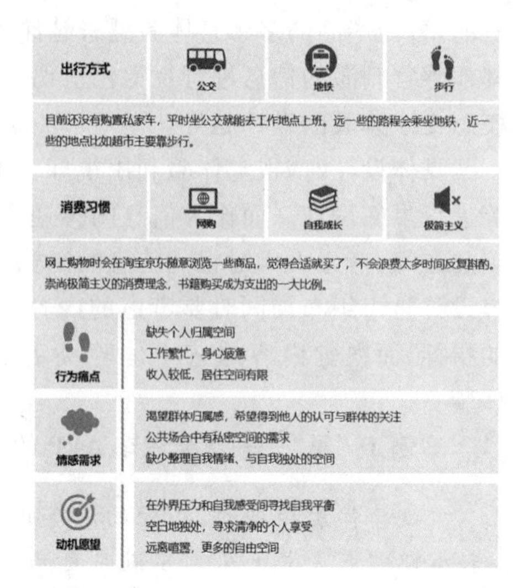

图 4-1　用户画像示例

(2)根据前期的研究，设计师定义了概念设计三项主要的功能，分别是记录驾车旅行故事的“旅行日记”，以及通过智能车窗捕捉风景画面，进行涂鸦的“车窗涂鸦”，以及旅行过程中的社交板块“车友吐槽”。并将交互介质定义为新能源汽车的中控交互大屏，部分功能架构如图 4-2 所示，采用了一种扁平的信息架构，目的是让用户在使用时能够快速进入到页面，即刻享受功能。

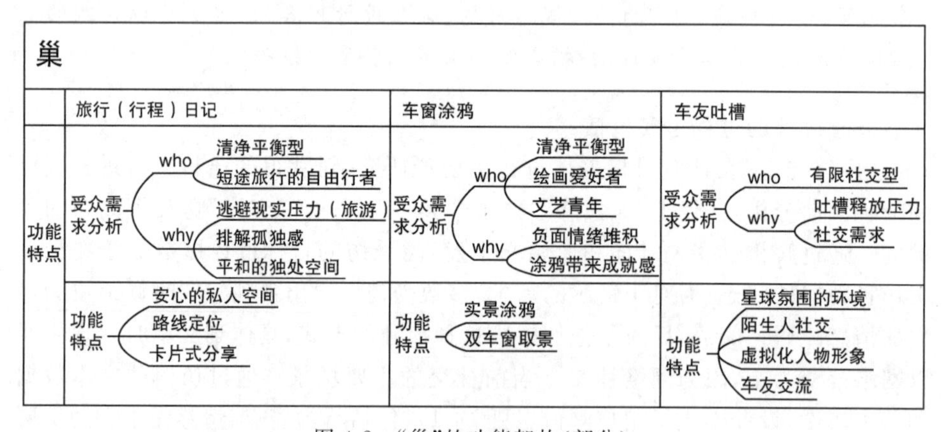

图 4-2　“巢”的功能架构(部分)

(3)根据图 4-2 的功能架构，并利用软件制作低保真原型进行交互流程、交互逻辑、页面布局、内容设计的推理。页面低保真设计定义了“卡片式”的信息组织和布局(见图 4-3)，按照知觉的格式塔组织原则，卡片式的布局能区分自成一组的信息，提高了用户的信息识别效率。

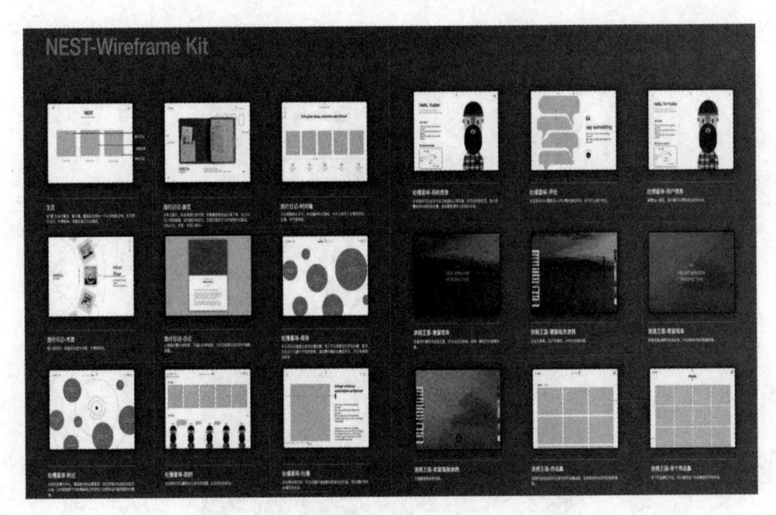

彩图效果

图 4-3　“巢”的交互设计缩略图(部分)

(4)视觉设计部分,在页面布局和内容设计的基础上,设计师定义了标准的字体、图标和颜色(见图 4-4)。

彩图效果

图 4-4　“巢”的标准字体和图标设计

本概念视觉设计中,使用了大量低饱和度、高明度的色彩,以迎合目标用户的视觉喜好。这样的视觉设计还有功能的考虑:背景使用的是明亮且低饱和的颜色,可以突出内容,防止明亮饱和的色彩容易吸引用户太多的注意力,大面积明亮饱和的颜色会过度刺激视网膜,导致眼睛疲劳(见图 4-5)。

彩图效果

图 4-5 “巢”的色彩设计

此外，本案例的交互中采用了游戏化的设计，而在视觉层面，为了将这种游戏化的设计吸引力扩大到极致，案例还使用了角色化形象的设计，以卡通的形象和乘客交互，增加交互时的趣味性，填补乘客乘坐时的空白时间（见图 4-6）。本设计还使用了大量的视觉动效以加强交互时对用户操作的反馈，同时增加了视觉体验上的趣味性。

彩图效果

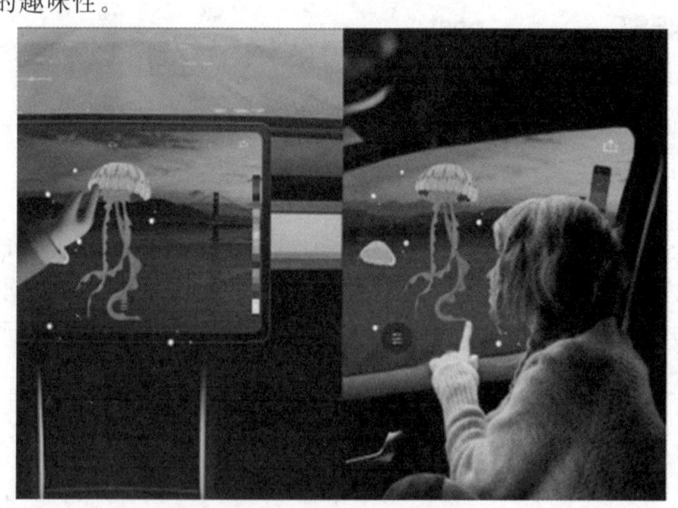

图 4-6 车窗的游戏化交互设计

设计回顾:本案例设计时,首先建立了设计标准,始终保持为用户提供一致的体验,保持了温暖和轻柔的设计风格,在情感上形成一种简洁、温暖、安宁、有趣的印象,同时信息设计应用了知觉的组织规律,比如多处使用卡片式的导航和信息展示,在用户的感知中划分出明确的界线。

由于视觉化效应的存在,人们可能将非视觉性的信息加工成具体的视觉信息,从而增强对事物的表象、记忆与思维等方面的反应强度。视觉往往和其他感觉一起形成对事物的知觉,在多感官的体验中也往往会通过其他感觉信息进行视觉化呈现,一方面是加强用户的感知效果,另一方面是在这些信息视觉化的过程中,设计师还能为其进行艺术加工,更能增加人们的审美享受。而在设计中,用户在与之交互时的多感官体验必须呈现一致的效果,否则容易产生不协调的感受。比如,令人热血沸腾的动作画面与激昂的、富有节奏的电子乐在体验上是一致的,而温情的抒情画面与缓和、柔美的弦乐在体验上是一致的。这种一致性是如何在设计过程中保留下来的呢。一方面我们的生活尝试支持了对感官体验的一致性判断,也就是生活的经验告诉我们激情热烈的视觉和听觉元素是什么样的。另一方面,设计中采用一定的理性表达形式将其他感官体验对用户的影响记录下来,然后再根据人们的直观感受翻译成不同的视觉元素,最后对这些视觉元素进行设计。

案例2:声音故事——二十四节气声音视觉化设计

(作者:肖奇　戴宁一　李锐　高梦宇)

设计背景和目的:本设计是湖南大学设计艺术学院研究生《感性设计》课程实践项目,该课程要求学生对生活中与五感体验相关的现象进行探索和研究,并对研究结果进行设计的转化。“声音故事”设计团队从四时变换带给人的感受变化获得灵感,从中国传统文化中的“二十四节气”找到了切入点,通过研究二十四节气的声音,并将其进行视觉化呈现,从而将声音转化为交互界面的视觉化动效设计(扫描二维码查看设计报告和视觉动效视频)。

设计过程包括:

(1)通过文献阅读、深度访谈和头脑风暴,设计团队获得了与二十四节气联系紧密的,具有声音属性的元素,分别是每个节气的气象、人物、风、水、食物、动物、植物、土地、虫、工具、习俗等。设计团队对来自全国不同地域的人们进行了深入的在线访谈,目的在于了解他们在经历二十四节气变化时对这11种元素的感受和印象。访谈后,通过文本的收集和关键词总结,团队整理了二十四节气的不同元素的关键印象(见图4-7)。

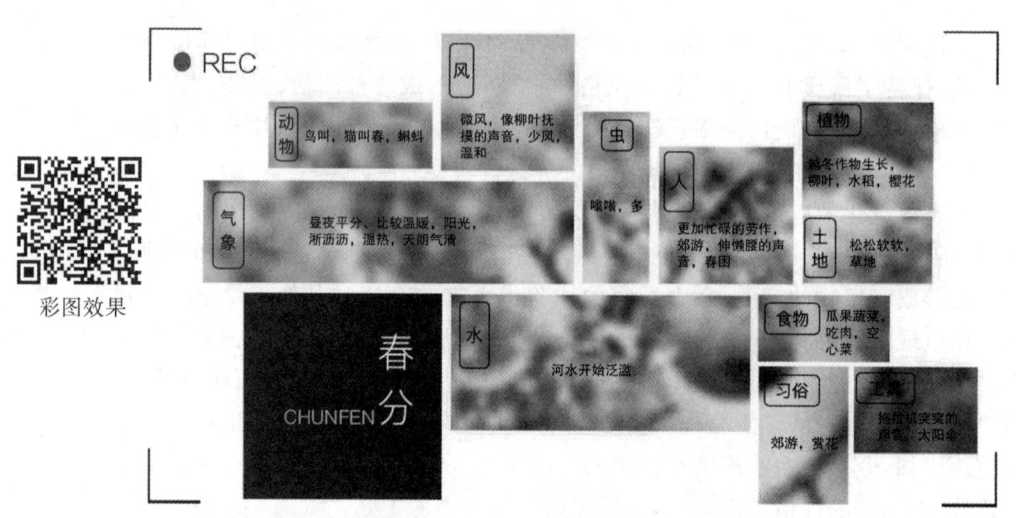

彩图效果

图 4-7 “声音故事”二十四节气元素印象关键描述(春分)

(2)收集和整理二十四节气 11 个元素的印象关键描述之后,团队发现:人们对不同季节的风感受描述是相对稳定的。而对于其他元素,比如水,不同季节的水给人留下感官体验印象的主体不同,比如春分是河水,而夏至是汗水。最重要的是,11 个元素中风具有明显的声音属性。因此,设计将不同节气的感知印象锚定在风这种元素上。同时,为了在视觉化时制造不同节气的突出意象,还选取了风之外的另一种代表性的、能为节气提供差异化意象的生活物品(见图 4-8)。

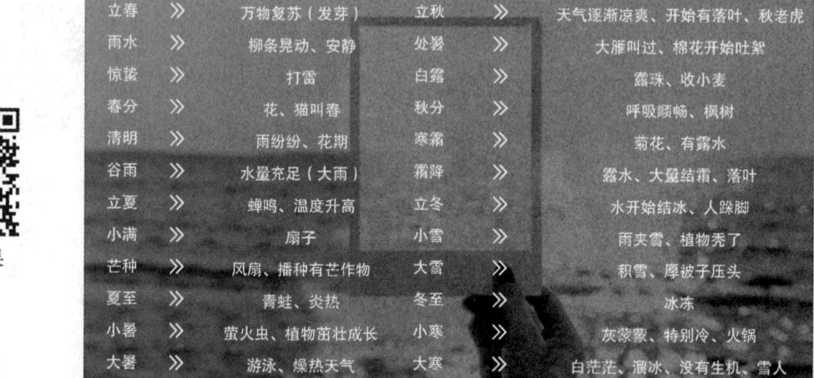

节气		意象	节气		意象
立春	»	万物复苏（发芽）	立秋	»	天气逐渐凉爽、开始有落叶、秋老虎
雨水	»	柳条晃动、安静	处暑	»	大雁叫过、棉花开始吐絮
惊蛰	»	打雷	白露	»	露珠、收小麦
春分	»	花、猫叫春	秋分	»	呼吸顺畅、枫树
清明	»	雨纷纷、花期	寒露	»	菊花、有露水
谷雨	»	水量充足（大雨）	霜降	»	露水、大量结霜、落叶
立夏	»	蝉鸣、温度升高	立冬	»	水开始结冰、人跺脚
小满	»	扇子	小雪	»	雨夹雪、植物秃了
芒种	»	风扇、播种有芒作物	大雪	»	积雪、厚被子压头
夏至	»	青蛙、炎热	冬至	»	冰冻
小暑	»	萤火虫、植物茁壮成长	小寒	»	灰蒙蒙、特别冷、火锅
大暑	»	游泳、燥热天气	大寒	»	白茫茫、溜冰、没有生机、雪人

彩图效果

图 4-8 二十四节气风和差异化意象筛选

(3)视觉化设计:视觉的内容主要为画面形式和信息,不同时节的色彩特点被选作视觉化主题色彩的来源,根据感知意象列表搜索二十四节气声音片段,同时结合访谈信息库中对不同节气整体感觉、自身认知进行启发,找到符合每个阶段多个节气氛围的背景音乐,将音乐片段与其他声音片段分别保存,作为视觉化设计的声音数据。运用 After EffectsTrapcode 插件中的 Form 和 Particualr 粒子系统设定，运用 SoundKeys 插件截取音乐片段和声音信息，通过声频相关表达式将 Form、Particular 中的视觉粒子形态和 SoundKeys 的数据关联，可以获得自由控制的音乐影像动态。其次，为了丰富画面效果，对不同声音品质属性关联的视觉元素认知进行研究，发现弦乐与“面”的形态对应，管乐与“线”的形态对应，打击乐与“点”的形态对应。将这些形态再与音乐影像动态结合，就能形成最终的动态画面效果。如图 4-9 所示，画面中包括了粒子动画，粒子动画色彩色调来自二十四节气的色彩意象，其中还提供了差异化意象——雪花。

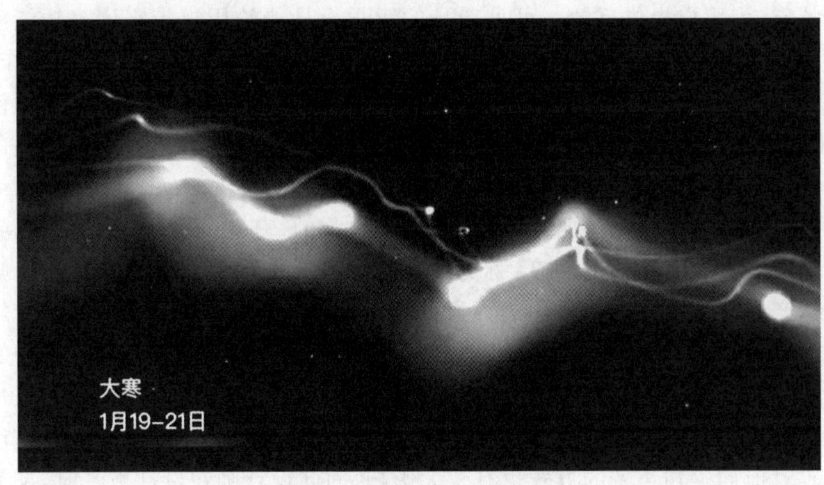

彩图效果

图 4-9　声音视觉化画面截图

设计回顾：声音信息视觉化的前提是人们在感知二十四节气时，大暑既有酷暑难当的温觉感受，也有晚霞千里的视觉感受，还有稻香扑鼻的嗅觉感受，以及蛙声一片的听觉感受。这些感受总是和生活中经历过的事物形象对应，而这些事物形象在视觉化的过程中就成了关键的意象来源。而意象的一致性，以及知觉的完整性，使我们通过一个感知通道的意象信息就能回忆起对整个节气的感知。而视觉化的元素设计，色彩、动效、内容都应该与主题的视觉意象形成一致性，再与其他感觉形成的知觉隐喻形成一致，从而在视觉化体验中得到完整统一的体验。比如，如果要将冬天的味道进行视觉化，冬天的意象在色彩上是对应凋零、白雪皑皑的清冷，而在嗅觉上是对应冷冽的味道（比如梅花香），而色彩主题应该是冷色调的。

当然，这是一般情况下，根据我们文化共识的推论。而处在不同的文化背景，以及有着不同生活经历的人看来，不同感官之间的意象锚定关系则有很大不同。

4.1.2 听觉体验设计

视觉虽然接受了大多数的信息，但是声音也无处不在且种类丰富。对多数产品来说，如果没有声音的辅助，产品将无法准确传达信息，用户也无法很好地理解和感知这个产品。如果微烤箱在加热过程中和结束时都是安静无声的，用户就只能通过显示屏或者指示灯来判断目前的操作进程，而显示屏和操作灯都需要依赖于近距离的视觉感知，一旦用户离开就没办法及时获知烤箱的操作进程。在这种情况下，声音提示能较好地弥补视觉上的这一缺陷，利用其远距离传输的特点，为用户提供反馈。可见产品的听觉设计能给用户带来诸多功能上的便利。不仅如此，声音在审美、品质、情感等方面也起着非常重要的调剂作用。它能够帮助产品表达产品的寓意、内涵和情感。我们可以注意到，在键盘设计中，不同的按键声会给人愉悦而舒适的打字体验，而在冰箱的设计中，合适的开关门声音也影响着用户体验。

设计中产品声音分为两类[1]：第一类是人为的、有意的，设计师为了达到某种功能或者目的而设计的声音，称为 intentional sound，IS[2]。通常是设计师用来传达产品某种功能或者是作为人机交互方式而应用到产品设计中，如烤箱的叮声、手机的铃声。IS 的设计常常需要结合消费者的使用场景与对声音的认知，让产品的声音与用户的心理模型相匹配。比如，急促刺耳的声音是警报类提示，渐缓温柔的声音是温馨的提示。此外，使用者不同的性别、年龄、文化背景、职业等对他们感知声音的方式也有较大影响，因此设计师在设计声音时，要充分考虑目标消费者的需求以及产品本身的特质。第二类是由产品本身内部的零件机械转动、传动或摩擦发出的声音，称为 consequential sound，CS[1]。如家电产品吸尘器、吹风机、抽油烟机等工作时发出的声音。这些声音有时甚至有些嘈杂、恼人，无论是工程师、设计师还是用户都不喜欢。但通常这些内部机械音很难避免，或者需要耗费很大的成本代价来降低声音，所以，消灭 CS 的负面影响极其重要。有些情况下，CS 能准确传达操作状态，洗衣机滚筒旋转的声音能传达它的工作状态，是洗涤还是在脱水。开关门的锁扣啪嗒声能准确给用户反馈门是否打开与关闭。由此可见，CS 虽然在生活中会带来一些噪声，但是它也能提供正确的操作信息，引导用户正确、安全、方便地进行使用。所以，对 CS 的处理除了尽可能减少噪声之外，另一方面也可以通过设计与调整声音及其传达方式来提升用户体验。

产品的声音属性和用户体验有语义上的联系，在体验过程中，声音的物理属性和意义有着必然的联系，包括心理声学特性(如高音和低音)、感知(如被控制、危险、安全、紧急等)和感觉体验(如令人不快、尖锐刺耳、紧张等)。有关听觉体验的研究涉及了声学、物理学、生理学、人机工程学等多个学科。根据声音本身的物理特性和心理声学的相关原理研究，听觉设计的基本原则可分为[3]：以听觉用户为中心是总的设计原则；声音的可辨识性，符合大众的认知；声音的明显差异性，可用于组成复杂信息和表达情感；遵循生理学和声学的客观规律；标准化和精简设计；注重与其他知觉的配合。

案例3：吸油烟机的听觉体验设计

设计背景和目的：厨房逐渐成为智能化和集成化的生活服务系统。听觉交互是影响用户体验的重要组成部分，用户在厨房中的听觉交互接受语音和非语音的声音信息，吸油烟机的噪声是非语音声音信息主要来源。当前减少吸油烟机噪声的主要方法是通过改善产品结构或附加消声元件进行降噪，以及其他声学工程方法减少噪声带来的影响，但是，当前的理论或实践表明噪声及其影响难以被完全消除。工程降噪后的吸油烟机噪声声品质也会造成烦恼、厌恶等负面情绪，从而降低用户的听觉体验。由于声音掩蔽效应被广泛应用于消除噪声对人的负面影响，本设计利用自然音对吸油烟机噪声的掩蔽效应，来改善原本吸油烟机的声品质，提高用户听觉体验（扫描二维码查看完整研究报告和试听实验样本）。

研究和设计思路如下：

(1)研究时采集了典型的一种厨房油烟机噪声作为噪声源，根据文献选用了六种不同且具代表性的自然音，包括城市下雨声、春日沥沥雨声、海浪声、花园鸟鸣声、小溪流水声和钟声作为掩蔽噪声的音源。从大自然中以相同的采样率录取了这些自然音之后，使用声音分析软件DASP进行声音的品质分析，分别得到这些声音的响度、频率、尖锐度、粗糙度、波动、声压级等客观的参数对比。如图4-10分析对比了不同声音素材的响度，在DASP软件内获得时域-响度曲线图，为接下来截取其中的声音片段和合成实验样本作准备。

(2)对不同的声音素材进行截取，由于声学工程中评价声音的指标包括声功率、强度、音源定位、声压、声品质等。本实验主要对声品质进行测量，因此将听觉实验样本调制在相同的采样率、响度、声压级上。输出听觉实验用噪声样本A，输出6个自然音屏蔽噪声的听觉实验样本B-G，为接下来的听觉实验作准备。为了减小实验过程中环境噪声和实验设备底噪声带来的影响，同时确定音源定位，7个听觉实验样本由Audition软件监控输出播放，被试者佩戴BOSE降噪耳机进行实验。

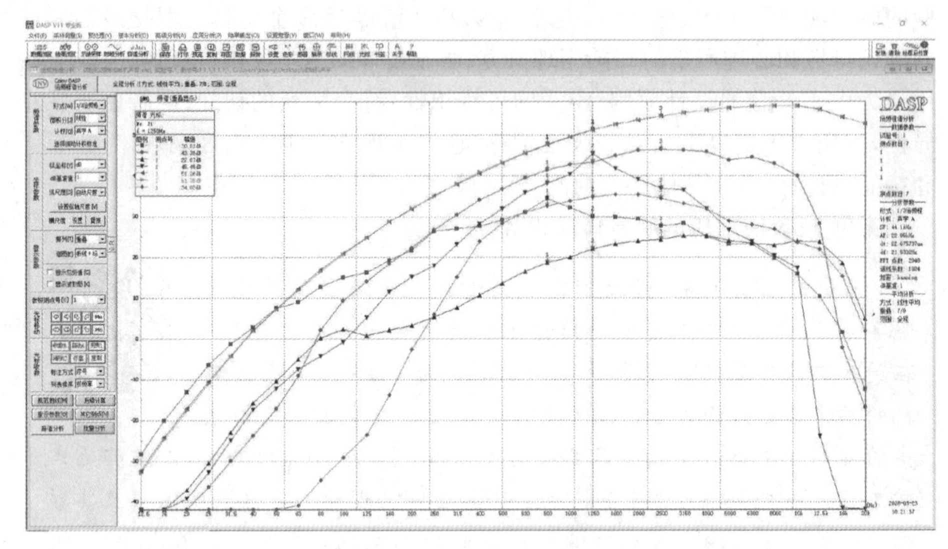

图 4-10 声音样本响度分析

(3)本实验主要以被试者对听觉样本的主观评价进行声音品质的主观判断,通过文献研究发现噪声对人的精神和情绪上造成的影响,反应在主观评价中可以用烦恼度表示(Annoyance),因此采用了烦恼度的李克特量表测量不同样本带来的烦恼度,最后对不同样本的烦恼度排序,可得到声音品质好的声音样本,从而推理自然音对噪声的屏蔽效果。为了避免实验结果出现烦恼度 A>B>C>A 的情况而影响统计,实验中采用了成对比较研究的方法。也就是每次播放声音样本时,以 AB、AC、AD 这样组合形式先后播放给被试听,在烦恼度上计分:1(前者烦恼度更低)、0(烦恼度一样)、1(后者烦恼度更低)。最后,被试需要试听 21 段声音,且对每段声音按照成对比较法进行打分(见图 4-11)。

	A-B	A-C	A-D	A-E	A-F	A-G	B-C	B-D	B-E	B-F	B-G	C-D	C-E	C-F	C-G	D-E	D-F	D-G	E-F	E-G	F-G
被试1	1	1	1	1	1	1	-1	-1	-1	-1	-1	-1	1	-1	1	1	-1	1	-1	1	1
被试2	1	0	1	1	1	1	-1	1	1	1	1	1	1	1	1	1	-1	0	-1	-1	1

图 4-11 21 段声音的成对比较结果(部分)

(4)使用烦恼度排序成对比较分析,使用计算式:

$$D = \left[\sum_{1}^{m}(n - r_i + 1)\right]/m$$

其中,D 为声样本的主观烦恼度,m 为有效被试者的人数,n 为评价组中声样本数目,r_i 为声样本 i 在评价组中的主观烦恼排序。最后通过统计发现(见图 4-12),声音样本 E 相对于其他样本给人的烦恼度最低(−3.04 分),通过对应原有的自然声音样本,发现本实验中鸟鸣声大幅减少了原有吸油烟机噪声带来的烦恼(0 分)。

	A	B	C	D	E	F	G	Total
A	0	-0.25	-0.33	0.25	0.88	0.08	0.33	0.96
B	0.25	0	-0.38	0.42	0.79	0.17	0.38	1.63
C	0.33	0.38	0	0.58	0.58	0.13	0.42	2.42
D	-0.25	-0.42	-0.58	0	0.42	-0.13	-0.04	-1
E	-0.87	-0.79	-0.58	-0.42	0	-0.25	-0.13	-3.04
F	-0.08	-0.17	-0.13	0.13	0.25	0	0.08	0.08
G	-0.33	-0.38	-0.42	0.04	0.13	-0.08	0	-1.04

图 4-12　烦恼度成对比较法分析结果截图

5)通过对本实验中的鸟鸣声进行样本的声音参数分析，评价了它的频率、粗糙度、响度等参数，又选取了其他五种在参数上相近的声音，制作成6种屏蔽吸油烟机噪声的自然音效，将其用到吸油烟机的设计中。设计时，在吸油烟机的设计为吸油烟机增加了“悦听”模式，在吸油烟机运行过程中播放自然音，提高原有吸油烟机噪声的声品质，从而改善使用的听觉体验(见图 4-13)。目前，该设计正在进一步验证和用户体验评估中。

彩图效果

图 4-13　“悦听”模式下的吸油烟机设计效果图

设计回顾：本设计从声学、心理学两个方面入手探究如何运用声音掩蔽效应来改良产品噪声带给用户的负面体验。这种研究思路是通过对听觉刺激的干涉，利用IS来改变CS的物理属性，最终为听者创造良好的听觉体验。声音会参与使用者对产品认知和感受的整个心理体验过程，声音能够赋予产品特殊的意义，提高产品的价值和吸引力，从而影响消费者的购买决定，给消费者带来愉悦感和舒适感。

意大利品牌阿莱西(Alessi)的“小鸟煮水”水壶。因壶嘴上有一只小鸟而得名(见图 4-14)。通过在壶嘴上安定音哨,水蒸气穿过定音哨发出小鸟般的鸣叫,水沸腾得越猛烈,水蒸气越多而压力越大,水壶发出的鸣叫越尖锐,这种非电子式的提示声音既契合了水壶上小鸟的符号意象,恰好又与大自然中的鸟鸣声相似,给人一种自然声音的感受。自然信号(nature signals)在设计中恰当运用的妙处,建立了一种更有效、同时不太扰人的自然互动方式。小鸟水壶所提供的自然互动形式又同时为用户提供了持续不断的反馈,让用户觉察到水壶的沸腾状况。这种自然声音不仅能起到提示反馈的作用,同时还能让用户享受更加怡人的听觉体验。

彩图效果

图 4-14　阿莱西"小鸟"水壶

随着数字技术和互联网技术的发展,数字化产品越来越注重"动则有声"。在新兴的虚拟现实技术应用中,声音扮演着营造"现场感"和"沉浸感"的重要角色。目前,产品的听觉设计也不再局限于单向输出,而是将部分主动权让给消费者,产品通过听觉与用户交流沟通。被感性化处理后的听觉设计,能够进一步拉近用户与产品的距离,增加亲和力与信任度。除此之外,为了配合每个产品的故事,听觉设计也能够为整个产品的调性与氛围作烘托。

4.1.3　触觉体验设计

其他感觉器官在人体某一特定区域有相应的感受器,而触知觉的感受器——皮肤,遍布全身。它是人体最大的器官,触觉是人类对世界最真实、直接的感受[4]。如果一个人失去了触觉感受的能力,那意味着他无法感受四肢的位置所在,无法用准确的力量拿握和使用物品。此外,触觉也是人类社交中的重要组成部分,在亲情、友情、爱情等关系发展中,触摸成为人类之间建立情感纽带的重要途径。如轻拍或触摸病患的心理医生会被认为更具爱心和令人感到亲切。美国神经学专家大卫·林登在其著作《触感引擎:手如何连接我们的心和脑》(*Touch:The Science of Hand,Heart,and Mind*)[5]中表示触摸和触感对塑造人类的生理和心理健康有着重要影响。

触感体验在产品设计领域中能塑造功能形态、决定材质体验、丰富交互方式、唤起触感经验联想。“在过去，触觉技术一直专注于设备的提醒功能，比如手机或手柄的振动反馈。”计算机科学家希瑟·卡尔伯森（Heather Culbertson）说，“现在应用重点已经变了，人们专注于让东西摸起来更自然，让它们有更接近天然材料的触感，还原自然交互的感觉”。

触觉是消费者在购买商品时不可或缺的体验，研究发现触摸可以改变消费者对商品的态度和行为[6]，格洛曼（Grohmann）等[7]指出，商品或服务的触觉要素在消费者的购买决策中扮演了至关重要的角色。消费者在网络购物时无法直接触摸到商品，只能通过照片和视频这种视觉形式去感受，这降低了购物的乐趣。但是现在的虚拟现实技术，可以在一定程度上补足这些缺失的体验。学者们将这种通过虚拟现实技术使人仿佛亲临现场触摸物品的方式称为虚拟触觉。但是目前国内外对虚拟触觉的研究才刚刚起步，关于虚拟触觉的形成机制尚无定论。通过对相关文献的浏览整理总结得到，虚拟触觉的形成主要源于以下 3 个方面：①人的感官具有交互整合功能，良好得当的“视觉和听觉”可以补偿（产生）一定的触觉感知；②通过塑造一种“身临其境”的临场感知，唤起人头脑中的历史触觉记忆，从而联想产生触觉感知，通过虚拟现实的触觉设备和技术产生触觉联想；③模拟真实触觉，让用户真切感知触觉。

目前较常见的触觉模拟设备有抓握式、触摸式、穿戴式。抓握式设备通常将虚拟物体的重量和惯性，通过神经介导的运动、位置、力的方式来反馈给用户。来源于斯坦福的 THE STANFORD SHAPE LAB 实验室的 Culbertson 及其同事开发了一种称为 Grabity 的可抓握触觉设备（见图 4-15），该设备可以通过紧握和挤压来拾取虚拟对象，只需通过设备上某些方式振动，就可以感受到类似于抓握物体的重量和惯性。

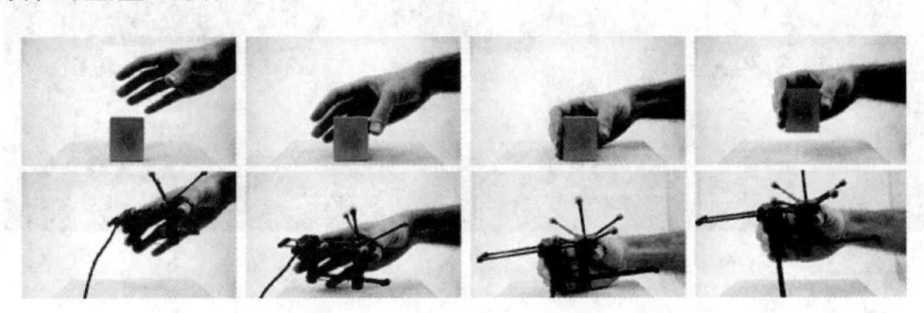

彩图效果

图 4-15　Grabity 可抓握式触觉设备

智能手机屏幕是使用得较为广泛的触摸式设备，当用户单击某个应用程序时，屏幕会有振动反馈。随着技术的发展，目前能在屏幕上感觉到的触觉信息与触觉维度越来越多，比如，希瑟·卡尔伯森(Heather Culbertson)开发的“数据驱动触觉”设备，它能逼真地模拟物体表面的粗糙度、硬度和光滑度。也有设备的模拟并不依赖于复杂的算法或物理模型，只需要收集物体划过各种表面材料时的数据，当用户用笔划过屏幕时，就能在屏幕上获得相应的振动反馈(见图4-16)。这些技术的潜在应用包括在线购物和虚拟博物馆等。

彩图效果

图 4-16 “数据驱动触觉”设备

可穿戴设备通常穿戴在身体上，它依赖于皮肤神经所感受到的触觉，即压力、摩擦力或温度，如在虚拟现实中触摸物体时会以不同程度的力作用在指垫上。EPFL 的实验室开发了一款名为 FlyJacket 的可穿戴触觉设备(见图 4-17)，FlyJacket 的手臂伸直到侧面，并通过活塞连接到腰部。当用户穿上可穿戴式触觉设备 Flyjacket 时，他们可以用手臂和躯干控制无人机的飞行路径，并感受到阵阵风的后退。

彩图效果

图 4-17 FlyJacket 的可穿戴触觉设备

触觉拥有独特的优势，针对特殊环境、人群、材质，触觉可以比视觉更加准确直观。触觉信息可以向罹患视障、听障人群传递信息。触觉交互可以增进人机交互的自然性，使普通用户能按其熟悉的感觉技能进行人机通信。国内外实验室将触觉交互用于医学领域，尤其是在医学手术中来模拟真实人体组织的触觉。

波士顿动力(Boston Dynamics)公司正在商品化有触觉界面的外科手术仿真系统,这个系统可以用来进行膝关节内窥镜检查、吻合术和处理肢体外伤等。触觉的设计中,触觉信息的反馈与其他感官信息的一致性仍然是重点,对提升用户操控水平和降低错误率有帮助。

案例 4:方向盘触觉警示设计(作者:杨然伊　李雨涵)

设计背景与目的:在驾驶场景中,汽车对于环境威胁和危险的感知需要通过预警的形式告知驾驶者,提高驾驶者对环境的感知。目前,车内的主要预警形式是通过视觉和听觉警告,比如闪烁红灯和播放警报声。通过现有研究发现,触觉的振动提醒形式被广泛地应用到预警系统中,在减少人的反应时长方面具有优势。因此本设计的目的在于通过研究怎样的振动方式能更好地唤醒驾驶者对危险、威胁的警惕,并且如何与广泛使用的视听警示形成一致性,提高振动警示的体验。最后,研究结果将应用到智能汽车方向盘的设计中,并进一步验证该设计。本设计是湖南大学设计艺术学院研究生“感性设计”课程项目(扫描二维码查看完整报告)。

研究和设计过程包括:

(1)通过文献研究、产品分析发现,抬头显示器(HUD,Head-UP Display)将成为汽车内重要的视觉信息显示装置,因此本研究中以 HUD 作为视觉显示形式,选择了行人通过前车这种典型的交通场景作为预警的触发条件,开展实验研究(见图 4-18)。

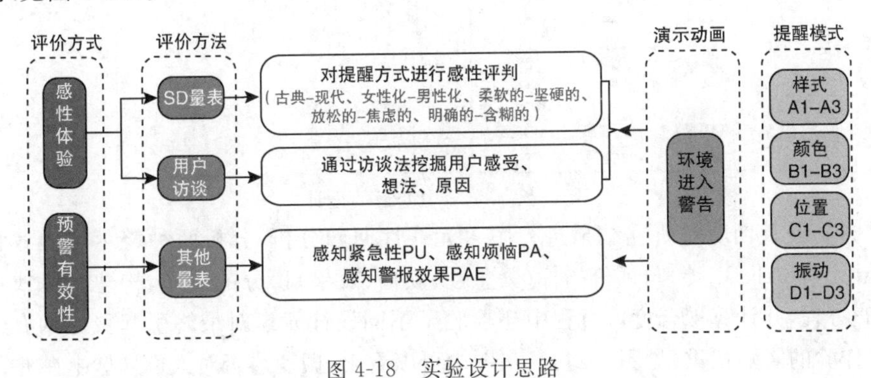

图 4-18　实验设计思路

(2)进行实验环境设置和被试的招募,本实验采用“绿野仙踪”的实验方法,被试者在实验时观看如图 4-19 所示的实验动画,画面中深色部分播放道路画面,HUD 布置在驾驶位置稍靠下位置。本实验中振动部分,使用了安卓手机振动模拟 APP，通过控制参数实现不同频率和时长的振动模式。

彩图效果

图 4-19　实验中环境设置部分截图

(3)实验时，被试者观看画面，中途将出现行人穿越道路的紧急情况模拟，HUD 播放视觉警示，而手机进行振动。由于实验中探索了视觉和触觉两种类型的警示，而每种警示又有多种维度，如 HUD 显示有样式、位置、颜色，振动有强度、频率之分，导致可组合的实验自变量过多。因此本实验采用了正交实验设计法。最终，每个被试者只需要体验 9 种 HUD 和振动警示组合，实验时间大约 10 分钟(见图 4-20)。每一个画面结束后，被试被邀请填写 SD 量表，对感知到的有效性进行评价，并在完全结束后接受实验人员的访谈。

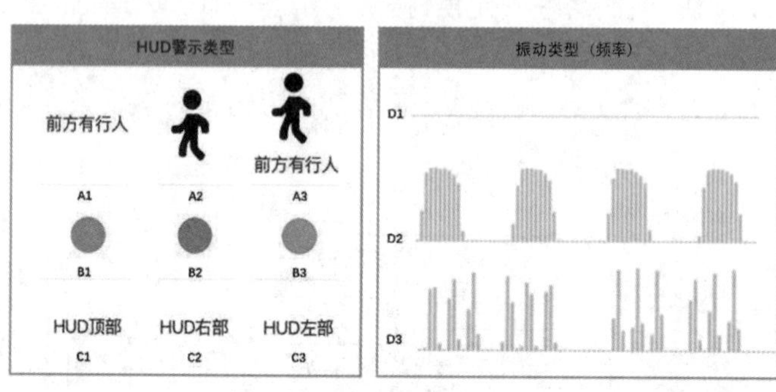

图 4-20　实验中变量的设计

(4)设计团队对研究结果进行了多元线性回归分析，分析两种警示类型各种设计元素(A1、B1 等)与评价指标(紧急性、烦恼、效果)得分的关系，构建多元线性回归方程，并计算拟合度。过程中还检验了不同设计元素对最终引起警觉的有效性、体验的影响权重(见图 4-21)。从图中可以看出，振动与否对人们体验上感觉是否紧急、烦恼、有效都有较大影响，相关系数(PCC)分别是 0.816、0.848、0.756。同时可知文字+符号+蓝色+左边显示+第 2 种振动的组合方式让人们紧急性感知最好。值得注意的是，虽然振动加强了人们对情况紧急的感知，提高了警示效果，但是也让人们感到了干扰和烦恼，这也是未来在设计中需要解决的问题。

设计要素	设计级别	权重系数 感知紧急性	PCC
形式	a:文字	-0.301	0.226
	a:符号	-0.344	
	a:文字+符号	-0.150	
颜色	b:橙色	0.064	0.04
	b:蓝色	0.075	
	b:绿色	-0.140	
位置	c:顶部	-0.129	0.097
	c:右部	-0.129	
	c:左部	0.100	
震动	d:无震动	[illegible]	0.816
	d:震动一	0.022	
	d:震动二	0.338	
常数K=3.495			
R=0.853			
R^2=0.727			

设计要素	设计级别	权重系数 感知烦恼	PCC
形式	a:文字	-0.064	0.049
	a:符号	-0.100	
	a:文字+符号	0.120	
颜色	b:橙色	-0.141	0.035
	b:蓝色	0.097	
	b:绿色	0.14	
位置	c:顶部	0.064	0.062
	c:右部	-1.30	
	c:左部	0.005	
震动	d:无震动	0.032	0.846
	d:震动一	0.024	
	d:震动二	0.56	
常数K=3.269			
R=0.85			
R^2=0.723			

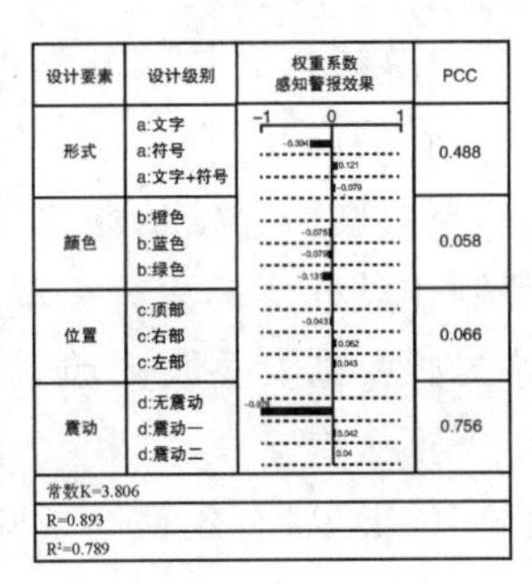

设计要素	设计级别	权重系数 感知警报效果	PCC
形式	a:文字	-0.304	0.488
	a:符号	0.121	
	a:文字+符号	-0.079	
颜色	b:橙色	-0.075	0.058
	b:蓝色	-0.079	
	b:绿色	-0.131	
位置	c:顶部	-0.043	0.066
	c:右部	0.062	
	c:左部	0.043	
震动	d:无震动	[illegible]	0.756
	d:震动一	0.042	
	d:震动二	0.04	
常数K=3.806			
R=0.893			
R^2=0.789			

图 4-21　多元回归分析截图

设计回顾：在现有的产品设计中，视觉、听觉的交互占据了人们大多数的任务场景，但是触觉也发挥了直接性、快速性的优势，作为感觉通道的补充进行信息的传递。从本设计的结果来看，值得注意的是，高效的触觉唤醒并不一定在感受上是一种享受，这就好比狂躁的闹钟确实能快速叫醒沉睡的人，但同时也让人恼火。触觉设计的体验也是在交互设计中需要解决的问题。

4.1.4　嗅觉、味觉体验设计

每种感觉都有独特的换能方式，视觉功能使用光感受器转换光能，听觉、触觉使用机械感受器探测内耳中和皮肤的声波、压力带来的机械能。与前几种感觉不同，人体的味觉和嗅觉接受的刺激主要是化学刺激，依赖于味蕾和鼻道中的化学感受器探测事物和周围空气中的气味成分。每种物质都有其特殊的嗅觉和味觉，在应用时几乎都是通过模拟该物质的化学组成，达到复现气味的目的。专门收集生活气味的气味博物馆和图书馆已经渐渐被大家熟知，越来越多的行业开始运用嗅觉来吸引公众的目光。2018 年，日本东京池袋的百货商店 Parco 举办了一场“气味展”，展上不光出现了麝香、琥珀、水果、刚洗过的针织衫这些令人愉悦的气味，也展示一些世间少有的臭，比如：瑞典人民闻名全球的“生化武器”盐渍鲱鱼，由日本人定义的“中年臭”，还有难以想象的脚臭（见图 4-22）。也许人们会好奇前方是否有更多新奇的气味，走到展区的尽头，全新鞋子的气味展区让人眼前一亮，没有比这更直击人心的产品推介方式了，商铺的人气也自然而然地提高了。

图 4-22　Parco 的“气味展”

彩图效果

显然，越来越多商家察觉到新颖的嗅觉体验能够吸引消费者。一些具有独特嗅觉的商品开始玩起了嗅觉体验营销。臭豆腐就是一种有特殊气味印象的美食，臭豆腐博物馆从萌化人心的 IP 到拟人化的互动式体验装置，将臭豆腐的完整制作过程变得活灵活现。其中一项令人难忘的体验项目是依靠嗅觉让体验者亲身感受到臭豆腐的原料，并利用 AI 记录下体验者的表情，反馈给体验者。整个展览从视觉、嗅觉和交互层面让体验者完全沉浸其中，成功深化了品牌在大众心中的形象，有效提高了知名度(见图 4-23)。

彩图效果

图 4-23　臭豆腐博物馆的嗅觉体验

案例 5：颜色对味觉的影响实验(作者：徐健　齐皓天　闫增晖　王连阳)

设计背景和目的：嗅觉和味觉带给我们的体验是震撼的，它有足够大的潜力和魅力成为设计的新宠，因为它足够真实。香水尚有前味、中味、后味慢慢变化，令人回味无穷，而那世间千万种味道，更不知道有多少种奇妙的化学反应等着我们去探索。设计中，味觉为五感中最难运用的一种感官，但关于味觉的研究仍然层出不穷，本案例便是一项颜色与味觉感知关系的研究(扫描二维码查看研究报告)。

研究流程如下：

(1)研究者搜集了大量的相关文献，经过梳理与分析，发现颜色能够影响人的食欲，比如：红色和黄色的搭配最能增进食欲；蓝色可以抑制食欲，帮助减肥；绿色的食物让我们感觉很健康；而紫黑色的食物可能“有毒”。但研究者发现现有实验对于颜色和味觉的关系研究比较笼统，深入探讨的空间还很大，比如：颜色是对于所有味觉都有影响，还是只对其中某些有影响？对于同一种味道，不同颜色的影响程度究竟如何？颜色的冷暖是否是影响的关键因素？相同的颜色，不同程度地改变饱和度、透明度，是否会对味觉有不同的影响？

(2)本案例主要研究色彩对酸味感知的影响,研究两个问题:①不同颜色是否会对酸味产生影响?②影响因素有哪些?因此,本案例设计了两个子实验:实验一先探讨不同颜色对被试者感知酸度的影响;实验二在此基础上挑选了两种典型颜色,探讨不同颜色的浓度对被试者感知酸度的影响。根据实验目标,实验一中,研究者调配了五种酸度(以挤压瓶的挤压次数来控制柠檬汁的量,分别为3、5、7、9、11泵)的液体,每一种试剂再染色并分装成五种不同颜色的液体,调配颜色时只加入不同色彩的食用色素,并且尽可能保证不同浓度的同色液体颜色一致(见图4-24)。

彩图效果

图4-24 实验调配样品

(3)实验招募了20位被试者,每四位为一组,每一位被试者对五种酸度的液体分别进行品尝,并对其酸度进行打分。为排除液体之间的相互干扰,品尝新的液体时用清水涮口,并间隔一定的时间再品尝。对实验数据纵向比较之后,结果表明:被试者会低估暖色液体的酸度,橙色尤为显著;会高估冷色液体的酸度,尤其是绿色;而对于蓝色液体,个体判断的差异较大。

(4)实验二通过控制加入柠檬汁的量准备了同种酸度的液体,并分别配制了三种浓度的橙色和绿色试剂,选取8位被试者,分别就三种不同浓度的橙色及绿色的六杯液体进行品尝(间歇同样用清水漱口,并间隔一定的时间,防止干扰)。试验后被试者对酸度的强弱进行排序打分,1分为最低,5分为最高。

彩图效果

图4-25 实验测试过程

(5)横向与纵向对比实验数据之后发现,不管是橙色还是绿色,颜色较浅时,被试者对于酸度的判断较为集中，数据呈近似正态分布，判断较为准确；而对于颜色较深的液体，不同被试者的测试数据显示标准差较大，对酸度的判断分布比较极端，判断偏差也较大。本实验中的结论表明：颜色浓度越高，对酸味感觉的影响越大，容易引起酸度的误判。

实验回顾：综上所述，本案例的两个实验最终表明：颜色的确会影响味觉，也会影响人们对食物味道的预期。对于同一种味道，不同的颜色会影响人们对其味觉的感知程度。以酸为例，暖色会淡化人们对于酸味的感知，而冷色则会让人感到更酸。对于同一种颜色，不同的饱和度也会对人的味觉感知产生不同的影响。以酸为例，颜色越深，人们对于酸度的误判越大。

案例6：形状对味觉的影响实验（作者：何东旭　赵赫　李南萱　周怡雯）

实验背景和目的：通过文献研究研究人员还发现食物在视觉上呈现不同形状影响人们对其味道的判断，本研究旨在探讨食物形状与排列方式对味觉感知的影响。本实验使用同一种巧克力作为实验的刺激素材，分别探究形状、排列方式、疏密程度对味觉的影响（见图4-26），实验前保证了每一小颗巧克力的质量是相同的（扫描二维码查看研究报告）。

彩图效果

图4-26　巧克力实验设置

实验过程如下：

（1）为了减小实验误差，所有需要品尝的巧克力均同时以随机的排列形式展现在被试者面前。被试者每次品尝 8 组巧克力中的一组，且只能食用一个。被试者品尝完每块后要求用清水漱口等待 2～3 分钟，再品尝下一组，依次品尝完全部巧克力(见图 4-27)。

彩图效果

图 4-27　巧克力实验过程

(2)经过对实验结果的数据分析，可以发现：巧克力的味觉受巧克力形状的影响。外观呈弧线的巧克力比棱角分明的巧克力让人感觉更甜，但方形巧克力的综合味觉体验更佳，因此方形巧克力给人感觉更昂贵。巧克力的排列方式也会对味觉造成影响，按特定规律整齐排列的巧克力能给人更好的体验，也会被认为价格更昂贵。巧克力的排列疏密程度对其味道无显著影响。

实验回顾：本案例和案例 5 证明了味觉受到视觉的影响，这对食品的包装设计而言具有一定的启发。对于包装色彩设计，可以符合食物本身的味觉属性，起到一定的增强作用；同时，如果设计者想要减轻人们味觉刺激的感知，可以使用在味觉上隐喻相反的颜色进行包装。由于这里两个实验使用的是柠檬水和巧克力作为味觉刺激的来源，对于具体的食物，应该进行针对性的实验和设计应用。

4.1.5　多感官体验与通感设计

不同感觉虽有不一样的物理机制，但五感之间绝不是彼此独立的，它们的互通互联才让我们感知到真实的世界。随着科技的不断进步，传统视觉的表达方式融入了其他感觉元素，一方面让信息传递更加丰富，另一方面也使得用户的体验更加生动有趣，还能制造更多的趣味。

因此，在设计中，感官知觉的运用往往不是单一的，而是多种并行，最终产生的结果不仅仅是更好地调动用户的良性感受，而且能够给设计带来更多的可能性。通感可以将不同的感官联系起来，从而产生感觉的挪移。比如："你笑得很甜。"笑本来是视觉或者听觉层面上的行为，而甜是味觉体验，这句话却将听觉和味觉自然地联系在一起。此外，因为感官生理性相通，我们不可能只用单一的感官通道去感知事物。用户总是用尽可能多的感知通道去感受设计，用户所感知到的通道越多，体验就越丰富。只关注单一感知通道的设计是不完美的，一个立体的设计，应该能触发多种感官体验，真正地去研究材、形、色、味、音对用户的影响，建立在此基础上的设计，必能打动人心。

相比单感官体验，通感作为不同感官的交叉融合更能够激发用户的情感共鸣。对此，赛特维(Richard E. Cytowic)认为，通感首先是一种“体验”，它来源于中脑的边缘系统，而不是来源于大脑皮层。而中脑的边缘系统可以影响或者产生情绪，感觉信息在传到大脑皮层前必须经过边缘系统，在理智发生以前，优先表现出来的是感性。

案例 7：抱枕的多感官体验设计(作者：何红萍　唐宇璇　付萱)

设计背景和目的：触觉发生在触碰到产品的瞬间，人们在不到一秒的时间内就能感觉到它是温暖还是冰凉、是光滑还是粗糙，由此而生出一种或喜或悲或爱或厌的感情。这一切都发生得如此自然，像是一个设计好的连锁反应。本设计案例中，设计者们对触觉、嗅觉进行了调研分析，对不同物品的触觉、嗅觉内涵特性和功能进行了挖掘，并进行实验研究，根据实验结果设计了一款治愈系的抱枕(扫描二维码查看全部报告内容)。

设计过程如下：

(1)实验首先按照研究计划准备两类样品——影响触觉的枕芯填充物和影响嗅觉的香味，并在前期调研的样品范围内选择了 7 种可能引起被试者反应的香味及 4 种比较舒适的枕芯材质(见图 4-28)。

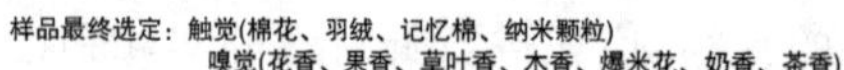

彩图效果

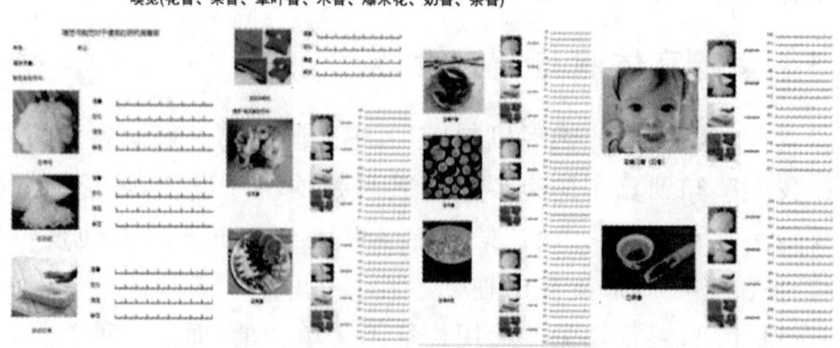

图 4-28　用于触觉和嗅觉刺激的材质

(2)实验时,被试者被分成两组。A组只提供实验抱枕,B组提供相同的实验抱枕和香味。体验结束之后,被试者对每一场体验进行打分。与此同时,实验人员观察用户的行为并进行记录,最后将得到的数据进行整合分析(见图4-29)。

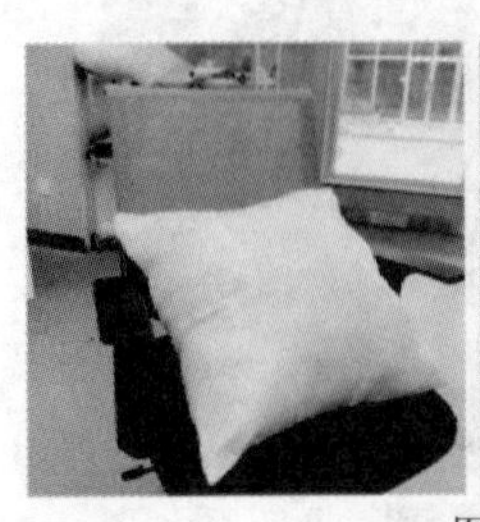

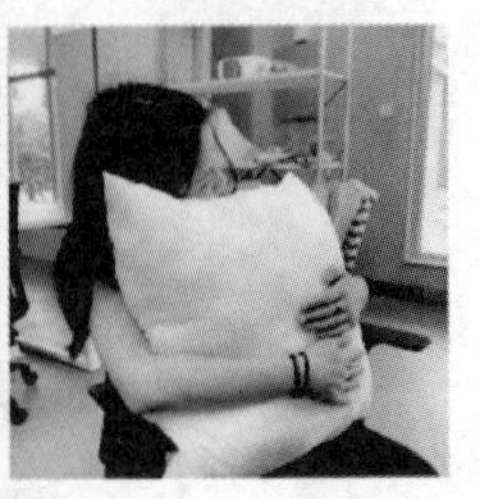

彩图效果

图4-29　抱枕触感实验

(3)实验结果表明,在触觉单通道实验中,被试者感觉最温馨、最满足的抱枕材质是羽绒,而感觉最放松、最解压的是记忆棉,综合得分最高的材质是记忆棉;而在加入嗅觉通道之后,不同的香味对被试者的体验造成了不同的影响。花香、果香、木香、爆米花对所有的材质体验出现了负影响,得分普遍呈下降趋势;草木香没有造成太大的影响;而奶香和茶香对所有的材质体验出现了正影响,综合得分都有所上升。综合所有的数据结果后,实验发现,奶香和棉花搭配使用后给被试者带来的体验最佳。因此,最后设计者使用棉花和奶香气的材质制作了一款"治愈系"的抱枕。

设计回顾:相比于以往的抱枕在触感和视觉上给人温暖、舒适的体验,本设计试图通过增加嗅觉的感官体验,增强人们对抱枕的温馨、治愈的感受。这是一种在器物原有使用方式中引入新的感官体验的设计形式,对于多感官体验设计的创新具有一定的参考意义。

德国美学家费歇尔提出的感官共鸣说被广泛认同,因为他将上述道理言简意赅地传达了出来——"每个感官不是孤立的,它们是一个感官的分支,在某些功能上可以互相替代。一个感官鸣响,另一个感官作为和声、作为回忆、作为看不见的象征,也就引起了共鸣。"研究认为,设计为用户带来通感体验必然要为用户创造联觉的暗示,一般有三种表现形式:感觉挪移、多觉叠加和意象互通[8]。其中,感觉挪移是一种感觉引起另外一种感觉,比如看到水果造型的牛奶盒时,在脑海中会形成对水果的联想,同时由于过去对这些水果的味觉体验,所以在看到这个牛奶盒时会产生水果的香气。而多觉叠加是在看到事物时多种感觉,以及感觉引发的联想融合的结果,同样是这个牛奶盒,多觉叠加的结果不仅会引起水果香气的感受,还会令观者在脑海中浮现出水果的触感、味道等(见图4-30)。意象互通是对事物感觉经过有意义的情感或者反思加工而引发的另外的感受,飞利浦·斯塔克设计的著名的榨汁机(见图4-31),就能引起外星生物的联想。

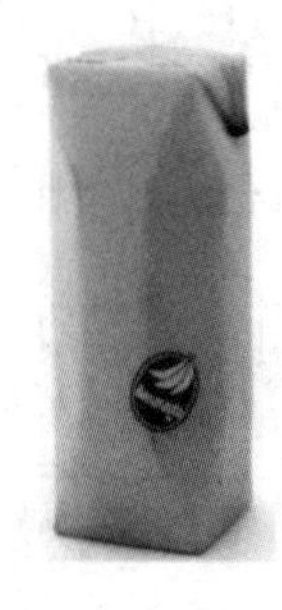

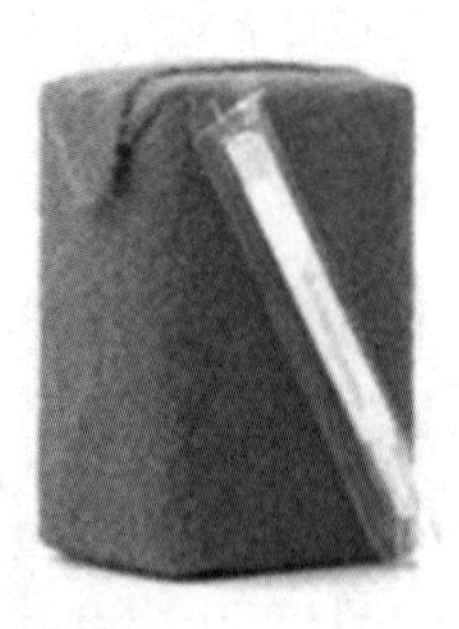

彩图效果

图 4-30　水果牛奶的牛奶盒设计

彩图效果

图 4-31　菲利普·斯塔克设计的榨汁机

通感理论与知觉的物理机制间最大的不同在于:它发生在信息到达大脑皮层之前,同时其产生的情绪体验极为深刻,甚至在某种程度上优于信息传递到大脑皮层的理性认知结果。这让知觉提升到了一个新的高度,使得认知不再是从外界到大脑皮层的单通道输入,而上升到了掺杂情感认知的高级维度。通感让各个器官之间发生联系,这样的能力在艺术领域产生了一种共鸣效应,从而引发了一种直接的、无须思考的体验。康定斯基认为,创造力源于体验,而并非抽象的理念。他希望让情绪而不是理性去主导他的绘画。我们能感受到艺术中颜色的温度、音乐的形象、舞蹈的味道。

原研哉在《设计中的设计》一书中展示了用通感的手法设计的梅田医院标识系统(见图 4-32),并以东西方的观点阐述了其对通感的理解,称为“信息的构筑”。梅田医院的标识强调了视觉和触觉,白色的棉布向患者传达了柔和的触觉空间以及“清洁”理念,以此提升患者对医院的信赖。设计中白色和触觉元素的使用,通过材质、工艺、造型等方式都能达到联想的效果,进而引发用户情感上的通感。

彩图效果

图 4-32　梅田医院的标识系统

案例 8:面向自然交互的声音通感设计

设计背景和目的:通感不仅能通过一种感官触发另一种感官体验,如果运用得当,还能作为某种感官的催化剂,使得其原本的作用更加强大。本案例正是通过文献研究发现,倾听者主观感受到的声音的隐喻意义会映射在倾听者的肢体动作上,倾听者对其中的隐喻意义的主观感受不同,肢体动作也会产生变化。通过观察倾听者肢体运动轨迹的变化,可以获取用户对声音的感受。换言之,空间肢体动作能够更加直观地反映用户对声音的感受。本设计基于通感认知探究声音要素对用户感知的影响,尤其是人机交互中的反馈声音如何影响用户的肢体行为,为交互中的声音反馈提供设计指导。通过研究,探索指导人机交互中的听觉反馈设计,并将其运用到不同的交互场景中(扫描二维码查看研究全文)。

设计研究的过程如下:

(1)本实验对声音的音调、响度、音色和方位等信息要素对人的影响进行了探索,通过声源摆位控制两个声源进行左右(右左)、上下(下上)、前后(后前)3 种位置关系的变化,得到共 66 个声音素材。实验过程中,被试者戴上眼罩站在搭建场景的指定位置,听到声音时自由地做出肢体动作(见图 4-33)。被试通过口头报告的形式填写五点量表(非常清晰、清晰、一般、模糊、非常模糊),对声音的指向性进行打分。实验全过程由一台摄像机录制。

(2)对实验过程中所录制的手势视频进行分析,得到声波图与手势轨迹(见图 4-34)。通过对该图的分析可以发现,单个要素中响度是影响被试者感知声音的主要因素,其次是音调。而音色变化时,被试者对于声音的感受差异较大,主要体现为对声音的悦耳度和舒适性等主观感性体验的变化。

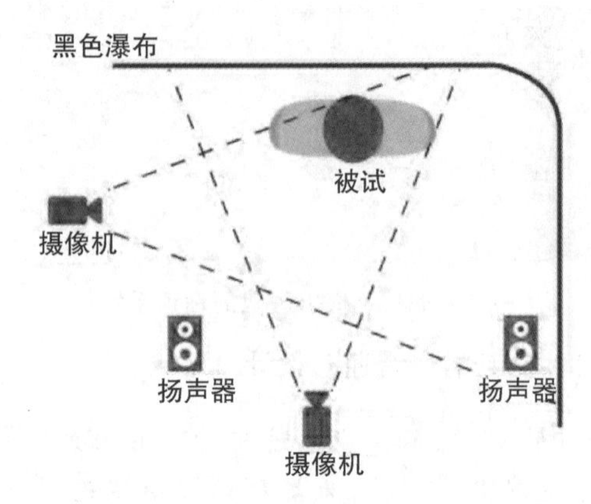

图 4-33　实验场景的搭建

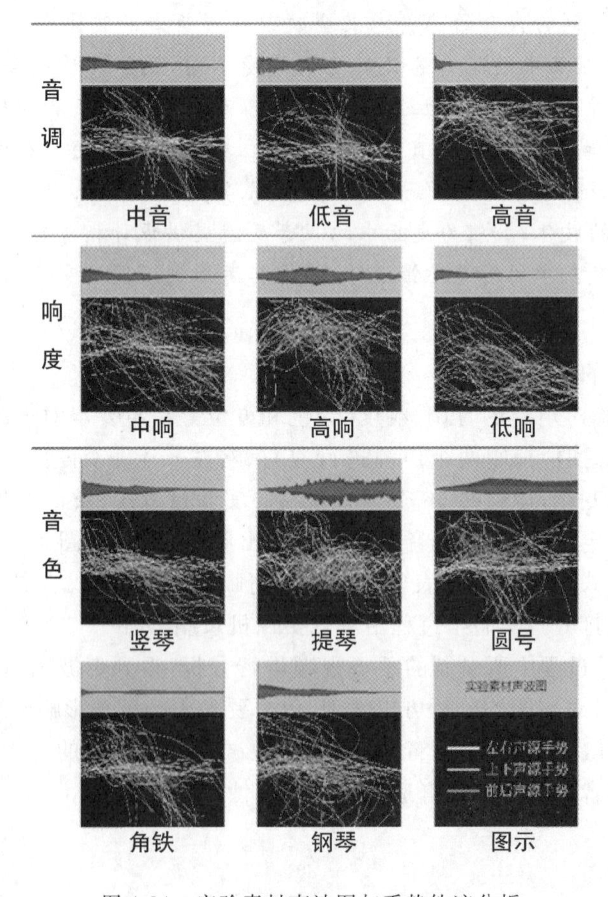

彩图效果

图 4-34　实验素材声波图与手势轨迹分析

(3)由实验结果可知,声音不仅可以引导肢体动作的运动方向,还能引导手势的运动轨迹。数据显示,被试者对于左右方位变化的声音感知较为清晰,其次是上下方位变化的声音,对于前后方位变化的声音感知较差。再次是音色本身对肢体动作的影响,音色由响度和频率构成,不同频率下手势的运动轨迹起伏不同,且手势的起始位置有明显的高低差。

(4)通过实验将声音三要素结合范围产生的不同肢体影响应用到汽车导航的交互设计中,并利用 Leap Motion 为媒介将手势操作与车辆驾驶结合,通过虚拟座舱的实验验证声音通感设计在人机交互中的应用(见图 4-35)。

彩图效果

图 4-35　声音通感设计在汽车交互设计中的验证

设计回顾:人机系统中,声音案例的实验结果相当于为声音反馈机制加入了催化剂,能够加速用户完成手势,从而提高用户的交互效率。研究者将其结果运用在汽车的导航交互系统中,再次进行实验验证,结果与上述研究相同:低音音调和中度响度的声音可以给予用户较好的体验。在加入手势操作之后,发现低音音调和中度响度的声音可以引导用户更快地完成手势交互,提高交互效率,提升用户体验。由此可见,实验结果对于存在声音反馈的场景具有极高的应用价值。

4.2　利用知觉特性的设计

用户在和产品交互的每个过程中都包含了知觉的过程,这个知觉是以顺利达成目的为前提的,具体而言,用户所知觉到的是产品能为完成目的提供怎样的帮助,而产品能提供的帮助,也就是可供性(affordance)。而用户知觉到的,就不仅仅是产品的外观、形状、颜色等基本的感觉信息,而是与完成目的联系起来的利于完成目的的条件,以及如何使用这些条件。可供性应该符合用户知觉特性,为完成目的创造更好的条件。在图像学、符号学、传播学等领域,人的知觉都是重要的因素。在设计学中,以视觉传达设计为代表的子领域在设计过程中对知觉特性应用得最为广泛，商场的海报、手机里的 APP、城市里的标识等，但凡视觉可见的可供性，都考量了知觉的特性——完整性、恒常性和对象性。

4.2.1 知觉完整性与设计应用

知觉的完整性（格式塔组织原则）包括了接近原则（proximity）、相似原则（similarity）、闭合原则（closure）、连续原则（continuity）、同域性原则（common region）、简单原则（simplicity）、图底转换原则（figure-ground）等。

1.接近原则

人们在潜意识里会将距离较近的元素组合在一起，将其认知为一个整体。虽然用户并不能直接意识到某些感知的结果是源于接近原则的影响，但是在进行设计活动时应该注意这种影响，所做的设计应更符合接近原则。如图 4-36 中展示的图形排列中，由于接近原则的作用，人们大概率会将画面上距离较近的元素划分为一组，因此整个画面可分为三组。

图 4-36 简单元素的接近原则

接近原则也适用于其他场景，产品的功能区域或者操作区域划分时，设计师往往会使用接近原则对开关键和其他功能键进行区分。在用户的使用流程中，开关机、静音等动作执行的任务具有单一性和标志性。相比之下，调控音量、亮度、色彩等功能按键需要执行连续性任务，带来的是相对性变化（把音量调得更大或更小），所以这类按键应该放在同一区域。通过这种手法，产品的使用方法以及设计者的意图便会通过产品传达出来。

接近原则也被广泛应用于平面设计中，如图 4-37 的文字排版，文字段落之间通过距离将相同的信息组织在一起，传达同一类信息，将整个版面的信息进行分区。用户也会把距离相近的段落文字知觉为一个整体，从而提高阅读效率，便于用户直观且快速获取关键信息。

图 4-37　排版设计中的接近原则应用

2. 相似原则

相似原则解释了生活中人们将相似的东西归为一类的知觉原理。如果对图 4-38 中的图形元素进行分组，由于元素间距是相同的，人们可能不再以接近为分组标准，而更趋向于将其分为绿色和黑色两组，它表明人们可以通过色彩的相似度、运动趋势的相似度及其他特征的相似度进行分组。

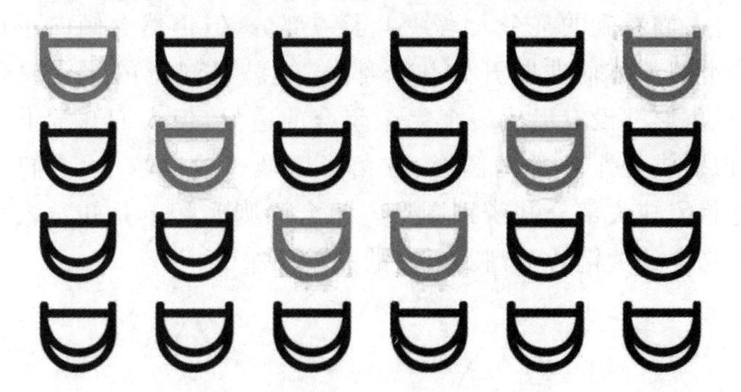

彩图效果

图 4-38　简单元素的相似原则

如图 4-39 的两张海报设计都充分运用了相似原则，左图中黄色部分文字“RESPONSE”“RESP”“ONS”与“E”这些字母并未在同一行，但由于这些字母颜色、字体、大小具有相似性，且颜色、字体字号均与页面中其他文字有所区分，人们能轻易把它们联系到一起，自动识别成完整的单词。同样地，人们会将右图海报中的图形按形状加以分类，圆点归为一类，条形归为一类，如此识别出了海报中穿着上衣和长裙的女性形象。这一原则在设计中的应用非常广泛，同一等级的元素必须满足相似性原则，以保证设计具备较高的可识别度，优化用户的体验。

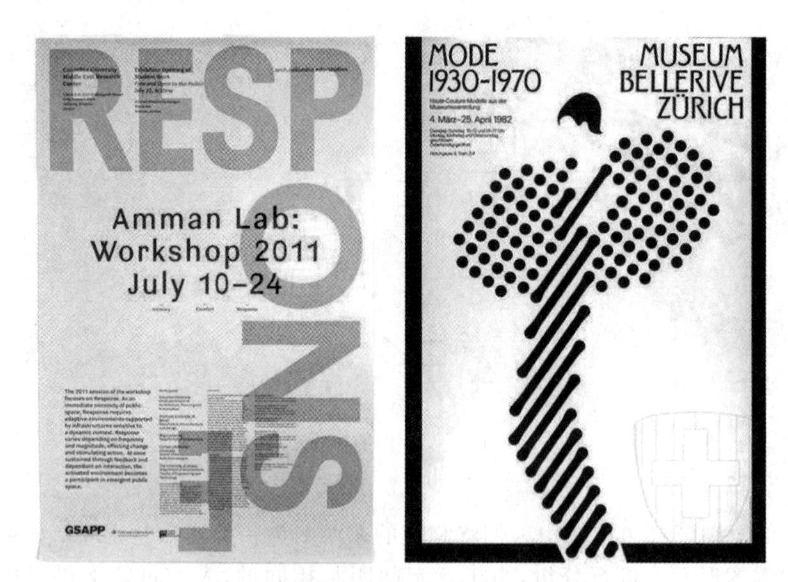

彩图效果

图 4-39　平面海报设计中的相似原则的应用

3. 闭合原则

尽管有时人们看到的某个元素缺少了一部分，但仍然会倾向于将其认知成一个连续、顺滑的整体而非断开的几个部分，这就是知觉的闭合原则。图 4-40 中的圆形和三角形都没有形成一个完全闭合的边界，但人们知觉上会自动补足缺口并将其识别成一个完整的圆形、三角形区域。缺口越小，人们就能够越容易、越迅速地封闭缺失部分并辨别图形。闭合原则实际上是知觉根据过往的经验，利用刺激物中的关键特征判断出它的完整面貌。

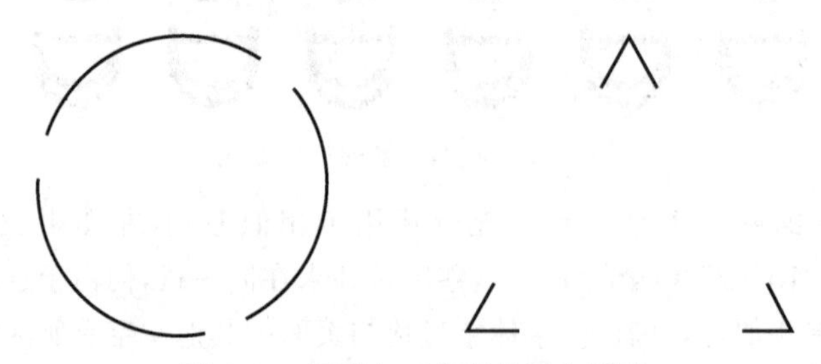

图 4-40　圆形与三角形的闭合原则

图 4-41 中，左图为世界自然基金会的 LOGO，虽然大熊猫黑色轮廓部分并未闭合，但是容易看出它是大熊猫的形态，这是因为没有闭合的部分自动补齐了，这是闭合原则在 LOGO 设计中的运用。右图的花瓶设计也完美运用了闭合原则。花瓶左侧轮廓线条有所缺失，却丝毫不影响用户对它的“瓶子”形态的知

觉。同时,这种不完整的形态反倒使该花瓶的设计具有独特的美感和韵味。由于未闭合形态的图案不会干扰用户对该形态或图案的认知,故设计师们常常以此作为设计点,通过半封闭式设计增加图案或产品的趣味和审美。

图 4-41　世界自然基金会的 LOGO(左);花瓶设计(右)

4. 连续原则

当多个元素呈现出某种连续的特性时,人们趋向于将其组合为一个整体,这是知觉的连续原则。图 4-42 中所展示的元素在排列时虽然用颜色进行了区分,但我们看到这张图时,会本能地倾向于将能组合成流畅线条的简单元素归为一个整体,将这个画面识别成一条竖线和一道弧线。

彩图效果

图 4-42　简单元素的连续原则

以包装设计为例,在图 4-43 的礼品袋设计中,礼品袋上的图案都与其手提部分的绳子相接,从而在视觉上融为一体。人们在知觉上会将图案中的线与手提袋的线视作连续的一体。这种设计区别于常见的礼品袋设计,在知觉上制造了一定的趣味,有助于激发用户的购买欲。

图 4-43　礼品袋图案设计

5. 同域性原则

同域性指放置在同一区域的元素往往被知觉识别为一个整体。图 4-44 由完全等距排列的元素组成,但将其中 9 个元素框住之后,视知觉会不自觉地以框为界,把画面分为两部分,这就是同域性原则——通过划分区域而引发的知觉反应。

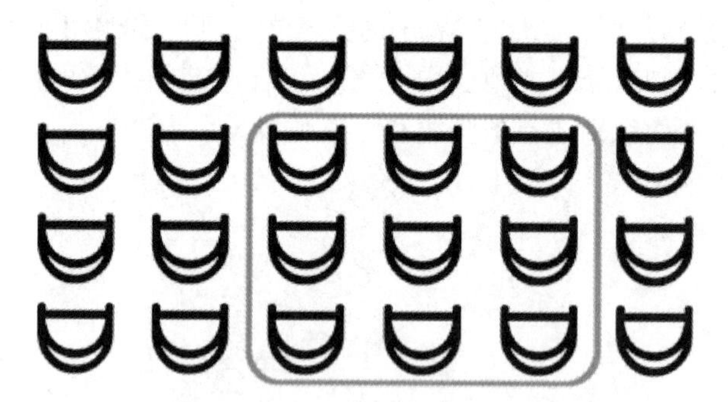

图 4-44　简单元素的同域性原则

卡片式界面设计中经常运用到知觉的同域性原则,如图 4-45 所示的旅行 APP 界面设计中,就运用了卡片式的界面布局方法。每个房源的信息被制成一张单独的卡片,卡片又使用阴影边界相互区分,形成了相互独立的区域。根据同域性原则,用户会将同一卡片上的元素识别为一个整体。换言之,在不需要额外解释说明的情况下,用户自然能够理解卡片内的信息描述指向同一个对象。同域性原则的设计主要用于直观地区分元素的分类,不仅在界面设计中应用广泛,在听觉设计中也有应用,比如使用时间间隔区分声音元素的分组或分类。

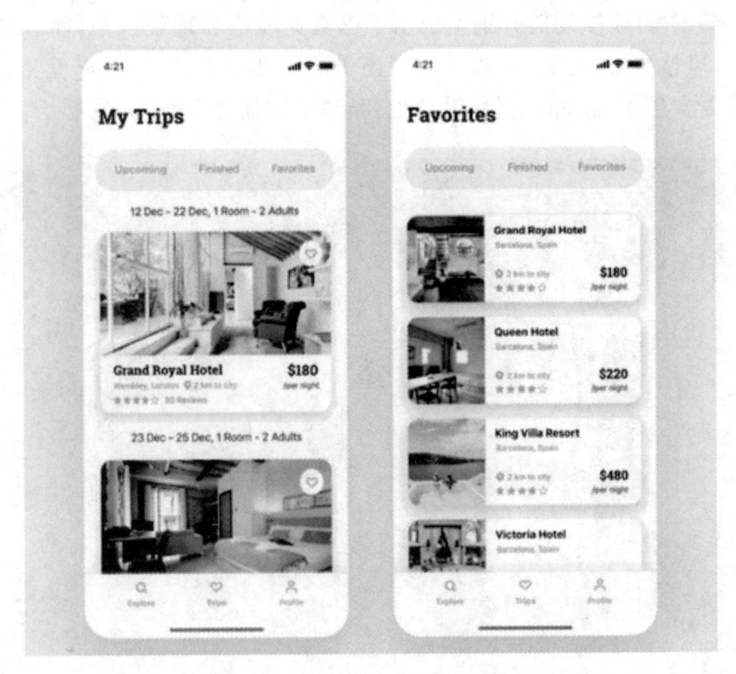

彩图效果

图 4-45　UI 设计中的同域原则

6. 简单原则

以最简单的形式感知或解释模糊或复杂的图像是人类的本能，对于较为复杂的客体，我们倾向于认知客体的轮廓并用简单的图形去概括它。如图 4-46 所示，虽然左边沙发的剪影使用了较为复杂的元素细节构成，但是人们倾向于在知觉上构建一个简单的、具有规则图形的、易于理解的沙发形象，在效果上和右图建议的沙发差不多。消费者越来越倾向于对简单的消费，所谓的“简单”是删繁就简，让用户使用最小的学习成本认识设计的主体和要点。这样的设计降低了用户的学习成本，却增加了设计成本，这就要求设计师学习大量的专业知识，在设计前和设计过程中作大量的思考。近年来走入大众生活的极简风格，正是将简单用到极致的结果，乃至发展成了极简美学。

图 4-46　对于沙发的知觉简化

图4-47中两款沙发椅分别呈现出了巴洛克风格和现代风格，前者更加注重装饰现代，风格更加简约。从设计发展历史的角度而言，这在一定程度上说明了我们的审美发生了显著的变化，设计也朝着“认知简化”的方向发展。

图4-47　巴洛克风格(左)与现代风格(右)的沙发椅

7.图底转换原则

我们总是将视觉中注意到的元素视作前景中的焦点或者背景中的一部分，但是这个元素是处于前景还是处于背景并不确定。所以，认知事物的情况不同，图形和背景的关系也会相互转化。图4-48中这幅鲁宾的面孔便是图底转化的经典案例。黑色作图而白色作底时，我们能看到两个面对面的人；反之，如果以白色作图黑色作底，我们能看到花瓶的轮廓。两个图形的轮廓共用一个边界，知觉可以根据注意的不同自由地进行图形和背景的转化。

图4-48　“鲁宾的面孔”

如图 4-49 中三幅公益海报为摄影师阿莫尔·贾达夫(Amol Jadhav)和艺术总监普拉纳夫·比迪(Pranav Bhide)的摄影作品,旨在宣传孟买举办的全球动物护理和收养活动。设计师与摄影师巧妙利用灯光将摄影对象留下的负空间营造出动物的形状,传达人与收养动物和谐共处,倡导家庭收养动物的观念。

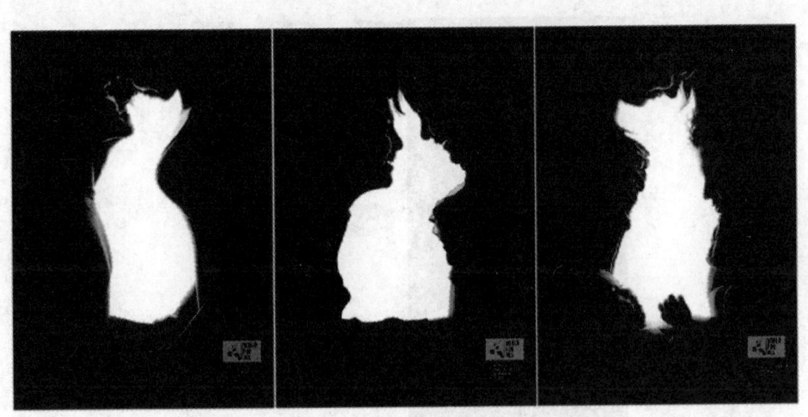

彩图效果

图 4-49　倡导收养动物的公益摄影海报

知觉的格式塔组织原则揭示了知觉的一般性原则,尽管上文讨论的各种原则都是基于视觉运作的,但知觉格式塔原则并不局限于由视觉产生的知觉,在其他感官里也在一定程度上能使用。我们在听音乐的旋律时,虽然缺乏词的帮助,但我们可以轻易判断一句歌词与下一句歌词的节点,是受到接近原则影响;我们能靠触觉轻易地分辨物体的不同材质,则是因为相似原则影响。格式塔组织原则的应用在设计领域发展出了更加具体的设计策略,比如,美国知名设计师罗宾·威廉姆斯(Robin Williams)在其著作《写给大家看的设计书》中提出了优秀设计的四大原则——对比、重复、对齐、亲密性。此外,也有设计师认为,设计要么暗合格式塔以符合人们的感知,要么有意图地违背格式塔,造成一种引人注目、又带给人惊喜的感觉。

4.2.2　知觉其他特性与设计应用

1. 知觉对象性与设计应用

知觉的对象性是注意力资源分配的结果,感觉刺激中部分对象被视作主体,其余部分被视作了背景。在设计中被强调的主体如果要从背景中脱颖而出,就要与背景形成明显的差别。以视知觉的对象性为例,主体颜色、明暗、动静等与背景有较大差别就容易被识别;以听知觉的对象性为例,主体的音色、频率等与背景音有较大差别也容易被识别。如图 4-50 中的两个 APP 登录页面设计,前者降低了背景颜色的明度，突出了快捷登录按钮颜色的明度，后者在白色背景的基础上，用 APP 的主题色区分登录的按钮。两种设计都利用了视知觉的对象性质，强调了界面信息的重要内容。这样做的好处在于：减少了用户反应时间和降低了认知负荷，提高了操作的效率和用户体验。

彩图效果

图 4-50　Behance 和“闲鱼”APP 登录页面

注意力选择的结果虽然能带来关注的效果，但是如果同一个设计主体内有多个需要被注意的对象，注意力的分配以及带来的认知负荷将是设计的另外一项挑战。而随着技术的发展，人与产品交互的介质从平面屏幕转移至空间，比如在虚拟现实、增强现实或者混合现实的场景中时，注意力的分配不仅存在于同一类知觉的不同对象间，还存在于不同的知觉间。例如，在空间交互中，信息该用画面还是以声音的形式呈现，需要用户用手还是语音进行操作等。

2. 知觉恒常性与设计应用

知觉恒常性的前提条件是在一定的范围内客观事物的感知不发生改变，这和相对感觉阈限一样，当客观事物的改变超过这一阈限，知觉恒常性就会失效。设计中经常在知觉恒常性范围内利用品牌主题颜色、图标等元素进行创新，同时还能保持人们对品牌的感知。例如，企业、品牌、虚拟角色、地域等推出周边产品或者文化产品设计时，在其中包含了人们熟悉的符号以保持人们对符号来源的联想。如图 4-51 是钢笔品牌 Ipluso 和可口可乐联名设计的钢笔和周边产品设计，这一系列产品的设计使用了可口可乐经典的红白颜色搭配，所使用的红色也与经典色保持了一致，为用户设置了对于颜色符号来源的联想。

彩图效果

图 4-51　ipluso 与可口可乐联名的钢笔周边产品设计

知觉恒常性还表现在人们日常的惯用交互中，当这种交互形式迁移至产品的交互场景中时，也需要产品能保持用户交互中的知觉在习惯的范围内维持相对的恒定性。比如触觉交互在屏幕上再现虚拟纹理时，手指滑动速度的精确性对于使用虚拟纹理的知觉造成影响，如果体感识别这种频率的能力很差，就会导致人们对原有纹理的知觉恒常性失效[9]，产生不好的体验。

4.2.3　错觉与设计应用

错觉作为知觉的一种特殊形式，可以制造出与我们认知大相径庭的知觉效果，从而吸引人的注意，比如错觉图形就是一种利用视错觉制造的知觉效果，是指现实生活中不可能或者矛盾物体的图形错觉，又称不可能图形（impossible figure）。错觉图形是由于人类视觉系统的瞬间意识使用了误导性的深度、大小等知觉线索，对二维图形产生了三维投射，形成了认知上的悖论。例如，著名的彭罗斯三角形和彭罗斯阶梯就是一种典型的错觉图形（见图 4-52），在现实中不可能还原。

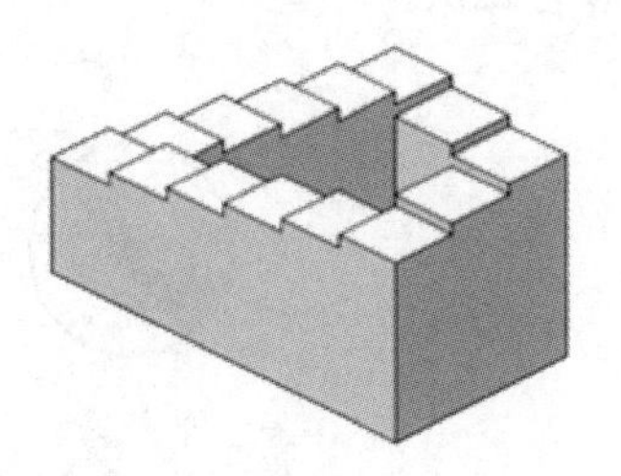

图 4-52　彭罗斯三角形和彭罗斯阶梯

尽管视错觉违背了认识和客观事实，但是这也正好作为了一种艺术表达形式，在一定程度上能满足受众的猎奇心理，具有较强的艺术性与观赏性。游戏《纪念碑谷》的游戏画面设计就应用了视错觉的原理(见图 4-53)。游戏画面中的水渠是造成错觉的主体，与彭罗斯阶梯原理类似，本质上(在现实世界)是处于同一平面。而画面中又提供了阶梯、建筑物等为视觉提供空间上高度差的线索，这一部分与现实世界映射，让用户认为水渠能循环流动，在认识上违背了现实经验，产生了错觉。这种错觉在游戏者解锁关卡的过程中一步步被打破，创造了游戏过程的惊喜和快感。

彩图效果

图 4-53　视错觉在游戏《纪念碑谷》中的应用

视错觉除了创造心理上的猎奇感，增加产品使用的趣味，也被用于提升产品的观感质量。处理同一产品同一造型采用不同的细节处理方法，就能利用视错觉现象来营造完全不同的体积、尺寸感。如图 4-54 中笔记本电脑的边沿设计考虑到了用户观察的角度，为了让产品看起来薄一些，设计师采用了视错觉的原理，遮挡了底部黑色机身部分。同一部件被分割为上半部的银色和底部的黑色，与机身的黑色阴影融为一体，在视觉上有“消失”的效果，不容易引起察觉，也制造了机身纤薄的认识。

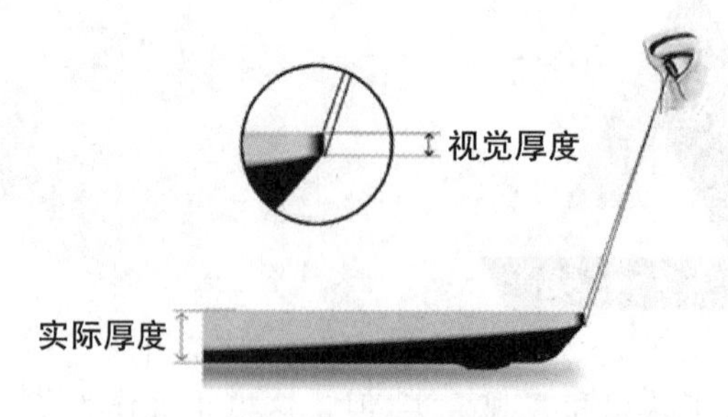

图 4-54　利用视错觉的笔记本电脑设计

如图 4-55 所示的产品倒角方式虽然有着完全相同的厚度，但是两类不同的倒角方式让人感觉前者更厚。左图中采用的圆弧大圆角，在视觉上增加了产品的厚重感，而右图使用斜面倒角过渡，使得产品在视觉上显得凌厉轻薄。

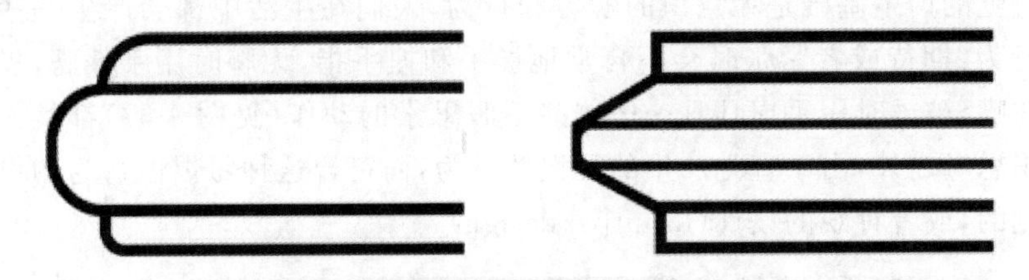

图 4-55　两种不同类型的产品倒角

视错觉是一把双刃剑，既可以在设计工作中发挥巧妙功效，有时也成为设计师的烦恼。因为视错觉的存在，产品的外观造型在用户眼中可能发生“变异”。因此设计师需要对产品的原型进行视错觉校正。这个过程借助几何视错觉规律进行微调，再受视错觉作用而还原，从而保证预期的设计效果。由于人们观察物体时的位置不同，与视平线处在不同高度的物体在形状上发生了透视，容易给人变形的错觉。

图 4-56 所示的两把牛角椅在观感上的稳定性有着明显的差别，两者的椅腿造型由粗变细，加上透视原因有向内收缩的视错觉。在实际空间中，第一把椅子的椅腿是垂直于地面的，视错觉使其看起来“内撇”，这样就给人上大下小不稳定的感受。因此家具设计师通常会故意将椅子腿往外倾较大角度，一方面是为了增加稳定性，另外又避免了视错觉带来的不稳定感。

图 4-56　牛角椅

4.3 直觉设计

直觉的产生基础是无意识的学习和行为，人们在生活中都会产生一些无意识的行为：期待或者紧张时会不自觉地搓手和捏手指，无聊时用手托腮，思考时手捂住嘴，被烫时用手捏耳垂……这些不假思索的动作（见图 4-57）都是人们在有意识思考之外，由于直觉产生的习惯性行为，而符合这种习惯性行为的设计就是直觉的，或者直观的设计（intuitive design）[10]。

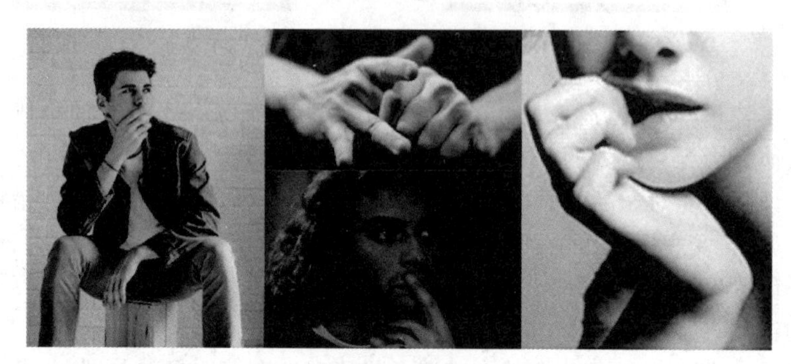

图 4-57　生活中的无意识动作

4.3.1 直觉设计？无意识设计！

直觉设计有另一个更形象的名字——“无意识设计”（without thought）。无意识设计，实则是用户的无意识，具体而言是用户无需细想该物体如何操作和运作，靠无意识动作就完成了的操作。深泽直人是最早提出无意识设计的设计师，他认为，虽然现在很多人都向往有刺激的生活，但是过多的刺激引起意识的关注而打断无意识的行为，而人与物无意识关系才是和谐的，这就是无意识设计[11]。

这是与意识反思截然不同的设计思想，是从“不思考”“不自觉”的记忆或行为之中，引导出素材并将之物件化的设计理念。这种“不思考”“不自觉”的记忆行为可能是生活中的自然行为，也可能是与产品的交互行为。在和产品交互时，用户可能用一种无意识的方式与产品进行交互，这是设计师在定义设计之初未预料的。用户其实知道恰如其分的设计（appropriate solution）是应该具备哪些参数或者特性的，只是他们不能准确描述出来。他们一直用模糊的形式来描绘这个东西应该是什么样子，比如“我希望有这样一个东西”，这是隐性需求的表达。当符合隐性需求的产品到达用户手中时，他们会说：“我一直都希望拥有这样的东西”。隐性需求概括了无意识行为被研究和发现的难易程度，一方面无意识行为是无意识脑活动支配的结果，而这一部分在人类对大脑的研究中只是冰山一角；另一方面，无意识行为受到经验等主体本身因素的影响，加之环境改变，所以追踪起来较难。不过，人们无意识的行为也是为达成目的而发生，是有意义的活动，可以被旁人观察到。而设计师要做的就是找到这些有意义的行为中，与人们意识交汇的联结点，将其物化成最佳的产品形态。

1.深泽直人的无意识设计

在深泽直人本人关于无意识设计的著作——《深泽直人》中，无意识更多被视作一种理念，并没有介绍具体的理性、规则的设计方法。深泽直人同贾斯伯·莫里森(Jasper Morrison)、佐佐木正人等在书中介绍了200多个案例，讲述了“察觉不可察觉的”“可供性设计”等理念。如图4-58所示，用户不需要了解圆环的含义，但是在泡茶的时候看到这个茶包上的赤褐色圆环，近似于足够浓的茶色，就会情不自禁等到茶色渐变成圆环的颜色才喝。很多群居动物，在自然环境中为了防御外敌攻击，当周围的同类都发生一致的行为时，他们的本能会尽快地作出反应，跟着群体一致行动，人亦是如此。这种寻求“一致性”的生存本能，逐渐成为人类潜意识深处的一部分，形成人的直觉反应。

彩图效果

图4-58　圆环茶包(Tea Bag+Ring)[11]

2.为无意识的行为设计

对用户来说，日常生活中的无意识行为不会引起人们特别的关注，但对于设计师却不然。设计师们可以观察生活并运用设计的手法，将人的无意识行为转化为设计元素呈现在用户面前，从而带给用户意想不到的使用体验。将用户的无意识行为转化为设计概念，有利于用户在使用产品时“不假思索”地、自然地领会设计师所要表达的产品含义[12]。比如，意大利工业设计师阿奇勒·卡斯提里欧尼(Achille Castiglioni)所设计的美乃滋匙“Sleek”创意设计中(见图4-59)，设计师观察到人们生活中下意识的行为——刮拭瓶中的残留物，并将人这一不自觉的下意识的举动进行了有意识的设计，化解了人在真实生活环境中不易觉察的难题，便诞生了一侧扁平的汤匙。这样的设计通过将用户的无意识行为进行转化和利用，从而带给用户有意义的结果和体验。

图 4-59　Sleek 汤匙

IDEO 创始人之一的比尔·莫格里奇(Bill Moggridge)在谈到设计时曾指出："设计是动词而非名词"。这就说明在进行设计时，设计师可以从用户行为的研究中获取灵感，突破现有产品形式的束缚。

3. 无意识设计方法

目前，直觉设计或者无意识设计都未形成完整的方法论，已经形成的设计经验是通过挖掘人们日常行为的细节，了解用户的行为习惯、情绪状态和所处环境下的直观、真实体验与感受，进而分析探索用户的需求目标，并用设计的方法达成目标[13]。国内有学者提出了理性的无意识设计方法，首先确定任务和场景，然后观察、记录和分解用户行为，之后筛选具有普遍性且与影响因素高度相关的无意识行为，进行应用难易程度的排序，最终用于分析隐性需求并进行设计[14]（见图 4-60）。

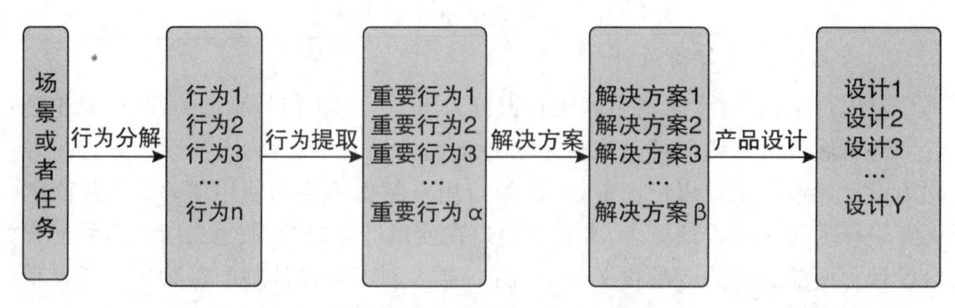

图 4-60　一种无意识设计思路

4.3.2　直觉交互？自然交互！

用户除了在日常生活中会产生一些无意识的行为，也会在与产品的交互过程中产生直觉化、无意识的交互行为。在交互设计中，产品与用户进行交互的介质是用户界面，界面是一个广义的概念，包括了有形的屏幕、按钮操作界面，也有无形的手势、语音界面。在人机交互、用户界面设计领域，直观的界面（intuitive interface）[15]设计一直是被强调的内容，目的在于为用户创造直观的、自然的交互体验。创造自然交互体验的界面也被称为自然交互界面（natural interface）[16]。人们可以通过语言、肢体动作等生活中惯用的行为，并且使用最少的思考使用自然交互界面。由于产品的智能化和交互技术的进步，自然交互界面强调了两个层面的发展，一个是交互技术覆盖和容纳人的自然行为，一个是交互过程的体验流畅和自然性。这种自然性强调了产品需要的交互动作与人们的行为习惯具有一致性，也要求产品在视觉上提供的隐喻和语义与交互是一致的，以减少人们的学习时间。

案例 9:基于手势的智慧厨房自然交互界面设计

（作者:何芷璠　万利影　段启深）

设计背景和目的:在未来的厨房中，智能交互技术将用来提高烹饪任务的效率，提高用户在厨房中的体验。例如，当双手沾了食物被占用时，人们无法使用手指操作产品，但是能使用凌空手势来操作产品。由于吸油烟机在工作时，语音等其他交互手段可能失效，因此手势交互是控制吸油烟机较为自然的交互方式。目前，吸油烟机的手势交互大多由设计师定义，但是对于用户而言不一定是最自然和习惯的操作。因此，本设计对吸油烟机的自然手势交互进行研究，指导设计吸油烟机的自然手势交互界面(扫描二维码查看完整设计报告)。

设计过程如下：

(1)通过对产品分析，定义吸油烟机需要的操作。最终，研究定义了 6 种操作任务，基础任务包括了开机、关机、增大风量、减小风量，额外的任务包括切换高速风量和切回普通风量，以及开关照明灯光。

(2)接下来进行自然手势的启发实验，实验时要求被试人员针对这 6 个任务根据自己的喜好进行自然的手势交互。结束后，被试填写简短的问卷，接受访谈。整个过程使用摄像机记录下来(见图 4-61)。

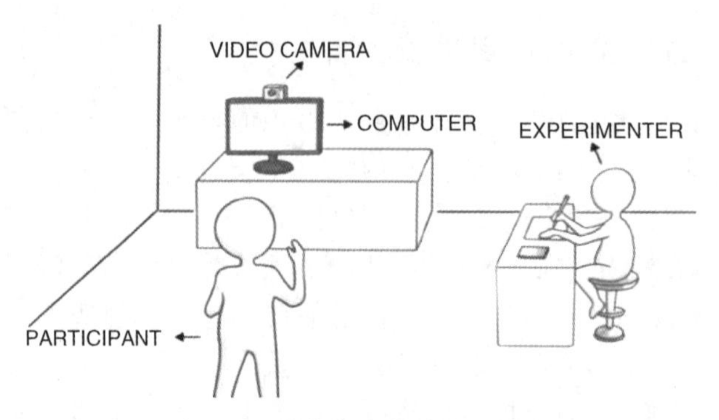

图 4-61　手势启发实验设置图示

(3)对自然手势启发实验中采集到的手势集合进行筛选和去重,由表演人员进行标准演示,录制成手势视频。然后进行用户评估实验,重新招募被试按照视频使用这些手势进行 6 个任务的操作,然后对自然性、效率、整体体验效果等方面进行评估。最后通过评估筛选出在各方面具有优势的手势(见图 4-62),并将其运用到吸油烟机的手势自然交互界面设计中,进行进一步的验证。

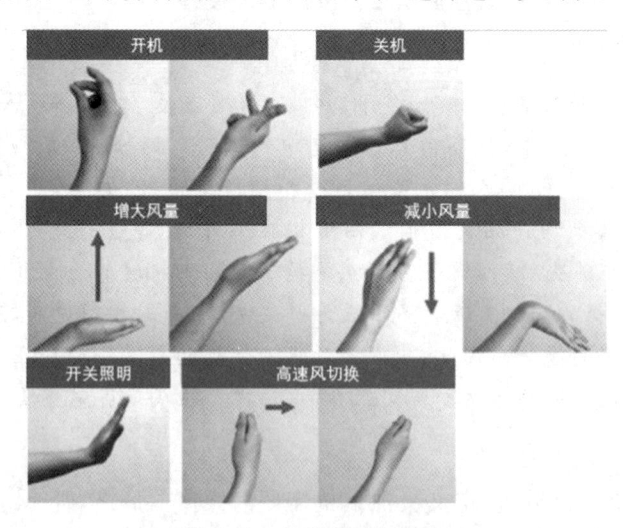

图 4-62　最终定义的手势

设计回顾:在技术层面,手势交互属于自然交互技术,但是在体验层面,吸油烟机的操作任务可对应多种不同的手势操作。然而,并非所有的手势都在体验上具有流畅和自然的特点,也并非所有在生活中习惯的手势代入到产品的交互中也具有自然性。在自然交互界面的设计中,自然行为引入的重新评估决定了最终的体验自然与否。

4.4　设计意象研究

我们会发现,设计给用户的体验并非引起感官刺激那么简单,也表达了情感和高级认知活动所带来的心理期待和感受,而这就是感性意象。人们对产品的意象来源于对造型、色彩、质感等产品设计元素的感知,这些元素在设计时被赋予了精神、文化等内涵,在设计表象,比如造型、色彩、纹理中共同传达了这种内涵,从而实现和用户的情感沟通。在设计活动中,设计意象传达和形成需要两个过程:一个是设计师辨识要为产品赋予的意象;另一个是通过设计传达意象,这与诺曼所指出的设计概念模型——系统表象的过程基本一致。意象虽然是艺术化的加工结果,但是借助意象尺度等研究手段,非理性的感性意象也能显现一些有迹可循的特征,让意象的获取更加理性;而挖掘影响意象尺度的设计元素并进行关联,为感性意象的设计表达提供技术路径。

4.4.1　感性意象的研究方法

设计意象是否能匹配用户隐性需求,或者与需求的匹配度如何,需要一个准确的测量过程。一般认为,用户在使用产品前对该类产品已经有了一定的使用经验或印象,如果是一个完全创新的产品,那么用户对于此类可供性也有了一定的印象。当用户在接受产品设计时,以往的产品印象从记忆中被提取并与当下的设计进行对比。用户在此基础上进行推断,然后借着一些感性的词汇来表达,比如“方便的”“温暖的”“高级的”等。针对这一现象,研究者发明了意象尺度法来评价人们对某一产品的心理测量。

1. 语义差异法

意象尺度法的基础方法是语义差异法(semantic differential,SD),通过建立不同的词汇对,从不同角度和维度来定位意象。语义差异量表是该方法常用的工具,量表采用为 5 点、7 点或 9 点(奇数)的心理学量表,使用“漂亮—丑陋”等词义相反的词汇来衡量连续变化的心理量。

语义差异法的词汇选择,需要被试人根据自己的主观感受对要研究的对象进行感性词汇的评价。然后利用统计学方法对这些词汇进行分类和筛选,如果词汇描述的维度或方面过多,还需要进行降维处理,最后以最少的维度最大程度反映总体感性意象。形容词对的选取应该包括评价因子、活动的因子和潜在的因子。例如,就色彩而言,评价因子是色彩—丑陋,活动因子则评价色彩是引人注目与否,潜在因子评价色彩强弱、轻重与否。

2. 口语分析和文本分析

口语分析和文本分析原理是通过人们主观报告的认知信息分析他们如何看待事物。口语和文本分析时，被试人需要尽可能地用语言或者文本表达他们整个思维过程，越详尽越容易保留真实信息。这些材料被作为原始材料进行下一步分析。

分析时，文本中的主题、关键词、高频词等可以作为直接的指示，用来反映人们所关心的方面，形容词可以用来表达被试人的直接评价，动词可表达用户与对象的交互过程等要素。口语分析和文本分析相比于语义差异法更加全面地反映了被试人的感性意象，但是口语和文本中可能包含干扰信息，需要对其进行降噪处理。目前的自然语言处理(nature language process，NLP)利用主题模型、词句向量、卷积神经网络等模型实现对文本语义的分析，了解表达者的真实意图。

3. 多维尺度分析法

如果被试人需要对比评价多个对象，而且每个对象也包含了多个方面，这时的心理偏好就更加难以直接描述和表达。甚至询问被试人自己，也很可能得不到准确的结果，因为内心深处的想法与经过思想斗争的想法往往南辕北辙。多维度尺度分析方法就能将对象定格在多维度的认知空间中，并且通过在空间中的分布以及评价对象的多种指标，能够构建出空间坐标轴，以及坐标轴的定义。

例如，同时向用户提供5个产品A、B、C、D、E，这些产品的造型、色彩、结构、肌理等方面都是用户评价考虑的因素，让用户进行相似性比较并进行量表评分，通过打分建立起相似矩阵(见图4-63)。

	A	B	C	D	E
A	\				
B	$d_{BA}=X_B-X_A$	\			
C	$d_{CA}=X_C-X_A$	$d_{CB}=X_C-X_B$	\		
D	$d_{DA}=X_D-X_A$	$d_{DB}=X_D-X_B$	$d_{DC}=X_D-X_C$	\	
E	$d_{EA}=X_E-X_A$	$d_{EB}=X_E-X_B$	$d_{EC}=X_E-X_C$	$d_{ED}=X_E-X_D$	\

图4-63　相似度矩阵

最后通过分析建立起欧氏距离模型，欧式距离模型可直观地将这些产品进行分类，然后通过比较同一空间内产品的共同特征，又可以定义评价产品的维度。因此，多维尺度分析可以揭示相关特征，并建立起理性的结构，还能降低人们认知空间的维度，减少需要观察的目标。如图4-64所示，根据距离可将A分为一类，B、C、D为一类，E为一类；又可以根据A-E的特征分析，以及五个产品在模型中的位置，定义维度1和2。通过维度1和2定义评价产品感性意象的指标。

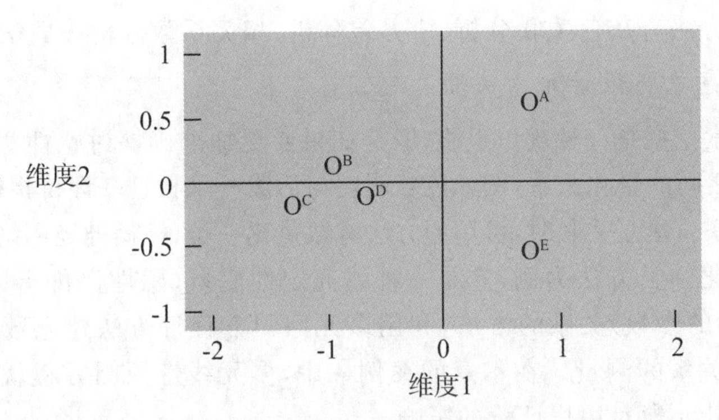

图4-64 多维尺度分析建立的概念空间

4. 其他分析方法

统计学中可以用于标度意象的方法还有因子分析、层次分析、聚类分析、人工神经网络、模糊神经网络等方法。这些方法都是用来解析人们认识产品的复杂维度，利用相应的数理分析技术将评价数据用更低的维度展示得更加明晰。

4.4.2 感性意象的设计表达

感性意象的设计表达需要明确对感性意象影响较大的设计元素，因此需要建立感性意象与设计元素之间的关联关系。如果感性意象和设计元素趋于简单，使用定性方法就能建立起两者之间的联系。但是，在设计愈发复杂的情况下，需要更为复杂的数理统计方法进行挖掘和关联。

1. 影响感性意象的设计元素挖掘

在已经识别了感性意象的前提下，设计中可以借助实验的方法检验设计元素对感性意象的影响，以及设计元素之间的影响。实验时，可以将单个元素作为自变量，通过变化自变量的水平，测量被试人的感性意象评价。例如，在界面设计中以色彩明度作为自变量，以生动—呆板作为感性意象的评价作为因变量，测量自变量多水平变化对因变量的影响。这样的方法还能推及多设计元素、多感性意象评价指标的情况，利用多元方差分析等方法挖掘多个能影响感性意象的设计元素。

而在动态变化的交互过程中，需要对设计元素的动态变化发展、感性意象评价变化的影响进行分析。在分析中，设计元素和感性意象可以视作两个系统，通过度量时间、对象变化时两个系统中因素的关联性程度确定设计元素系统对感性意象系统贡献大的因素。例如,在设计元素系统中,颜色的变化趋势和感性意象某个评价指标的变化趋势一致,就可以认为颜色是个重要的设计元素。分析关联程度的方法有灰色关联分析、协方差分析、相关系数分析等数学方法。

2.感性意象与设计元素关联

设计元素挖掘是一种辨识手段,但是如果要更加准确探讨感性意象水平与设计元素参数之间的量化关系,例如色彩明度与活泼—呆板这一评价指标的关系,就需要建立关联。建立关联时,可用的方法有数量化一类、模糊神经网络等方法。

以数量化一类方法为例,它是一种研究定性变量(感性评价指标)与定量变量(设计元素的参数)关系的方法,利用多元回归方程等方法建立数学模型从而实现对关联关系的测量。在本章的案例4中,多元线性回归方程就被用于测量警示交互设计元素对用户评价的影响。

感性意象的研究方法为设计师辨识产品所造成的感性意象提供了分解、分析的路径,对了解感性意象这种连续的认知体本身提供了帮助。而影响感性意象的设计元素挖掘是从意象转入设计时,寻找设计表达切入点的方法;它们的关联,则是设计具体要往何种方向变化的参考。打个比方,挖掘元素和寻找关联就好比找到"对症下药"中的"药",以及"下药"时的剂量。

参考文献

[1] LANGEVELD L, EGMOND R, JANSEN R J, et al. Product Sound Design: Intentional and Consequential Sounds[M]//Advances in Industrial Design Engineering. Beira: InTech, 2013.

[2] FARSHTEINDIKER B, HASIDIM N, GROSZ A, et al. How to Phone Home with Someone Else's Phone: Information Exfiltration Using Intentional Sound Noise on Gyroscopic Sensors[EB/OL]. (2016-08-08)[2022-10-12]. https://www.usenix.org/system/files/conference/woot16/woot16-paper-farshteindiker.pdf.

[3] ZHANG H, LEE S H. A User-centered Auditory Design in Interaction Between Electric Vehicle and Pedestrian[J]. International Journal of

Affective Engineering,2020,19(3):217-226.
[4] GANZER P D,COLACHIS S C,SCHWEMMER M A,et al. Restoring the Sense of Touch Using a Sensorimotor Demultiplexing Neural Interface[J]. Cell,2020,181(4):763-773. e12.
[5] 林登. 触感引擎:手如何连接我们的心和脑[M]. 闾佳,译. 杭州:浙江人民出版社,2018.
[6] REB J,CONNOLLY T. Possession,Feelings of Ownership and the Endowment Effect[J]. Judgment and Decision Making Journal,2007,2(2):107-114.
[7] GROHMANN B,SPANGENBERG E R,SPROTT D E. The Influence of Tactile Input on the Evaluation of Retail Product Offerings[J]. Journal of Retailing,2007,83(2):237-245.
[8] 余森林,毛一鸣. 从设计师深泽直人的作品来谈联觉要素与通感设计[J]. 包装工程,2018,39(6):24-28.
[9] BOCHEREAU S,SINCLAIR S,HAYWARD V. Perceptual Constancy in the Reproduction of Virtual Tactile Textures With Surface Displays[J]. ACM 交易的应用感知,2018,15(2):12.
[10] KRZYWINSKI M. Intuitive Design[J]. Nature Methods,2016,13(11):895-895.
[11] 深泽直人. 深泽直人[M]. 路意,译. 杭州:浙江人民出版社,2016.
[12] 后藤武,佐佐木正人,深泽直人. 设计的生态学[M]. 黄友玫,译. 南宁:广西师范大学出版社,2016.
[13] 何灿群,吕晨晨. 具身认知视角下的无意识设计[J]. 包装工程,2020,41(8):80-86.
[14] 沙春发,卢章平,李瑞. 一种理性的无意识设计方法[J]. 包装工程,2016,37(6):114-118.
[15] ISLAM M N,BOUWMAN H. Towards User-Intuitive Web Interface Sign Design and Evaluation:A Semiotic Framework[J]. International Journal of Human-Computer Studies,2016,86:121-137.
[16] KIPP M,MARTIN J-C,PAGGIO P,et al. Multimodal Corpora:From Models of Natural Interaction to Systems and Applications[M]. Berlin:Springer,2009.

第5章　情感体验心理

在技术和设计不断进步的过程中，商品造成的感官刺激所能维持的表象和吸引力是短暂的，相比之下，商品符号化的内容引起人们对其象征意义的联想却深入人心，转为一种情感化的体验，以记忆的形式得以保存。这就好比老物件会褪色，但是它带给你的回忆、感受、态度等精神和情感体验却会历久弥新。在经济发达，生活富裕的后现代社会，人们更加注重精神生活和情感需要，感性消费也终将走向情感，发展成情感化消费的极盛时代。

情感化的感性消费是在直观的消费中融入了消费者的情感和情绪因素，代表着人类更高级的认知和心理过程在消费的选择和决策过程中发挥着作用。在认识情感、情绪前，一些名词容易让人难以辨别其本质，我们需要建立一个概念的共识，以帮助更好理解情感、情绪等心理现象，以及它们为何、如何影响消费过程。当消费者完成购买后，身份转变为产品的用户，消费中的情感体验问题发生了“漂移”，转变为了产品中的情感体验问题。产品如何向用户传达情感意象，以及用户是否能意会到产品所传达的情感，关乎产品与用户的情感交互是否成功。我们希望这种交互是成功的，所以有了情感化设计作为用户和产品间进行情感共鸣的桥梁。站在桥梁两端的两个主角——产品在智能化、自动化技术背景下发展得更加智能化，用户则需要更主动、迅捷地反馈满足情感需求。情感化设计搭建桥梁的方法和工具也更加智能化、动态化，交互式的情感体验成了情感化设计的重要方向。以这个方向为目标，本章将从人的情感到设计的情感进行理论阐述。

5.1　概念辨析

现代心理学研究的英文术语中，“affect”“emotion”“feeling”“mood”“sentiment”因为属于共享同义词，在使用中被模糊了语义差异。当被翻译成中文时，也就出现了“情感”“情绪”“感情”等词的互相替用。在中国早期的文学作品中，荀子认为情是人性的本质表现，故有“情者，性之质也”(《正名》)；《礼记·

乐记》认为情是人有感于物而引发的心理现象，故有“感于物而动，性之欲也”；《内经》则认为情是身体内部器官引起的生理表现，故有“人有五藏化五器，以生喜怒忧思恐。”在这些著作描述了情感的体验、情绪的反应等现象，单用一个“情”字，包含情绪、情感等多种概念。时至今日，人们在生活中也会混用“情感”“情绪”“感情”等词以使人容易理解，方便交流。但是，喜、怒、哀、思与高兴、自豪、忧郁等概念，无论是字面意义还是实际含义都对应着不同的心理现象和本质，这也证明情感和情绪是有差异的

所以，方便交流的使用也造成了一些困扰，一方面在使用词汇描述时，非研究者使用了“情绪”的广义概念，比如说“这个产品让我有强烈的憎恨感”，如果是在设计调查中询问情绪反应，这种回答可能无法给予我们想要的反馈。另一方面，阅读中英文资料时，“情感”一词可能指的是人的情绪反应，容易引起误会。不只是“情感”“情绪”，还有“感情”“心境”“情操”等词也需要辨析，这里的目的在于为名词和心理学现象建立一个固定关系，与读者达成共识后展开叙述。代入到研究中时，这种共识是有意义的，比如自然语言处理(natural language processing，NLP)领域，术语的区分有利于被研究人员准确描述，也能提高研究人员检测和分类人们情感、情绪等反应的准确性。

本书首先从牛津词典(*Oxford Dictionary*)和韦氏词典(*The Meriam Webster Online Dictionary*)找到权威解释作为分析的初始依据(见表 5-1)，并通过回顾文献中的解释和定义与之对齐。由于“affect(affection)”“emotion”“feeling”“mood”“sentiment”使用较为广泛，所以重点回顾了它们的定义和解释。穆纳泽罗(Myriam Munezero)等人认为“affect”的概念与其他几个不同，最为抽象和笼统[1]。心理学家艾森克(Eysenck& Keane)等人认为“affect”“affection”包含了“emotion”“mood”“preference”等概念[2]，弗莱肯施坦(Fleckenstein)通过综述也发现“affect”涵盖了其他几个概念[3]。而对于“emotion”的定义，克莱宁纳(Kleinginna)认为“emotion”是一组主、客观因素以神经系统和内分泌系统为媒介相互作用的集合体，能够唤起认知加工、激活广泛的心理调适以及引起非表达性与目标性的行为[4]，也有研究认为“emotion”更加偏重情感性反应的生理方面，具有短暂且强烈的生理体验[5]。相比之下，“feeling”意义更加清晰，被认为是对当前经历的一种主观评价，属于一种主观性反应内容。“mood”更倾向于代表一种精神状态。“sentiments”是受到整个情感性反应影响而表现出来的一种态度，尤其指与艺术等相关的态度和情感。在国内部分文献中，“情感”被认为是情绪、情感等心理现象的统称[6]，也有研究者认为国内翻译错误，中文惯用的情感对应更加广泛的意义[7]。

表 5-1 牛津词典和韦氏词典提供的定义和近义词

词条	牛津词典	韦氏词典
affect, affection	emotion or desire as influencing behavior	a set of observable manifestations of an experienced emotion ; the conscious emotion that occurs in reaction to a thought or experience
emotion	a strong feeling deriving from one's circumstances, mood, or relationships with others; Instinctive or intuitive feeling as distinguished from reasoning or knowledge.	a conscious mental reaction subjectively experienced as strong feeling usually directed toward a specific object and typically accompanied by physiological and behavioral changes in the body
feeling	an emotional state or reaction; an idea or belief, especially a vague or irrational one	generalized bodily consciousness or sensation; an emotional state or reaction; the undifferentiated background of one's awareness considered apart from any identifiable sensation, perception, or thought
mood	a temporary state of mind or feeling; An angry, irritable, or sullen state of mind	a conscious state of mind or predominant emotion; a prevailing attitude; a receptive state of mind predisposing to action
sentiment	a view or opinion that is held or expressed; exaggerated and self-indulgent feelings of tenderness, sadness, or nostalgia	an attitude, thought, or judgment prompted by feeling; refined feeling: delicate sensibility especially as expressed in a work of art; an idea colored by emotion

此类概念的中文解释主要参照了《辞海》、林崇德等所著《心理学大辞典》和黄庭希等所著《心理学导论》。通过比较发现，他们对同一概念的定义和解释大同小异（见表 5-2）。

表 5-2 “情感”相关术语的中文解释

术语	《辞海》解释	《心理学大辞典》	《心理学导论》
感情	情绪和情感的总称，是综合反映人的情绪、情感状态以及愿望、需要等的感受倾向。又指有人对事物关切、喜好的心情。	与《辞海》解释相同。	通常用来表示情感、情绪这一类心理现象的笼统称谓。既包含了与生理需要相联系的低级情绪，也包含与设计需要相联系的高级情感。

续表

术语	《辞海》解释	《心理学大辞典》	《心理学导论》
情绪	人和动物对客观环境刺激所表达的一种特殊的心理体验和某种固定形式的躯体行为表现。	有机体反映客观事物与主体需要间的关系的态度体验。是由某种刺激作用于有机体产生的，包含了独特的主观体验、机体变化和生理唤醒状态、独特的生理机制三方面。	一种包含了情绪体验、情绪行为、情绪唤醒等复杂成分的复杂心理现象。
情感	个体对客观事物比较稳定的、深刻的具有社会意义的态度体验及相应的行为反应。情感具有正负性和指向性，伴随情绪发生且通过情绪才能表达。情感控制情绪。	——	指情的感受方面，即情绪过程的主观体验。
心境	持久的、弥散的情绪状态。是一种心理活动背景，使其他一切的体验和活动都染上了一定的情绪色彩。	一种较微弱而持久的带有渲染作用的情绪状态，一段时间内心理活动的基本背景。	——
情操	复杂的、与个体的价值观有关的高级情感，分为道德情操、理智情操、审美情操。	带有理性的深沉情感，是构成个人价值观和品行的重要因素。	——

综上，可得到如下定义：感情(affect，affection)是人类因特定需要相联系的感性反应和状态的统称，是包含“情感”和“情绪”等现象的综合性过程。情绪(emotion)的定义中所指的有机体不仅包括人类，所以动物也有可能产生情绪。与动物不同的是，人类的机体需要不仅是生物的需要，还囊括了社会生活中的道德感，自尊等精神需要以及不受社会生活约制的幸福感、美、喜爱等精神需要。情绪包含了情感性反应的过程，偏重生理学方面的反应，具有短暂而且强烈的体验。情感(feeling)是情感性反应的内容，是人们对反应的主观体验，在日常生活中，这种主观体验有时也作感受用。情绪和情感所指为情绪这一心理过程的不同侧重点，有时候不作区分。在设计心理学中，情感化设计概念中的“情感”则是更加着重于主体的体验和感受内容。心境(mood)是由于情感性反应引起的，一种比较微弱而持久的、使人的所有情感体验都感染上某种色彩的精神状态。情操(sentiment)是泛化了的，受到情感影响所产生的价值态度。心境和情操属于情绪的状态，是个体在情绪过程中显现的身体变化，自觉或者不自觉的意识状态。

5.2 情感体验的基础:情绪

人生中那些意义重要的时刻烙印在记忆中,往往在回味起来的时候还能激起万千情绪,一如"月圆人缺"的悲伤、又如"蓦然回首"般的惊喜,抑或"放浪形骸"的愉悦。而在生活的其他场景中,疾驰而过、风驰电掣的列车撼人心魄,突如其来的恐怖画面让人避之不及,毛骨悚然。这些都是生活中常有的现象,人们的生活体验总是伴随着情绪的发生和消散,这为生活增添了不同的情感色彩。

而情绪的产生受到内在的因素或外界环境刺激而产生。一直以来,不同理论都在讨论情绪产生的机制。请读者假想自己在森林中偶遇一条蛇,此时你可能会心生恐惧,心跳加速,甚至尖叫跑开。恐惧感产生的起因是由于蛇,心跳加速是由于恐惧而唤醒的生理反应,尖叫跑开则是受情绪指示的行为,这毋庸置疑,但是情绪产生的直接原因和三大成分的发生顺序在不同理论的解释中差异较大(见图 5-1)。詹姆斯·朗格情绪理论(James-Langetheory)认为情绪并非直接来自外界刺激,而是由于人体感受外界刺激所引起的生理变化被大脑意识到了。坎农·巴德理论(Cannon-Bard Theory)[8]则认为情绪和生理反应同时发生,由丘脑同时向大脑皮层和自主神经系统发送信号,产生有意识的情绪体验和生理唤醒,与詹姆斯-朗格理论不同的是,坎农·巴德理论认为身体的作用并不那么重要。在另外一个有影响力的观点中,斯坦利·沙赫特(Stanley Schachter)从情绪的认知评价观点出发,认为情绪是个体基于个人意志加工客观刺激的结果,这就是著名的双因素情绪理论。他指出,情绪由两种因素决定:生理唤醒和认知标签。人们通过外部世界来理解个体被唤醒的原因,人们对外部线索进行解释,并给自己的生理反应贴上情绪标签。虽然情绪产生时这些步骤的先后顺序一直悬而未决,但是这些理论指出了一个共同点,那就是情绪所具有的关键特征:情绪产生时有主体对这种情绪的主观体验,相应的生理或者神经活动被唤醒,机体表现应对情绪刺激物的行为[9]。换言之,这三个关键特征也表明了情绪的构成成分:主观体验、情绪唤醒和情绪行为。

情绪是存在于有机体中的普遍心理现象。情绪不仅帮助机体适应生存,在人类社会中,它帮助人们了解他人、传达自身的处境和状况,还有适应社会发展的作用。在具体过程中,人们通过表情等情绪行为传递信息进行沟通,这体现了情绪的信号功能。而对于个人自身而言,情绪表现了自身对外界刺激是否满足需要的评价,当其不满足时,引起的诸如焦虑或紧张等情绪能驱动人们去解决需要和外界环境的矛盾问题;而在解决问题过程中调动了认知和行动以具体实施,整个过程分别体现了情绪的驱动和组织功能。因此,它对于人的重要性不言而喻。而对于体验,情绪反映了客观条件是否满足自己需要的评价,这种评价来自感受和经验[10]，对体验的好坏有决定性作用，因此把情绪作为设计的重要考虑因素，不仅为产品打造好的功能和质量，还通过设计激发诸如快乐、兴奋等情绪，从而让用户喜爱产品。同时我们也希望洞察用户在体验设计时的情绪，从而改进产品的某些不足。

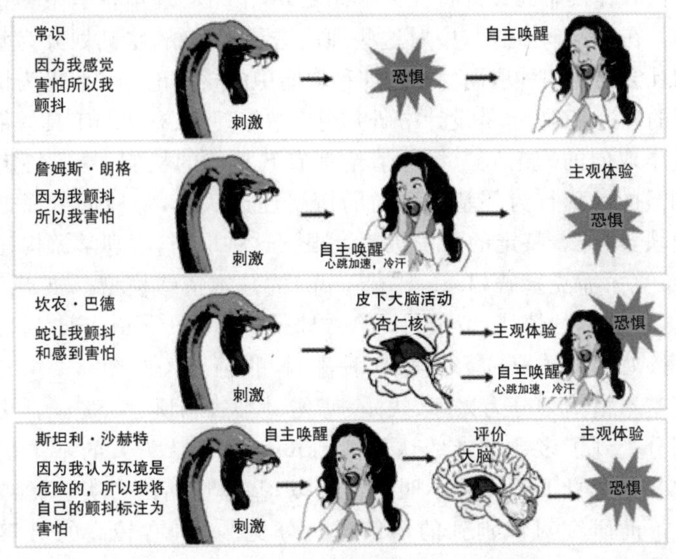

图5-1 不同情绪理论对情绪过程机制的解释

如何洞察用户的情绪？弗洛伊德认为情绪能被人们感知，说明情绪与人的意识领域相关，是有意识的结果。弗洛伊德的理论说明情绪是可溯源、可分析的，甚至在一定程度上控制情绪都是可能的[11]，这为设计心理学客观了解消费者情绪提供了基础。但是，有一些难以控制的情绪反应可能就是出自无意识或低意识水平的加工[12]，与前面所述的直觉有关。而直觉和情绪有着很强的联系，比如人们总有看到一些东西情不自禁地喜欢，并迫不及待消费的经历；此外，许多复杂的情绪体验是人们用词语难以清楚和准确描述的，所以也为情绪主观体验的洞察增加了难度。解开这个难题有赖于情绪心理学理论对情绪本质的揭示，比如，情绪的构建理论建立了情绪的维度和分类的模型，在此模型上进一步发展而来的情绪坐标就为准确描述、定位某类情绪提供了方法。

5.3 不同理论对情绪的理解

情绪心理学研究迄今为止形成了关于成分的不同理论，如情绪生理理论、情绪认知理论、情绪功能理论、情绪的精神分析、情绪心理构建理论、情绪社会构建理论等[7]，由于情绪的复杂性，加之各学派的研究方法、观点不同，这些情绪理论林立且彼此之间相互影响,形成了如今的并存局面。

1. 不同的情绪研究取向

目前,情绪心理学的理论已经达成共识的内容包括:①情绪的三大成分;②情绪是人类任何心理模型的关键特征。除此之外,情绪心理学各学派一直处于论战之中。傅小兰在《情绪心理学》中对这些理论进行了总结,将其划分为基本、评价、心理构建和社会构建四种取向[7]。这四种取向中的核心论点和假设为情绪的研究提供了重要的理论基础,也是设计中研究用户情绪理论、方法和工具的依据。

具有基本取向的理论认为每种情绪都有其独特的机制,具有特定的心理状态和可以测量的外部行为。基本取向的情绪理论认为,每种情绪都是独特的不可分割的模块,对应着特定的引发机制。根据这种取向,心理学家构建了情绪的模型,比如雅克·潘克塞普(Jaak Panksepp)的基本情绪模型[13]提出了探索、愤怒、恐惧等七种基本的情绪,罗伯特·普拉奇克(Robert Plutchik)的情绪模型中提出了悲痛、嫌弃、暴躁、警惕等八种基本的情绪(见图 5-2)[14]。艾克曼(Ekman)将基本情绪划分为兴趣、快乐、悲伤、愤怒、恐惧、厌恶[15]。艾克曼对基本情绪的划分受到了多数学者的认可。Ekman 等人认为人的基本情绪的面部表现在不同文化背景下差异并不明显。所以,基本情绪的分类也常被用于情绪的标注[16],帮助研究对识别到的情绪进行分类[17],具有较高的可辨认和可靠性[18]。在后续的基本情绪研究中受到了广泛的应用,研究者还根据这种划分制作了基本情绪刺激图片库[19]。

彩图效果

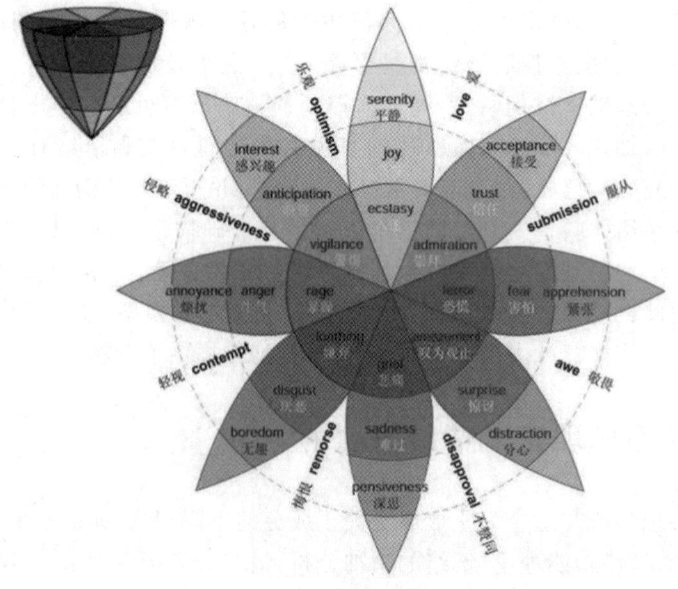

图 5-2　普拉奇克的“情绪轮”模型

情绪评价取向认为：在情绪的评价体系中，情绪词还是用来指代具有特殊的起因、功能和形式的情绪心理，但是这些词并不是固定对应某一个心理机制。其中较为著名的是拉撒路(Lazarus)的评价模型(见图 5-3)，他认为情绪的评价可以分为两类——“有利的类型”和“不利的类型”，而“不利的类型”又包括了有害或者具有威胁的类型。情绪评价理论普遍将评价结果看作是情绪产生过程中的一些逻辑门或者条件开关，如有利的评价才会导致高兴、自豪等情绪结果。

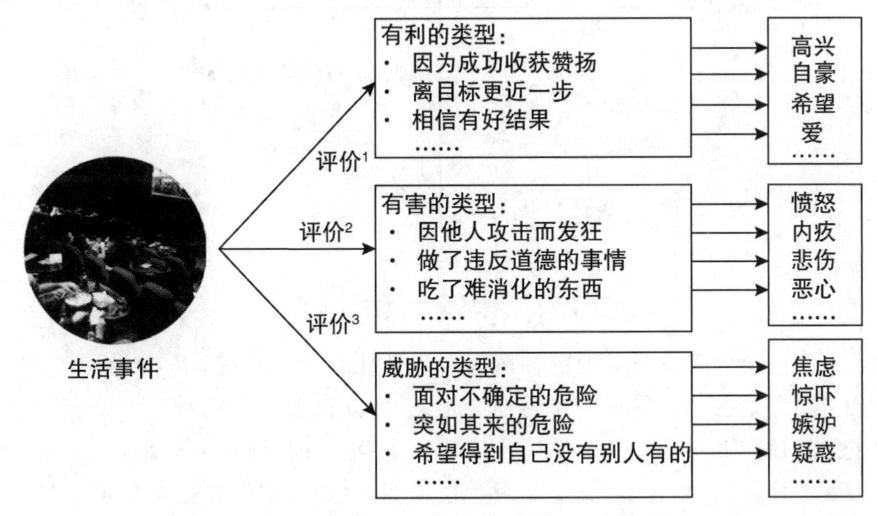

图 5-3　拉撒路(Lazarus)的情绪评价模型图[7]

与情绪的心理构建取向不同的是，情绪评价取向认为情绪不具有固定和特殊的形式。持这种观点的主要是构建主义心理学派，他们认为所有的心理状态都是即时的、持续调整的构建过程。这种取向认为情绪和其他的心理成分状态一样并非简单的成分相加，而是有机的合成体。具体而言，以艾克曼的理论为例，他认为情绪存在一些基本类型，并对应固定的表情，这就好比情绪是有“指纹”一样，发现“指纹”就能推断情绪。而在心理构建理论看来，群体之间的差异明显，导致情绪并没有“指纹”可循，心理学家莉莎・巴瑞特(Lisa Barrett)的实验中就发现了情绪的面部表情不具有一致性[20]。另外一些心理构建理论把情绪视作一种独立的心理成分，并对这些成分建立了分类模型。其中，最为著名的是罗素(Russell)构建的分类模型[21](见图 5-4)，他认为情绪是表示愉快或者不愉快的一种心理状态，即核心情感，可以用愉悦度和唤醒度在核心情感的基础上构建出特定的情绪。

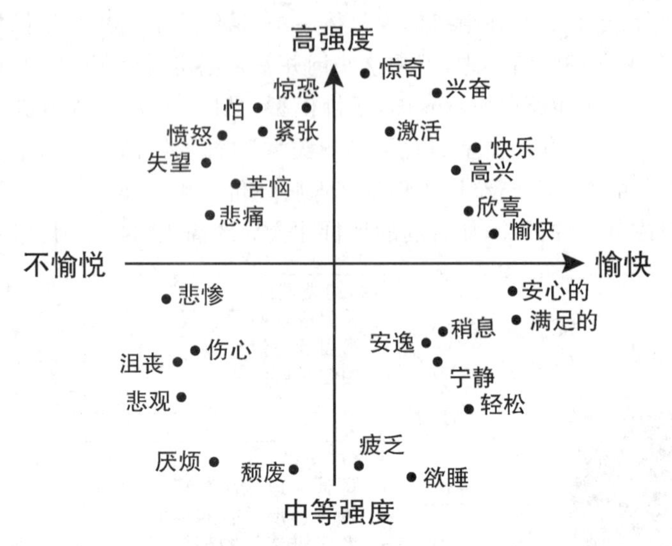

图 5-4　罗素的情绪分类环状模型

情绪社会构建取向的理论将情绪看作是社会化遗物或者是文化的产物，由社会文化因素构建并受到个体的社会角色、所处社会情境的约束。社会构建理论主要将社会因素作为基本情绪反应的触发器。和评价取向相似的是，这种触发器就像评价的开关一样决定是否产生情绪。但是，情绪社会构建理论最重要的贡献在于发现了情绪中非先天的部分，这部分内容表明情绪是社会环境和人本身构建社会的文化产物，所以情绪的意义及其独特性来源于情绪在社会情境下的功能意义。

2. 重要的情绪主题

情绪取向的讨论为了解情绪的本质提供了基本的理论导向和思路，相关理论也建立了相应的模型。但是，从取向的角度只能从宏观的角度俯瞰心理学界探索情绪本质的大致方向。微观而言，在感性消费中，即使是面对同一个产品，不同的消费者往往也会体验到不同的情绪，而认知评价就决定体验到哪一种具体的情绪，从而产生不同的生理过程和行为。大量的实验和研究也证明了，中枢神经系统、外周神经系统和内分泌系统构成了情绪的生理基础。所以，情绪与认知，情绪的生理、生物学基础是研究具体情绪心理的重要主题。

社会生活经验通常将情感和感性相联系，所以我们不免“朴素”地认为情感是完全非理性的，将情感和认知理性割裂，并放到彼此的对立面。但是情绪的认知理论认为，认知在情绪中的作用主要在于评价，所以，情绪认知理论也多持有评价取向。前文所述的拉撒路就是情绪认知理论的重要代表，他们都支持情绪是由事件产生—评价—情绪的发生过程。继拉撒路之后,不同的情绪认知心理学家提出了不同的评价维度。情绪认知理论的重要发展目标是评价引发情绪的所有可能模式。可以总结的是,愉悦—不愉悦是基本的维度,而其他维度则是与情境事件相关,比如个人的应对能力、有利无利、是否与自己期望的相关。情绪认知理论发展而来的构建情绪的模型已经具有更高的细粒度,也用于构建具体情境中的情绪或情绪状态评价,或者探索影响认知评价的要素,比如使用认知评价理论和方法构建品牌幸福感的决定因素[22](见图 5-5)。

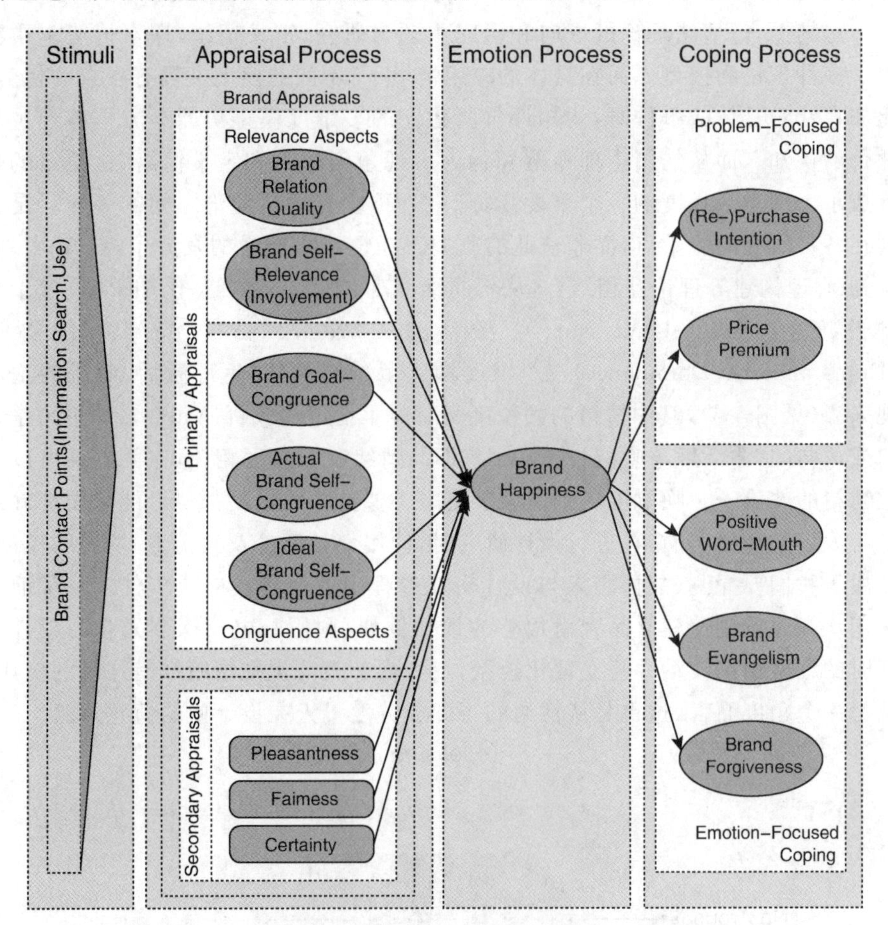

图 5-5　利用认知评价理论建立的品牌幸福感评估框架[22]

回到感性消费中消费者对产品的评价,认知总是带有一定期待。这些期待影响了情绪和情感,如果期待被满足则会启发正向的情绪,反之则会激发负面情绪。这一点在购后的使用表现得最为明显,如果基于产品使用构建的认知证明了产品能满足期待,那么使用产品时是愉快的,否则这个产品带给你的就是沮丧或者失望等负面情绪。

情绪生理的早期理论已经发现了情绪包含了有机体的反应，包括比如唾液、汗腺、分泌和外周血液变化等生理反馈。情绪生理学中重要的神经科学取向认为情绪与大脑、中枢神经系统的功能相关。情绪生理理论中，普拉奇克提出和推动了生理进化论，并提出了著名的情绪结构模型(见图 5-2)，这个模型不仅列出了 8 种基本的情绪，同时认为具有相似性、相对性和强度的特征，模型中相邻的两种情绪具有相似性，而对角的情绪是对立的，锥体情绪自下向上强度逐渐增强。

总结而言，情绪理论的取向和研究主题为研究、定义情绪，探索情绪本质提供了多种理论和模型。而在具体的应用情境下，不同的模型又具有各自的优势。比如在针对具体的事件时，认知评价所建立的多维度模型更能全方位体现主体评价的认知。而从情绪生理唤醒和行为表现角度探测和定义情绪时，情绪的强度成了生理激活程度的一个重要指标。然而，所有情绪理论之间的差异只是表现在各自研究的侧重点，而非彼此的割裂。在情绪心理学的发展中，认知-生理、认知-心理构建等理论互相结合，从不同维度观测和定义情绪，比如 PAD 模型从愉悦度(Pleasure-Unpleasure)、激活度(Arousal-No Arousal)、优势度(Dominance-No Dominance)三个维度构建了情绪本质、生理激活、刺激的主客观来源(见图 5-6)，其中情绪的愉悦度又对应了情绪的效价(Value)，即情绪是正向或负向的，激活度与唤醒(Arousal)，即与情绪激烈程度相关，这两者又可以构成情绪的效价——唤醒度二维模型。更多类似这样的模型都尽可能全面准确地了解人们的情绪实质，在进行设计研究时，使用何种理论及其衍生、发展的模型，取决于我们要探测、能探测人与设计交互过程中的情绪反应或事件。除了前文利用认知评价理论建立品牌幸福感的评估框架，利用脑电仪探测人在与设计交互时的细微情绪波动并建立量化模型，或者面部表情识别情绪都是这样的应用。从另一个角度而言，这也是从情绪的不同成分度量人在设计中的情感体验。

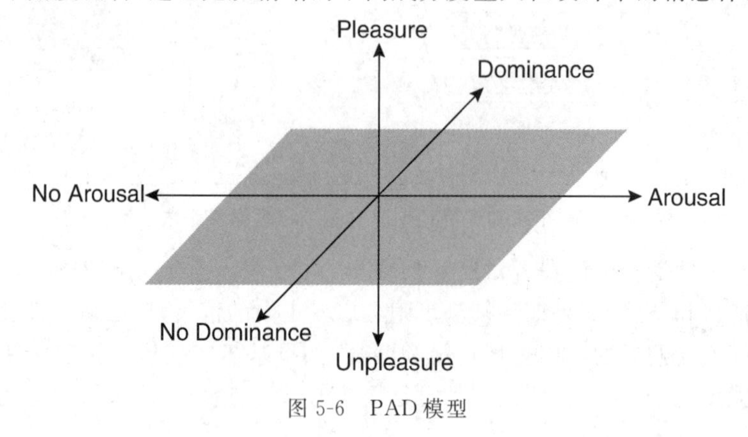

图 5-6　PAD 模型

5.4　情绪成分的度量

在设计中，用户体验主要来自用户参与使用产品、系统或者与有界面的物品交互，用户体验具有可观察和可测量的特征[23]，而情感体验则是体验中关于设计中情绪、情绪状态主观体验的特殊内容。情感体验度量所能提供的信息远超过简单观察所能提供的信息，它能使设计和评价的过程更加结构化，对发现的结果有深入的洞察和理解，同时也为设计的决策提供重要信息。情感体验度量是情感化设计的一个重要基础。

从度量的方法来看，所搜集的资料可以分为主观的报告和客观的数据两大类。从情绪的成分而言，主观报告获取的是人对情绪的主观体验，要求参与者进行口头表达并量化他们在特定时刻的感受，包括自我报告、自我评估、情绪量表等方式。而客观的数据主要来源于生理唤醒和情绪行为。具体而言，生理唤醒信号包括了脑电信号、心率信号等，而目前用于探测情绪的外显行为主要有表情、动作、语音和行动。通过构建情绪唤醒、情绪行为和情绪的关系，又可以了解复杂的情绪体验中人们难以描述或察觉的部分，从而更加准确地反映用户在体验设计时的情绪体验。

5.4.1　情绪体验的主观报告

情绪体验主要指主体的感受，所以在这里有时也作情感而论。但是，并非所有的主观感受都属于情绪。而每种情绪与其主观体验相对而言是比较稳定的，所以，心理学家通过分类来界定人们感受中的情绪部分。如果按照情绪的复杂程度进行分类，可以把情绪划分为基本情绪和复合情绪。而关于基本情绪的种类，除了前文情绪基本取向所提到的一些分类，中国古代经典著作中，《礼记·礼运》的“七情说”将基本情绪分为怒、哀、惧、爱、恶、欲[24]，这种划分也具有较为广泛的影响。根据情绪生理理论和社会构建理论，情绪强调了个体的认知学习和社会影响，因此会派生出更为复杂的情绪，比如羞耻、悔恨等情感，而羞耻可能就包含不愉快、悲伤等基本的体验类型。此外，高兴、兴奋的情感和豁达、畅快的情感虽然相似，但是又有差异(见图 5-7)，如前文所述，这是因为情绪的体验更加激烈而短促，情绪状态的体验更加弥散、细微而长久。

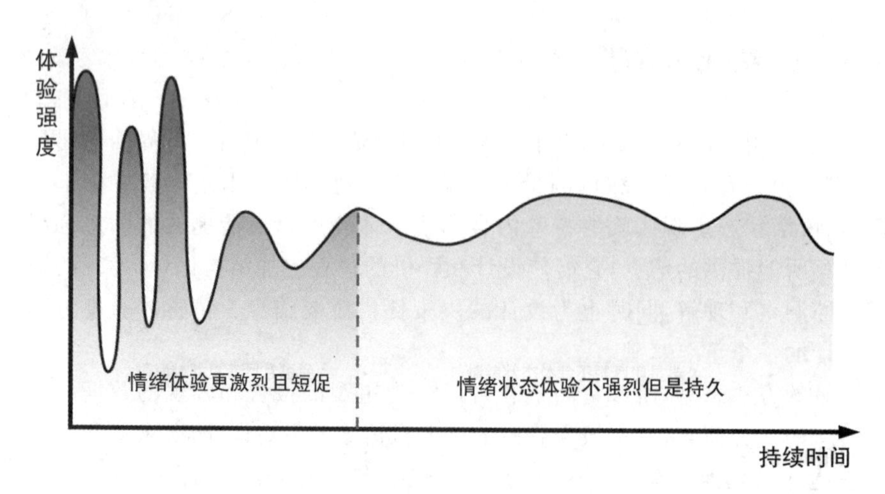

图 5-7　情绪与情绪状态体验示意

对于同一件事物的体验过程，不同的人情感描述不一样，这反映了不同的情绪体验。面对同一幅艺术或者设计作品，有的人可能唤醒起兴奋的情绪，也可能引起厌烦的情绪。但正因为情感包含了有意识的一面，所以可以通过词汇描述情绪，设计心理学中常用谈话的方式让用户主诉对产品的情感体验。这时会产生一些特殊情况，人们在描述体验时会用到几个不同的词语。举个例子，当人们将要开始一段新的旅程时，他可能会说自己既兴奋又有些焦虑，那这种情绪到底是兴奋还是焦虑？情绪看起来具有一定的混合特征，但是实验心理学认为这种情绪是一个独立的集合体，与复合的兴奋和焦虑情感有所区别。这种一系列的情感体验在一个特定的时间内前赴后继，联合成一个独立的整体，也就是说，人们口中说的既有点兴奋又有点焦虑并非兴奋和焦虑两种情感的简单混合，而是叠加之后的情感经过强化后的效果。这也是为什么人们通常很难将自己的情感表达清楚[25]。

相比于人们对之前或当下情绪的描述，情绪预测(affective forecasting)研究表明，人们对将来经历之后的感受更会出现错误的预判。比如，人们知道失恋会引发痛苦的情绪，但是往往会高估了这种痛苦的强度；人们知道改善生活质量之后会带来幸福，但显然高估了幸福的感觉。心理学家 Dunn、Wilson 和 Gilbert 让大学生预测自己被分到理想宿舍会对幸福感造成多大影响，一年之后的再测数据表明他们远高估了这种幸福感。这个实验用到了情绪量表的探测方式进行预测；同时还使用了实证研究证明。结果证明，人们总会高估了负面情绪的影响，忽视了人们为了隔离艰苦情绪更好生活而将负面情绪消化或者忽略的本能。

对于情感，往往使用构造主义心理学派的内省法(Introspection)完成探测。

比如，主观报告法可利用被试者的内省和陈述表达情感，也可以用量表或问卷等调查法。常见的情感探测量表有正负性情绪量表（PANAS）和三维情绪识别量表（PAD），对应了构建情绪的二维或三维模型。比如，研究者使用 9 分李克特量表收集人们在自动驾驶任务后的挫折感[26]，通过要求参与者完成自我评估来调查挫折感；或者使用积极和消极情绪量表来反映人们在工作中的情感积极性[27]；而对于任务中的复杂情感，研究者也会使用多重情绪量表[28]了解人们的情感体验。然而，主观报告面临的挑战是：需要参与者足够关注，且它们是主观的，这就可能会反映出强烈的偏见（例如，错误的记忆，想要给实验者留下深刻印象的愿望）[29]。这就有赖于对客观数据的探测以增强情感探测的准确性。

5.4.2　情绪唤醒的测量

人的情绪中不可见的或者难以察觉的生理变化，可以利用生理检测法进行识别。生理检测法的重要依据是情绪的激活状态和强烈程度，也就是情绪的唤醒度和效价。比如，情绪体验最终都是要受到大脑的控制，大脑和神经回路也参与情绪反应。研究表明杏仁核在获取恐惧的外界刺激中有关键作用[30]，前额叶皮层能参与情绪的自主控制[31]，中脑边缘多巴胺通路体验跟奖赏有关的喜悦情感中有重要作用[32]，镜像神经元致力于体验移情情绪[33]。此外，情绪体验过程还依赖大脑中的海马、外侧下丘脑、隔膜和脑干等通道的生理反应。通过医学影像技术或者脑电图（EEG）可以观察以上这些特定部位的生理指标变化，用于判断情绪。如图 5-8 所示为情绪发生时的脑电图，反映了不同情绪效价（Positive、Negative、Neutral）中特定频率的脑电波动，通过转化和分析可探测被试者的情绪唤醒状态。

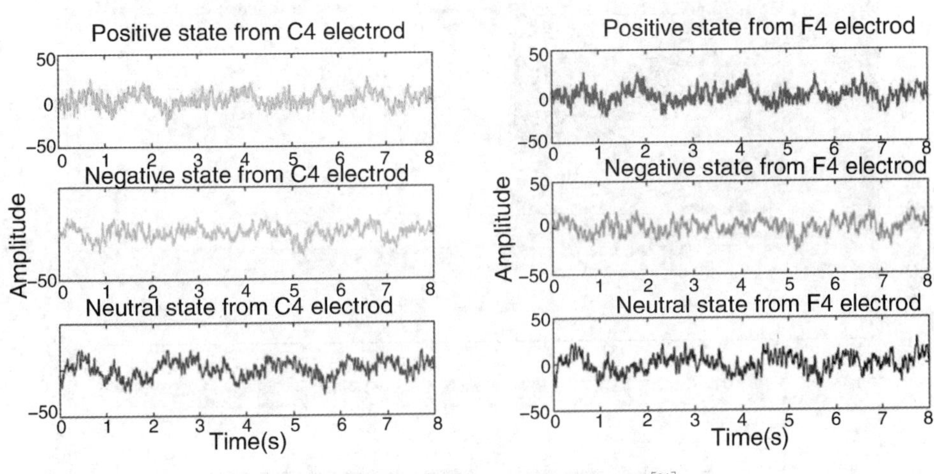

图 5-8　情绪发生时的不同波段脑电图[34]

情绪还能唤起汗腺活动改变皮肤的导电性，引起皮肤电反应(GSR)，包括了循环系统中的脉搏、呼吸、血压、心率等指标，以及内分泌系统中的皮质激素、肾上腺素分泌水平和肌肉紧张程度。威廉·马斯顿(Willian Marston)在 1955 年发明了测谎仪，让被试者回答既定问题并进行心跳、血压、呼吸率和皮肤电反应测量，结果发现当问到威胁性问题时这些生理指标出现了明显的变化。测谎仪虽然一直备受争议，但是也不失为一种有效的探测方法。设计心理学中常邀请用户参与实验并进行生理测量，以被试者情绪平和状态下的生理指标为基线，探测任务活动中的生理指标变化。

5.4.3 情绪行为的识别

表情检测法利用情绪反应时面部表情的特征进行测量，如瞳孔的缩放、嘴巴的干湿、面部颜色等都是神经系统情绪状态下神经系统调节的结果，可通过直接的观察发现。不过，也有观点认为面部情绪还可以加强大脑对情绪的体验，比如微笑时的面部肌肉生理信号可以帮助大脑体验高兴的情绪，这就是面部反馈假说(Facial Feedback Hypothesis，FFH)，即面部表情既表达情绪，也反过来影响情绪。如果表演式地模仿某种高兴的情绪体验时的表情，被试者或多或少能描述出高兴的情绪体验。利用表情探测可以帮助了解用户的情绪，通过设计引导用户模拟情绪的行为反应或许也能一定程度地干预用户情绪。除了面部表情，有时肢体的动作也配合情绪的表达，比如愤怒的时候除了眉头紧锁还会有紧握拳头、肩膀下垂的肢体动作。如图 5-9 是利用表情的情绪识别软件探测人在玩游戏过程中的情绪变化。

彩图效果

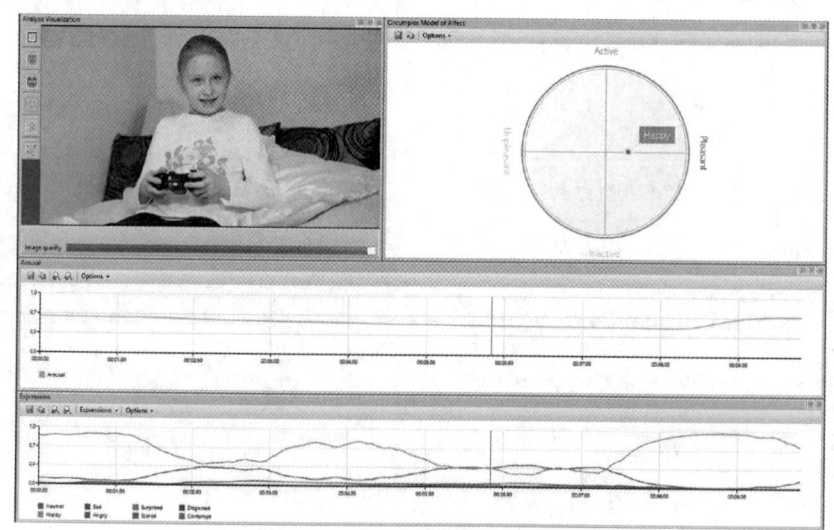

图 5-9 部表情情绪识别软件

行为检测法就是根据人的行为特征识别当前所处的情绪状态。比如在先进驾驶辅助系统中，通过计算与前面车辆的距离获取有关道路状况和反映驾驶员风格和当前情绪[32]；研究人员还利用触觉的传感装置，例如通过将光纤集成到方向盘中来测量握力[36]，通过集成压阻电阻来捕获行为信息[37]，用力传感器来测量油门和制动踏板[38]，以捕获腿部运动。

语音检测法主要是利用声音的音高、音强变化等声学特征识别情绪[39][40][41]，为了提高情绪识别的精确性，选择分析的特征对象、算法优选和优化都是关键的前提。比如，Karimi 和 Sedaghi[42] 比较了四种不同的特征选择算法并进行优选，Schuller[43] 的研究还比较了噪声条件下，声音的光谱特征与时域特征发现光谱特征更有利于分析情绪。

以上这些用户情感行为的检测提供了特征数据，而数据的计算则是推动这一领域的主要动力。未来趋势将是利用用户产生的在线数据进行分析，并将其与客户的情感元素相关联，来构建情感设计数据库，从而对用户个性进行准确分析，探索其特定的情感需求，推动个性化的情感设计。情感设计趋势需要根据每个用户的不同需求定制不同的细分功能，让人工智能不断学习用户的偏好，让产品更符合用户自身的品位和习惯，实现高度个人化，减少用户的选择与判断[44]。其次是构建强大且通用的情感研究模型。在认知科学中有几种标准化的计算模型（例如人类处理器模型 ACT-R、EPIC、SOAR 等），而情感科学中的标准化模型并不多。但在情感维度中创建领域特定的情感分类法并提高计算准确性是很有可能的[45]。因此研究者们未来都应该为每一项研究构建自己的情感分类法。现有许多研究都走向了开发模型的方向，然而还需要进一步的发展和完善。不同研究者不断提出新的情感理解模型，而这些模型更加高效、准确地将数据翻译成人类的情感，避免了成本高昂的解决方案和资源浪费[46]，这些方法未来也将更多地应用于设计。

相比于主观报告，情绪生理唤醒和行为的探测更增加了情感探测的客观性、准确性。外显的生理现象包括如表 5-3 所示，这几种情感检测方法主要在侵扰性、准确性、健全性、连续性、成本上存在差异。

表 5-3　情感检测方法

	侵扰性	准确性	健全性	连续性	成本
生物生理信号	侵入	很好	健全	是	低
面部和头部	不侵入	非常好	非常健全	是	开发成本
语音识别	不侵入	非常好	非常健全	是	开发成本
行为	不侵入	不好	不健全	是	开发成本

5.5 情感体验心理与设计

情感体验度量为用户和产品的交互过程提供了情感的洞察和理解，属于用户——产品关系中对用户的理解。研究认为，设计师越能理解用户的情感体验，越能轻松实现“更好”的设计。设计界也认为，产品的创新设计不仅要包含产品的实用功能，赋予产品机能价值，同时需要响应包含用户感性需求的情感诉求，赋予产品情感价值。这也构成了情感化设计的双向过程：理解用户的情感引导设计，设计又为用户创造情感体验。

5.5.1 情感体验层次

情感化设计是实现情感体验的设计思想。诺曼的《情感化设计》[47]，将情感化设计划分为三个层次：本能层、行为层和反思层的设计（见图 5-10），用户在情感上也分别具有对产品三个层次的体验。本能层通常是人的五个感官通道（视觉、听觉、触觉、嗅觉、味觉）所带来的体验，这与产品的外观造型有直接联系。行为层即交互过程中的即时的感受，主要体现在产品的使用乐趣与效率。反思层是指用户在使用产品过后回想起来的过程，经过思考得到的体验，具体而言是自我形象的体现，得到满足等，与人的思考活动有关。本能层和行为层的情感化设计主要是依靠设计的情绪调节作用实现目标的情感体验，反思层的情感化设计则是为设计注入社会生活的情感内涵，调动人的高级认知引发更加复杂情感的设计。

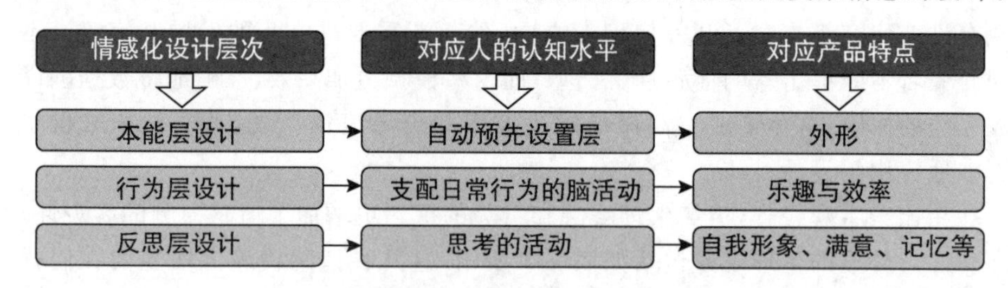

图 5-10 情感化设计三层次（引自《情感化设计》）

情感化设计的三层次划分对应了大脑三个水平的活动，这三个层次反映了大脑的生物起源。达尔文的生物进化理论认为，情绪是在进化阶梯中获得的，并非只有人类才有情绪，其余高级动物也存在情绪，比如对环境威胁的紧张。而情绪生理理论的进化取向加强了这种理论，认为生物进化发展了情绪的适应功能，且都有导致其适应功能的一组条件，早期是为了适应生存，而在现代社会中是为了更好的生活。比如，紧张情绪为动物随时逃避危险生存下来提供了条件，而信任和自豪为更好地合作和工作提供了条件。

1.不同水平的大脑活动

本能水平(visceral level)是大脑活动中最简单、最原始、被遗传的部分,同时也是不需要思考、反应最迅速的一种。可以说,大脑本能水平是生存的基础,为人类趋利避害,寻找更好的环境的基础。人类早期进化过程中,更好的环境意味着充足的食物和安全的住所等,现在却意味着可口的食物、更加宜人的住所等。这也可以看出,脑活动虽然是先天性的机制,但是会随着人所处的环境和自身学习等因素变化。

行为水平(behavioral level)是哺乳动物能进行的更高水平分析,通过对情境的分析从而作出反应。行为水平的脑活动支配了人们的日常行为,这部分活动不是有意识的。一方面,在情感理论中,情绪行为是伴随情绪发生的自然行为反应,比如人们的表情。另一方面,行为水平的脑活动更多对应了人们的无意识学习,也就是前文所述的直觉。这也是为什么大多数情况下人们能一心二用。行为水平的脑活动所形成的直觉,对于那些不需要思考,符合日常习惯的任务尤其有用,能帮助人们熟练完成任务。而顺利的任务过程也能带给人们成就感等正面的感受。

反思水平(reflective level)是人类进化出的最高层次的大脑活动。人们在和外界交互时,反思层的大脑活动主要表现在学习、思维、反省等活动。

2.三种水平的关系

三种水平大脑活动是相互影响的,本能层自下向上影响反思层,本能层那些先天拥有的能激发正面、负面情感的条件,处于这种条件中可以影响人的行为层和反思层。举一个具体的例子,当本能层发现了环境中的威胁时,会影响大脑停止行为层中正在进行的其他动作和反思层中对于其他问题的思考,将大脑中所有的注意、认知资源分配到应对当下的威胁。相对地,反思层也能自上而下影响本能层,当人们处于一种放松的情绪状态时,比如恬淡舒适的心境,在本能层的感官是处于放松状态的,而在行为上更加缓慢和有条不紊。此外,虽然本能水平的一些大脑活动似乎是刻在基因里面的,但是这种情况也有跨文化、跨人群等差异性,“君子远庖厨”的反思,所以君子之于禽兽时,见其生,不忍见其死。三种水平的大脑活动也会出现冲突的现象,在本能水平上,人似乎是生而就恐高和具有避险的本能,但是近些年流行的极限运动似乎打破了人的本能,极限运动的运动员们在蹦极、翼装飞行、高空跑酷等运动中享受恐惧带来的快感。一方面,大脑本能水平在运动过程中处于恐惧的状态,但是当运动员完成每一个动作时,又带来了反思水平的畅快、愉悦,显然恐惧和畅快、愉悦在组成或者维度上是不同的,但是由于反思水平思考在事件完成后形成的认知长期影响了人们的行为,导致人们去体验恐惧、威胁等情绪。

5.5.2 不同层次的设计

用户对于设计的反应是复杂的，各种因素决定了他们在三种水平上的大脑活动。虽然设计师无法决定用户内部的一些因素和环境中的因素，但是能通过控制设计，影响用户在不同水平的脑活动，引导他们对产品产生积极的情感态度。用户在和产品接触的过程中，任何实际的感受都不同程度地包含了三种水平的脑活动以及其他复杂的内部反应和变化，同时也受到外在因素的影响。但是将这种复杂影响的结果简化，从本能层、行为层、反思层去分析也让解读变得事半功倍。值得注意的是，如果将一个完整的产品粗暴地划分为本能层还是反思层的设计是不可取的。或许可以说，产品是设计师针对人们本能层、行为层、反思层脑活动造物的结果整合。

1. 本能层设计

本能层的设计能提供当前情境下，用户仅仅靠感觉信息就能识别和推理，并引发正面情感体验的设计，或者说这种情感体验是生物性的。产品带给用户的感觉信息是多通道的，所以本能层的设计会向用户传达多种感觉刺激信息，在感官上为用户创造正面的情感体验。具体而言，就是产品应该看起来是美观的，听起来是悦耳的，摸起来是舒适的，闻起来是宜人的。

本能层设计是符合用户预先设置的一些大脑活动机制，但是由于这种机制在不同人群甚至是个体中的差异性，所以对“看起来美观”等概念的定义不尽相同。因此，和大脑活动水平间的影响一样，设计的不同层次之间也存在影响。反思层也会影响本能层的设计。即使是这样，但是生物进化过程中遗留的那些信息始终影响人们具有一些基本的本能反应，这种本能就是感知觉的特性(如本书第 3 章所述)。举个例子，与均匀刺激形成明显对比的事物更能吸引人们知觉的注意，在设计中，那些具有鲜艳色彩的产品能在视觉上与环境和其他产品形成对比，从而抓住人们的眼球。而在体验中，用户被抓住眼球在即刻间产生了惊奇、兴奋等情绪体验，这种情绪体验在实际的营销中具有积极的导向作用。

2. 行为层设计

行为层设计针对的是用户与产品交互时的效用，行为层的设计防止产品情感体验走向负面，但是最难让体验走向正面。因为，好用的产品不一定能让用户感到快乐和愉悦，但是不好用的产品一定会让用户感到烦躁和讨厌。好用的产品在设计上应该具有可用性，而在行为层的设计上实现了这一特性，使得用户在使用过程中获得熟练操作的畅快体验，同时在结束之后让用户感到高效完成任务的愉悦。

可用性是一种以用户为中心的设计概念，是为了应对产品功能增加给用户带来的学习压力和操作失误风险。可用性现在不仅作为一种概念，更是一种设计标准，被运用到交互设计、用户界面设计等领域，重点在于设计出符合用户需求和习惯的产品。可用性包含了五个重要内容：①易学习性：新用户不用花费较大精力就能轻松完成基础的任务；②高效性：用户在学习了之后，能快速执行操作；③易记忆性：用户长时间不使用产品仍然能轻松上手；④容错性：用户误操作的概率小，失误不严重且容易恢复；⑤愉悦：使用该设计能感到愉悦。前面四个特性是愉悦的充分条件，当产品不具备这些条件时，自然也很难带给用户愉悦的使用感受。可用性已经发展出专门的研究领域，以雅各布·尼尔森(Jacob Nielsen)为代表的工程师为可用性作出了重要的贡献，他提出了可用性的十大基本原则[48]：①易于感知：系统应该通过合适的反馈让用户知道自己在干什么；②与真实世界匹配：信息的表达应该符合表达惯例，符合自然逻辑；③自由和拥有控制权：用户能够自由执行自己想要的操作，也能轻松拒绝、撤销、中断不想要的操作；④延续性和标准化：产品在表达相同信息时使用一贯的表达方式；⑤预防失误：防止用户操作失误；⑥减少用户的思考和记忆：使用容易记忆或者辨识的识别元素，能引导用户能轻松操作；⑦灵活高效的使用方式：采用快捷方式迎合不同操作熟练度的用户；⑧审美和简约：去除多余的信息，防止信息对用户的干扰；⑨错误提示：用户失误之后，能温柔提示用户出错且给出能恢复的措施；⑩必要的帮助文档：虽然产品最好是不需要说明书就能操作，但是必要的帮助和文档是需要的。

3.反思层设计

如前文所述，设计在用户感知中不仅具有功能载体的表象，还是审美、意义载体的意象。反思层设计是为产品创造意象的过程，就像为产品“赋予灵魂”，同时要让用户在与产品的感官接触、交互的过程中能够理解到这个灵魂，在思维或情感状态上产生共鸣。一方面是设计所灌注的寓意，所使用的符号能在即刻的体验中让用户心领神会，另一方面则是衍生产品情感体验的时间跨度，让用户产生对过去的反思和对未来的思考，从而构建一种长期的情感联系。理想的状态下，用户会产生精神依恋，在长期拥有、展示、使用过程中都处于满足和愉悦的情绪状态。

那么，用户和产品之间如何产生共鸣点的呢？社会学和人类学认为这应该回溯用户生活的社会环境、组织环境、文化背景，甚至是价值观、生活喜好、个性等更具体的方面，因此，这就联系了用户的社会生活和个人生活。在社会生活层面，设计意象中对文化、社会事件或社会共同理念、精神的叙事引起了用户的思考或共鸣。比如,2021 年东京奥运会中国奥运代表团所穿的领奖服在设计上已经超越了功能的范畴,一字扣、小立领元素体现了中华文化;领口、袖子让人联想到汉服中的交领,而这些是中华传统服装的一些符号,具有民族精神和文化的寓意(见图 5-11)。在个人生活层面,设计意象与个人形象的契合,使得用户拥有产品时能增强或者彰显个人形象、身份或品位等属性。在日常生活中,我们可以通过他人所使用的手机,所穿戴的服装、饰品大致推断这个人的性格,这就是产品作为一种符号对个人属性的增强。

彩图效果

图 5-11　叶锦添设计的东京奥运会领奖服

值得注意和强调的是,设计师可以通过对不同层次的理解和分析去设计,从而为用户创造期望的情感体验。但是,设计的产出作为一个整体,它带给用户的真实感受绝非是层次化的、割裂的,而是连续的、有机的。反思层设计的意义是不可见的,只能通过行为层和本能层的设计传达,而用户大脑反思活动与行为、本能活动之间的影响、冲突同时影响着情感体验,这就要求在设计层次间的冲突和影响中取得平衡。

5.5.3　未来情感体验设计

在智能时代,产品功能和性能提升带来的边际效应越式微,在消费市场中,塑造体验将带来更多的附加值,所以情感体验设计也逐渐受到重视。在不同的行业和设计领域,情感体验正在逐渐受到重视,从以往被忽视的状态,逐渐发展到被关注,再到成为核心。积极、正向的情感在用户对产品的感知、认知、行为方面都有着巨大的影响，研究者见微知著，发现这对于幸福生活也举足轻重[49]，因此，幸福不仅是一个人生活“集大成”的目标，也是情感体验设计的终点。在这个过程中，人类的基本核心情绪已经被定义或被挖掘，未来将更多捕捉、定义、描述人们更细微、有差异的情感。而在设计中，我们需要更完善和强大的设计工具激发用户的积极情感，调整其消极情绪，从而获得更好的体验。除此之外，智能产品作为和人类交互的另外一个主体，人与智能产品的情感对话也将成为未来情感化交互的重要内容。

1. 为幸福感而设计

人类生活是以幸福为追求的，强调幸福感的情感体验将是未来情感化设计的一个重要设计方向。幸福设计更关注对个人的成长发展意义、道德等元素的设计，它关注长期影响以及社会影响。为幸福感而设计的方法包括了情感设计、能力方法、积极心理学方法和基于生活的设计[50]等。这些方法的侧重点有所不同，但每一种方法都可以在某一方面指导幸福设计。具有与幸福相关的象征意义的物品唤醒用户的回忆、成就或抱负[51]，从而提升人的主观幸福感。学者们提出了促进和激发人类幸福感的设计框架（见图5-12），认为幸福感的实现来自三个方面：拥有快乐的情绪，实现个人意义以及成为一个有道德的人，而设计的目的在于帮助人们实现这种理想。

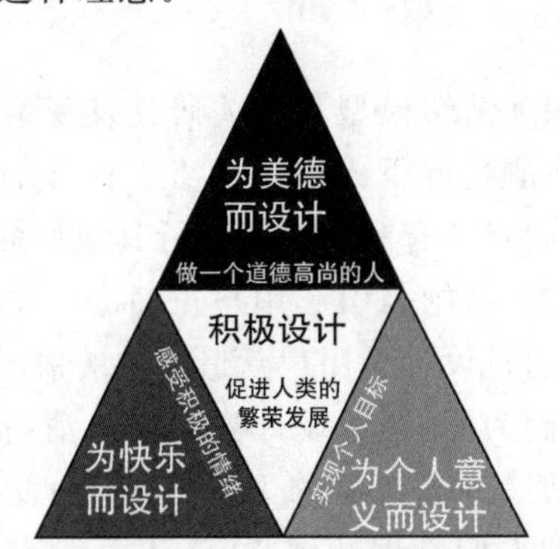

图5-12　以积极设计为中心的幸福设计框架[52]

其次，关注用户群的文化特征是幸福情感体验设计的一个重要内容，需解决在高语境和低语境文化之间表达情感的不同行为、情感系统的社会接受度等问题。使用文化人物角色设计文化衍生交互，在不同的文化背景下实现不同的情感情境也是一个重点[53]。

2. 捕捉细微积极情感

情感是情绪的主观体验部分，情感的主观表达能反映情绪，但是研究界更倾向于使用客观的情绪行为和生理唤醒检测来辨识情绪，相应的检测技术也被称为情感检测技术。现有的情感检测技术为捕捉用户的细微情感提供了技术基础,准确的数据、可靠的模型和算法可以提高情绪识别的准确性和成功率。然而,这是技术人员需要努力的方向,而设计人员需要在此之前为技术提供对情感体验的见解。比如人们在和机器互动时,究竟怎样的表情指示了他/她需要帮助,这种见解超越了情绪识别本身,而是对情绪识别的结果进行了意义构建,并将其转化为技术建模的样本或知识。

研究发现,用户在使用产品时体验的不同情感会导致有差异的意图行为,而交互设计如果能与用户意图行为倾向适配,将丰富用户的情感体验。意图行为是用户交互过程中显现出来的一种交互特征。因此,研究者就提出构建用户积极情感与外显性交互特征关联,从而可以通过一系列外显的特征,尤其是意图行为捕捉到用户的积极情感[49]。比如,用户如果心存爱怜,在行为上会体现出缓慢轻柔的特点。以迪斯梅特(Pieter M. A. Desmet)为代表的研究者对设计中的积极情感进行了深入的研究,迪斯梅特定义了设计中的 25 种积极的细微情感,同时建立这些情感和外显性交互特征的关联集合,并在此研究发现上提出了积极情感的分类标准等研究[54]。情感体验设计未来将定义更丰富、更细微的积极情感类型,同时建立这些情感和情绪行为、生理激活,尤其是外显性交互特征间的关系,从而为我们理解用户在和产品交互时的细微情感提供帮助。

3. 情感激活与调节

情感体验设计中,相关情绪模型和相关研究发现情绪的唤醒影响人们的表现,过高和过低的情绪唤醒情况下人们进行工作任务的表现最差[5],所以,保持人们情绪处于唤醒的中间状态有利于人们进行其他任务的表现。而从情绪效价而言,情感体验设计的一般目的是引起用户正面的情绪(高兴、愉悦等),调节不良情绪(愤怒、悲伤等),通过设计为用户营造不同的情感体验。

以汽车内的情感检测为例,通过设计唤起积极情绪的微交互来改善车内气氛,改变微交互短暂干预诸如等待时的无聊情绪[55];使用游戏化的设计可以促进心理健康和幸福,帮助人们管理情感状态,从而创造更好的情感体验[56]。比如在奔驰的概念设计中,在静态驾驶模拟器中进行了蓝橙光对愤怒程度影响的研究,并将其运用到环境光的设计中,当蓝光刺激被激活时,愤怒的主观感觉降低且收缩压降低,表现出更好的驾驶状态[57]。奔驰"阿凡达"概念车通过内饰的灯光设计,营造一种与电影《阿凡达》类似的神秘、未来、科技感,从而影响人们在驾驶舱的情感体验(见图 5-13)。

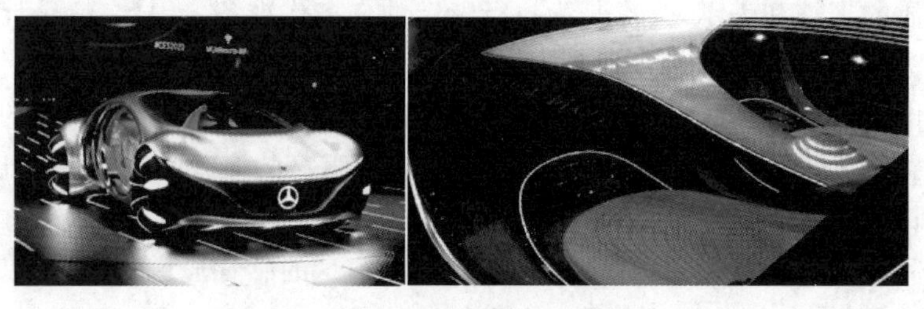

彩图效果

图 5-13　奔驰"阿凡达"概念车

而营造情境,持续激活用户的情感状态,可使用象征性的设计元素迎合用户的文化、经历、信仰等高级社会生活,满足他们对特定年代、品牌的情怀所需。比如,红旗 E-HS9 的车内采用中国古建筑中常用的对称式布局,与故宫中轴线设计一本同源。换挡区域采用致敬红旗经典产品的船型外观,寓意乘风破浪、扬帆起航。在车门扬声器面板上映画出中国名山的水墨山水形态,内饰门槛护板镶嵌金属装饰板,高级感金属光泽。在内饰设计上充分运用中式经典元素,是红旗品牌文化底蕴的独特延伸,彰显中华文化和红旗品牌传承(见图 5-14)。

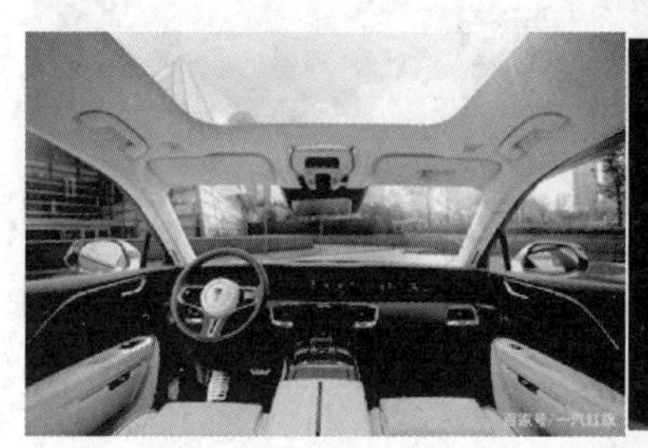

彩图效果

图 5-14　红旗 E-HS9 内饰设计

4. 与智能产品的情感对话

人类情感是由逻辑和理性组成的,同时又与人类行为和感觉紧密相连。当智能产品越来越复杂,越来越聪明,越来越能干时,设计师要面临的问题是如何让智能产品之间进行情感交流,以及如何让智能产品与人进行情感交流。诺曼甚至认为,机器人也应该具有情感,机器人特有的情感。在这里,智能产品可以视作是一个具有特殊外观的机器人。受益于人工智能技术的发展,人工情感研究逐渐走上情绪研究的舞台,探索情感在生物体中所扮演的角色、发展技术和方法来增强计算机或者机器人的自治性、适应能力和社会交互能力。人工情感主要包含了情感识别、情感建模和情感表达。

情感识别的原理利用情绪行为和情绪唤醒检测来识别,情感建模被认为是与用户的情感发生作用来实现更有效的人机交互的关键组成部分,核心在于对情感实质的理解和表示，其次是为执行特定的任务作准备。因此，情感计算模型可以分为基于设计的和基于任务的模型，前者是为了将计算机看到的表情，识别到的脑电，感受到的心跳翻译成情绪实质内容，后者是为了直接对人类的情感作出回应。情感表达是智能产品模拟人的感情最明显的工作部分，通过机器的外部特征让用户感受到机器的情感，从而让交互更加有趣。情感表达的方式则取决于产品和人的交互通道，也就是人接受产品信息的感觉通道，一般可以通过视觉上的动作、姿态、表情，或者是语音来传达情感。

比如，蔚来的情感机器人 NOMI 位于前仪表台面的中心（见图 5-15），占据了车内的视觉中心位置，吸引视觉上的注意。它的整体造型呈球形嵌在底座上，可以在各个方向上转动以追踪用户的动作，产品的行为很好地契合了用户的心理模型，表现出对用户的关注也满足了用户的情感渴望[44]。NOMI 的显示屏幕通过建议的表情来表达情感，结合机器人语音，通过声音的语音、语调和话术等策略向用户传达情感。

彩图效果

图 5-15　蔚来 NOMI 机器人

未来需要明确情感在人与产品关系中与其他核心概念之间的关系，如工作负荷、情境感知、自动化等，并在实证研究的基础上探讨情感如何参与这些过程或情感是否是其中的一个独立结构。将这些领域结合起来理解，也有助于更好地理解情感科学，拓展情感科学在设计中的应用边界[44]。

通过产品设计影响用户的情感，产生积极的情感体验是未来情感体验设计的重要目标之一。在过去的几十年中，相关研究关注并发展出了情感的相关设计理论、策略，在设计实践中也愈发强调设计的情感化。随着智能传感、大数据、深度学习等技术的发展和应用，情感计算能更加精确地洞悉人们的情感，赋予设计更丰富的意义，创造更符合用户情感期望的产品体验。以情感计算为基础的情感化设计将是未来重要的情感体验设计研究方向。

通过分析人的情感体验和设计的情感发现，一方面人的情感具有成分性，这为设计师提供了探测用户的长期情感状态，以及和产品交互时的情感体验基础；另一方面，从设计的角度，通过情感化设计的三层次构建产品的设计为用户创造情感体验,这种意义不仅在于用户和产品的情感沟通和交流。当我们回顾感性消费时,产品的情感体验还反映了设计对情感需求的满足,为社会消费超越“质”“量”消费所代表机能价值,创造情感消费价值(见图 5-16),最终实现为人类幸福生活而设计的设计哲学。

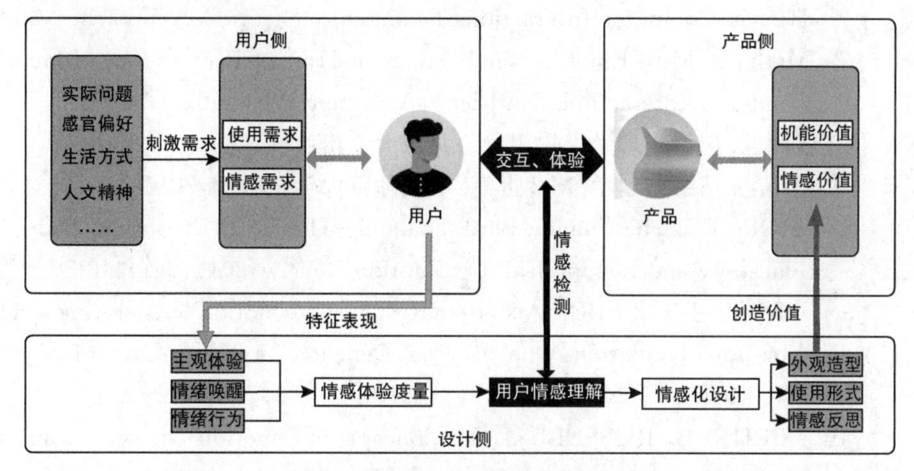

图 5-16　从人的情感到设计的情感:情感体验设计的框架

参考文献

[1] MUNEZERO M, MONTERO C S, SUTINEN E, et al. Are They Different? Affect, Feeling, Emotion, Sentiment, and Opinion Detection in Text[J]. IEEE Transactions on Affective Computing, 2014, 5(2): 101-111.

[2] 艾森克. M. E. 认知心理学[M]. 高定国,何凌南,译. 上海:华东师范大学出版社,2009.

[3] FLECKENSTEIN K S. Defining Affect in Relation to Cognition: A Response to Susan McLeod[J]. Journal of Advanced Composition, 1991, 11(2): 447-453.

[4] KLEINGINNA P R, KLEINGINNA A M. A Categorized List of Emotion Definitions, with Suggestions for a Consensual Definition [J]. Motivation and Emotion,1981,5(4):345-379.
[5] JEON M. Chapter 1-Emotions and Affect in Human Factors and Human-Computer Interaction: Taxonomy, Theories, Approaches, and Methods[M]//Emotions and Affect in Human Factors and Human-Computer Interaction. San Diego: Academic Press,2017:3-26.
[6] 孟昭兰. 情绪心理学[M]. 北京:北京大学出版社,2005.
[7] 傅小兰. 情绪心理学[M]. 上海:华东师范大学出版社,2016.
[8] DROR O E. The Cannon-Bard Thalamic Theory of Emotions: A Brief Genealogy and Reappraisal[J]. Emotion Review,2014,6(1):13-20.
[9] GROSS J J, FELDMAN BARRETT L. Emotion Generation and Emotion Regulation: One or Two Depends on Your Point of View [J]. Emotion Review,2011,3(1):8-16.
[10] FEHR B, RUSSELL J A. Concept of emotion viewed from a prototype perspective [J]. Journal of Experimental Psychology: General,1984,2(1):464-486.
[11] THAYER R E. The biopsychology of mood and arousal[M]. Oxford: Oxford University Press,1990.
[12] WINKIELMAN P, BERRIDGE K C. Unconscious emotion [J]. Current directions in psychological science,2004,13(3):120-123.
[13] PANKSEPP J. Toward a General Psychobiological Theory of Emotions[J]. Behavioral and Brain Sciences,1982,5(3):407-422.
[14] PLUTCHIK R. The Nature of Emotions: Human emotions have deep evolutionary roots, a fact that may explain their complexity and provide tools for clinical practice [J]. American Scientist, 2001, 89 (4):344-350.
[15] DALGLEISH T, POWER M. Handbook of Cognition and Emotion [M]. New York: John Wiley & Sons,2000.
[16] BATBAATAR E, LI M, RYU K H. Semantic-Emotion Neural Network for Emotion Recognition From Text [J]. IEEE Access, 2019,7:111866-111878.
[17] GIANNOPOULOS P, PERIKOS I, HATZILYGEROUDIS I. Deep Learning Approaches for Facial Emotion Recognition: A Case Study

on FER-2013 [M]//Advances in Hybridization of Intelligent Methods: Models, Systems and Applications. Cham: Springer International Publishing,2018:1-16.

[18] KENDON A,SEBEOK T A,UMIKER-SEBEOK J. Nonverbal Communication, Interaction,and Gesture: Selections from SEMIOTICA[M]. Berlin: Walter de Gruyter,2010.

[19] COAN A P D of P J A,COAN J A,ALLEN J J B,et al. Handbook of Emotion Elicitation and Assessment [M]. New York: Oxford University Press,2007.

[20] 巴瑞特. 情绪[M]. 周芳芳,译. 北京:中信出版社,2019.

[21] RUSSELL J A. Chapter 4-MEASURES OF EMOTION[M]. New York: Academic Press,1989.

[22] SCHNEBELEN S, BRUHN M. An Appraisal Framework of the Determinants and Consequences of Brand Happiness[J]. Psychology & Marketing,2018,35(2):101-119.

[23] TOM TULLIS,BILL ALBERT. 用户体验度量:收集、分析与呈现[M]. 周荣刚,秦宪刚,译. 北京:电子工业出版社,2020.

[24] 卢兴. "四端""七情":东亚儒家情感哲学的内在演进[J]. 哲学研究,2018(6):70－80＋129.

[25] AVERILL J R. Anger and aggression: An essay on emotion[M]. Berlin:Springer Science & Business Media,2012.

[26] TAIB R,TEDERRY J,ITZSTEIN B. Quantifying driver frustration to improve road safety[C]//CHI '14 Extended Abstracts on Human Factors in Computing Systems. New York,NY,USA:Association for Computing Machinery,2014:1777-1782.

[27] WATSON D,CLARK L A,TELLEGEN A. Development and validation of brief measures of positive and negative affect: the PANAS scales[J]. Journal of personality and social psychology,1988,54(6):1063.

[28] TERASAKI M,KISHIMOTO Y,KOGA A. Construction of a multiple mood scale[J]. Shinrigaku kenkyu: The Japanese journal of psychology, 1992,62(6):350-356.

[29] LEVINE L J. Reconstructing memory for emotions[J]. Journal of Experimental Psychology:General,1997,126(2):165.

[30] LEWIS M. Handbook of Emotions[M]. New York:Guilford Press,2008.

[31] BURGOS-ROBLES A, VIDAL-GONZALEZ I, SANTINI E, et al. Consolidation of fear extinction requires NMDA receptor-dependent bursting in the ventromedial prefrontal cortex[J]. Neuron, 2007, 53(6): 871-880.

[32] KNAPP C M, TOZIER L, PAK A, et al. Deep brain stimulation of the nucleus accumbens reduces ethanol consumption in rats [J]. Pharmacology Biochemistry and Behavior, 2009, 92(3): 474-479.

[33] UDDIN L Q, IACOBONI M, LANGE C, et al. The self and social cognition: the role of cortical midline structures and mirror neurons[J]. Trends in cognitive sciences, 2007, 11(4): 153-157.

[34] SHEYKHIVAND S, MOUSAVI Z, REZAII T Y, et al. Recognizing Emotions Evoked by Music Using CNN-LSTM Networks on EEG Signals[J]. IEEE Access, 2020, 8: 139332-139345.

[35] MALTA L, ANGKITITRAKUL P, MIYAJIMA C, et al. Multi-modal real-world driving data collection, transcription, and integration using Bayesian network [C]//2008 IEEE Intelligent Vehicles Symposium. IEEE, 2008: 150-155.

[36] SIEBERT F W, OEHL M, PFISTER H R. The measurement of grip-strength in automobiles: A new approach to detect driver's emotions [J]. Advances in Human Factors, Ergonomics, and Safety in Manufacturing and Service Industries, 2010: 775-783.

[37] LIN Y, LENG H, YANG G, et al. An intelligent noninvasive sensor for driver pulse wave measurement[J]. IEEE Sensors Journal, 2007, 7(5): 790-799.

[38] MALTA L, MIYAJIMA C, KITAOKA N, et al. Analysis of real-world driver's frustration [J]. IEEE Transactions on Intelligent Transportation Systems, 2010, 12(1): 109-118.

[39] SHAQRA F A, DUWAIRI R, AL-AYYOUB M. Recognizing Emotion from Speech Based on Age and Gender Using Hierarchical Models[J]. Procedia Computer Science, 2019, 151: 37-44.

[40] NOROOZI F, SAPIŃSKI T, KAMIŃSKA D, et al. Vocal-Based Emotion Recognition Using Random Forests and Decision Tree[J]. International Journal of Speech Technology, 2017, 20(2): 239-246.

[41] KAYA H, KARPOV A A. Efficient and Effective Strategies for Cross-

Corpus Acoustic Emotion Recognition[J]. Neurocomputing,2018,275:1028-1034.

[42] KARIMI S,SEDAAGHI M H. Robust emotional speech classification in the presence of babble noise[J]. International Journal of Speech Technology,2013,16(2):215-227.

[43] SCHULLER B W. Speaker, noise, and acoustic space adaptation for emotion recognition in the automotive environment [C]//ITG Conference on Voice Communication [8. ITG-Fachtagung]. VDE, 2008:1-4.

[44] 张茫茫. 面对未来的汽车情感化交互体验研究[J]. 包装工程,2019,40(02):11-16.

[45] LI Y,LIANG P,WANG P,et al. Affective Design of a Tailor Made Product Led by Insights from Big Data[C]//International Conference on Applied Human Factors and Ergonomics. Springer,2019:280-286.

[46] EL-KHALILI N,ALNASHASHIBI M,HADI W,et al. Data Engineering for Affective Understanding Systems[J]. Data,2019,4(2):52.

[47] 诺曼. 设计心理学 3:情感化设计[M]. 何笑梅,欧秋杏,译. 北京:中信出版社,2015.

[48] EPENDI U,KURNIAWAN T B,PANJAITAN F. SYSTEM USABILITY SCALE VS HEURISTIC EVALUATION:A REVIEW:1[J]. Simetris:Jurnal Teknik Mesin,Elektro dan Ilmu Komputer,2019,10(1):65-74.

[49] YOON J,POHLMEYER A E,DESMET P M A,et al. Designing for Positive Emotions:Issues and Emerging Research Directions[J]. The Design Journal,2021,24(2):167-187.

[50] BREY P. Design for the Value of Human Well-Being[M]. Dordrecht:Springer Netherlands,2014:1-14.

[51] CASAIS M,MUGGE R,DESMET P. Objects with symbolic meaning:16 directions to inspire design for well-being[J]. Journal of Design Research,2018,16(3-4):247-281.

[52] DESMET P M A,POHLMEYER A E. An Introduction to Design for Subjective Well-Being[J]. 2013,7(3):15.

[53] LACHNER F,VON SAUCKEN C,LINDEMANN U. Cross-cultural user experience design helping product designers to consider cultural differences[C]//International Conference on Cross-Cultural Design.

Springer,2015:58-70.

[54] YOON J,POHLMEYER A E,DESMET P M A. EmotionPrism:A Design Tool That Communicates 25 Pleasurable Human-Product Interactions[J]. Journal of Design Research, 2017, 15((3/4)): 174-196.

[55] ALT F,KERN D,SCHULTE F,et al. Enabling micro-entertainment in vehicles based on context information[C]//Proceedings of the 2nd International Conference on Automotive User Interfaces and Interactive Vehicular Applications. New York,NY,USA:Association for Computing Machinery,2010:117-124.

[56] VILLANI D, CARISSOLI C, TRIBERTI S, et al. Videogames for Emotion Regulation: A Systematic Review[J]. Games for Health Journal,2018,7(2):85-99.

[57] HASSIB M,BRAUN M,PFLEGING B,et al. Detecting and Influencing Driver Emotions Using Psycho-Physiological Sensors and Ambient Light [M]//Human-Computer Interaction-INTERACT 2019. Cham: Springer International Publishing,2019:721-742.

第6章　情感体验设计

“情感”与“体验”在设计的语境下是一组同位语的关系——情感即是情绪反应的主观体验，它源自于人与设计作品的交互过程。这个过程既有功能性的互动，也有超越功能使用，甚至是精神的互动[1]，我们暂且将其理解为情感的互动。

产品已经将支撑其功能的结构等物理属性封装成一个“黑匣子”，借由设计这件“外衣”呈现给设计的对象——用户。内部黑匣子如何运转，那是工程师或者技术专家的工作范畴，但是也影响着设计这件“外衣”。智能技术的应用和进步使得“黑匣子”里的世界越来越类似于人脑的属性，运作的模式越来越精密和复杂。设计作为“黑匣子”内部世界与用户互动的第一界面，架起了两者互动和沟通的桥梁。有些学者把设计的工作喻为“修辞性”“隐喻性”的任务，甚至是为产品赋予“肌肤”，用设计手段说服用户信任、依赖产品。

这个工作是困难的，要让用户忽略这个“黑匣子”的内部世界并完全掌控它，产品的服务和工作得以发挥效能，实现功能性。不仅如此，用户每一次和产品的互动和接触都在丰富着产品体验内容，这种体验既有关于功能效率是否满足任务需求的评价，也有关于感官是否舒适的评价，虽然这些内容不完全是情感性的，但是影响了情感体验。功能性互动是产品与用户配合完成任务的结果，产品准确的外在表达和用户的理解是一个基本的前提。在用户侧研究中，这种理解是基于对感知、行为规律的认识，是从本能层和行为层进行的设计思考。精神互动是以用户为主语的，因为产品即使再智能也不具备高级生命的思考功能。用户和产品进行精神互动时，一方面将自己的期待投射到产品上，另一方面从产品的“修辞”和“隐喻”中获得联想或想象等思考的源泉。而要为用户提供这种精神交流的源泉，则需从反思层进行的设计思考。

如果说本能层和行为层的设计思考还有理性主义的任务和目的，那么反思层的思考就具备了自然主义和人本主义的色彩，这也是将艺术设计心理学区别于实用的应用心理学核心要素。或者说，艺术的设计也因为人本思想的心理学探索而区别于工程、机械等设计，它不完全是功能的表达，“修辞”和“隐喻”也隐含了激发特定情感的体验塑造过程。然而，情感的体验只是设计中强调的一方面而非最终目的，设计仍是一种实用的艺术，与产品使用的目的性有关，与用户期望和诉求的实践活动相关。

情感的期望和诉求来自人们社会生活背景和情境以及自己的欲求，以一种情绪状态的形式围绕在社会生活中，这种情绪状态即使没有与产品的互动也客观存在，是一种隐性的需求。和产品体验中的需求不同，这种隐性需求在没有以产品为介质的条件下难以表达，产品的情感体验的创新和打动人心的设计不可避免地要探索隐性情感需求的领地，而借助情感规律进行的体验度量就成了探索的评价标准。最终，借助本能层、行为层和反思层的设计哲思，“修辞”和“隐喻”塑造产品和用户的情感互动，打造感动人心的创新产品。

情感体验研究输入因为有了情感互动的目的，所以新产品开发的目标也被定义为从现实通往期望状态的路径（eekels and roozenburg，1991）。设计的情感研究在这样的产品开发过程中扮演何种角色？首先，设计被认为是整个产品生命周期中较为靠前的工作，为整个产品的实施落地提供创新的方案；其次，设计本身遵循了理解、创造和评估三个主要阶段。因此，情感研究在设计的不同阶段提供不同的设计机遇[2]。

此外，消费者对产品的特定情感与生活中其他情感有所区别，是对产品是否符合消费者幸福生活的判断机制。其中包含了本就存在的情绪或者情绪状态，以及由于和产品互动带来的情绪激活，还有消费者本身的偏爱和喜好。很显然，人们对幸福生活的定义和判断机制千差万别，所以学者将偏好又划分为目标、标准和态度三个维度，分别代表了消费者对产品能带来的互动预期。

我们可以定义情感体验研究中的三大要素：消费者本身存在的情绪状态或者偏好等固有的特性，以及和产品交互过程中的情绪，还有引发情绪的产品的各项特征。同时，在研究的结构上，情感体验研究贯穿了设计流程的多个阶段，从理解用户到指导创意发散，以及到最终的设计评估。

在具体研究时，以上包含三大要素和设计阶段的任务都依靠对情绪的测量和偏好的评估，这里统称为情感体验度量。情感体验度量的依据是情绪的成分构成，而通过设计中的情感体验研究，诞生了许多基于心理学、社会学、技术的方法。

6.1　不同设计阶段的情感体验研究

6.1.1　需求理解阶段

需求层级理论大同小异地将用户的需求划分，从最基本的生存到生命意义实现的不同层级，虽然没有明确指出情感出现在怎样的层级。但是可以肯定的是包含认知、意识等高级心理过程对情感体验的需求具有深刻的影响。比如在满足高层次的社交等需求时，人们也在形成自尊、自信等具有高度自我意识的认知，从情感理论所言及的认知与情绪关系来看，自我认知决定了对当下自己境遇的评价从而产生情绪体验或者情绪状态，也就是情感。这种情感是复杂的且混合了多种单一的体验，同时也长期地影响人们的行为和情感需求。长期处于压抑或者忧郁心理状态的人也许渴望释怀或者怅然，一直郁郁寡欢或者孤独前行的人或许需要的是温暖的陪伴或者一个倾诉的对象。情感的需求相比于功能的需求总是更为模糊。

在设计实践中，情感需求总是和用户的其他需求一并发掘，构成了设计的需求。设计需求则会与具体要解决的问题和情境相联系，也常使用到用户需求研究的经典方法进行分析。由于情感体验仅限于主体，所以获得评价依赖主体本人主诉，人们通过情感诉说或者笔记的方式倾诉情感感受。在设计心理学研究中，语义差异量表也常用来度量受试者的内心感受，它由若干表达情感体验的词汇和尺度组成，尺度指衡量描述相反情感的两级，将尺度两极中的情感程度按照差异性均等地划分为奇数的等级，由用户依据情感认识程度选取相应的等级作出判断。随着信息技术的发展，为了增加情感体验的真实性，以往使用图片想象的方法逐渐被虚拟现实体验替代。

为了探索消费者的情感需求，需要设计师从消费者的价值、关注和期待等外显的因素找到隐藏的情感映射，从而了解他们渴望和期待的情感。若要激发消费者的特定情感情绪，需要对特定的情感或情绪词汇进行精确的描述和定位，然后探索导致这种情感形成或者消逝的因素，在设计时利用这些因素激发或者消除消费者特定的情感。在产品的情感化设计和创新中，消费者的情感需求决定了设计的目标，激发消费者的特定情感情绪成了一种设计手段，借助知觉的情感认知设计作为一种前端的设计表达构成了完整的设计过程。

情感需求不仅来自产品互动中的情感所需，还包括用户在日常活动中的情绪状态所产生的情感欲求。一般性的研究方式是探测用户在产品使用中产生的情感体验，利用普通性的调查或者问询的方式获取用户的态度，或者是通过实验的办法准确测量使用中的情绪反应。而那些面对当下问题而进行的新产品开发,则是从潜在用户在活动场景中的情绪状态去推测他们的所需和欲求。

这里的所需和欲求不仅仅是指他们所期望的积极情感体验,比如得到快乐、愉悦等刺激的享受,还包括减少消极的情绪。比如,人们在账户注册中频繁失败时会体验到挫败感,这里就可能包含了两种可能的情感需求,第一种是为用户消除挫败感的情感需求,另一种情感需求除了要消除挫败感,还有额外的积极情感体验,比如使用的乐趣等。

理解除了知道"有什么",还要知道"为什么",也就是挖掘影响人们情感体验的因素。同样一项任务在不同情境下的影响因素截然不同,而对于同样的情感体验目标达成条件也大有差异。同样是注册新账户的案例,人们用电脑在网页和在手机注册时的情境差异不仅包括了交互界面本身不同,还包括外界的环境:前者可能是在固定位置的办公环境,而后者可能是在移动中的社交环境。

6.1.2 设计创造阶段

产品在创新设计阶段包括了对目标的定义,这个目标就是帮助用户消除某种消极的情感体验,为他们带来积极的情感体验。情感体验的设计目标是一种模糊的概念,在转化为设计时应该被描述为设计应该具备的某种特质或者是使用目的。最终,这些产品的特征和使用目的被转化为设计师脑海中的感性意象,借由设计师的专业技能表达出来。

设计创造过程中的情感体验研究对象已经从当前问题情感体验的挖掘转为分析,借助感性意象的关联手法,将一些情感体验的描述转化为生活中相关事物的表象,比如"温暖"的情感体验需求关联柔软的鹅绒被、阳光等生活中常见的事物表象。这些事物表象虽然不能直接提供设计建议,却能刺激设计师的创意。

一些学者认为,文学作品中知识是情感体验创新设计重要的灵感来源,这和感性意象的来源是息息相关的。感性意象是艺术思维加工的结果,而在我们所经历的文明中,文学艺术是一种重要的艺术形式,文字对感性意象的描述能直接引起人们的想象和憧憬。除了文学艺术,其他感官形式的艺术表现也是传达情感的重要通道,比如富有情感色彩的音乐。

从设计师的灵感激活到设计的实现,脑海中的感性意象被转化为设计的特征和细节,这些特征和细节对应着目标的感性意象,激活用户的情感体验。在人们以往的产品使用经验中,一些产品特征对应了特殊的、相对固定的情感体验,这是设计师设计的参考标准。比如,纯白色产品给人简洁和宁静的情感体验。

6.1.3　评价阶段

在设计的各阶段中，评价阶段是对设计的测试和进一步完善，这个阶段的情感体验研究作为一种评估手段，不仅检验了设计产出是否符合最初的目标，也能对比设计师赋予产品的情感体验与用户真实体验之间的差异性。这对于修正设计的思维，为未来的产品体验奠定了基础。

评价阶段的情感体验研究还有一种形式是对比不同设计产出对用户的情感影响，为最终的设计决策提供参考。

6.1.4　情感体验度量

情感体验的度量建立在情感体验准确描述的基础上，“情感轮”模型、“情绪环状模型”等给描述情感提供了可用的概念和理论基础。以社会学方法为导向的情感体验描述是指利用感性词汇、图形图表的表达方式建立对情感的分类或解释。由于情感的实质是复杂的，所以我们依赖于情感分析建立描述。情感研究又诞生了情感词典和情感语料库，运用主观性文本分析、利用认知语言学模型等方法，明确地指向解释和定位复杂和难以名状的情感。又比如，冯特建立了坐标体系并在两极命名表明情感的对立性，情感的特性表明这些命名并非只包含一种简单情感而是一个集合，集合中的情感都有互补相同点，或者说他们的特征并不分明。

1. 测量

以生理学方法为导向的情感体验度量倾向于客观数据的测量，在智能感知技术发展背景下，以社会学方法为导向的主观体验表述方法面临着准确性和客观性的挑战。学者们基于现代智能感知技术提出了不同的情感体验度量框架，虽然这些框架所使用的方法或手段有所差别，但是测量的具体对象都属于情绪的三大成分。比如，Thoring 等学者提出了基于现代技术，面向产品设计和开发的情绪测量框架[3]，包含了从具体行为、日常生活表现、生理反应、产品使用经验获取四种途径。由于该框架概括了基于现代测量技术的情感度量手段，主要反映了从感知设备和软件、社交软件的数据挖掘渠道。与传统的访谈、量表来获得主诉的情感体验的方式有所不同，该框架中获取主观评价的手段主要依赖于日常生活的表现和产品使用经验，比如在小红书、抖音、淘宝等地方留下的商品评论，以及软件的使用行为记录。日新月异的技术拓展丰富了情感体验度量的方法，在运用到设计中的情感研究时，度量用户对于产品外观、美学或者感官的情感体验（或者用户本能层的思考）已然不是难事。

然而，度量用户在和产品互动过程中产生的情感体验则困难得多[4]。一方面是因为用户在和产品互动过程中产生的情绪稍纵易逝，另一方面是因为情绪维度复杂，测量结果难以整合为一个可信任的结果。

虽然基础情绪理论和成分模型提出了一系列组合这些维度的方法，但是目前在设计研究中情感体验的度量，尤其是利用技术进行情绪测量的方法存在一些基本问题，比如情绪的生理激活与其他部分的一致性低。目前结合主诉报告和生理测量结果的方法在人机交互设计等领域的研究中也仍然存在问题，这也是情感度量的方法、技术领域亟待解决的问题。此外，某些情绪具有无意识的反应，而这些反应无法与主体的真实体验耦合。所以也有研究[5]指出：在用户体验的视角下，相较于生理测量结果，主体对感受的描述更加贴近真实的情感体验。

当然，这绝非否定了已有测量法的理论和实践成果，却警示了设计体验研究中使用测量法的一些弊端。也就是说，任何一项研究中所测量的情绪维度和特征都应该反映人的真实情感，而非从现象推导的情感。例如，尽管表情识别已经是较为成熟和广泛使用的方法，但是情绪库中所标称人脸表情并不一定符合真实的情感体验。同样是紧蹙眉头，标称的情绪可能是难过，而真实的感受可能是疑惑。结合人的表现、行为、生理反应和经验，使用相应的技术综合测量情绪提供了更客观的依据，以帮助我们认识人类的真实情感体验，基于技术的情绪测量框架。如图 6-1 所示。

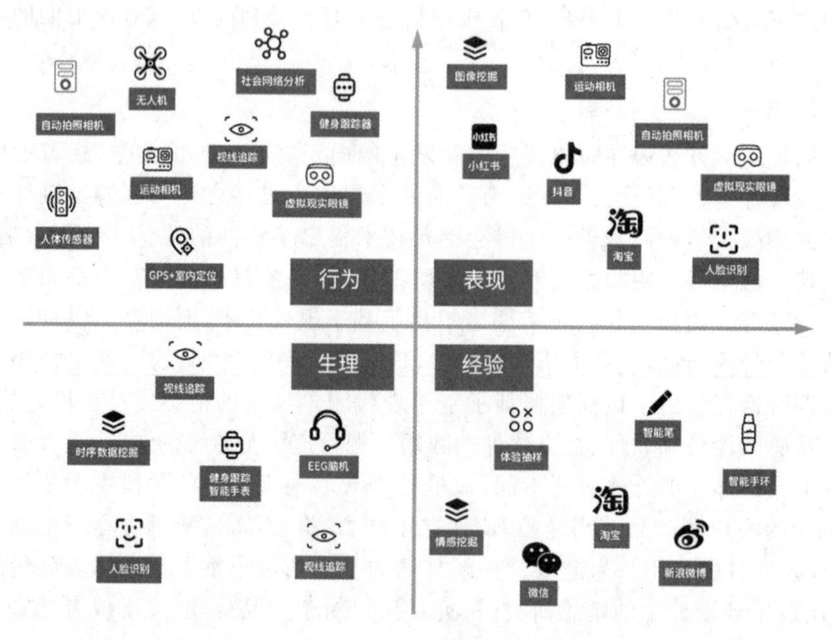

图 6-1　基于技术的情绪测量框架(引用和改编自 *A Framework of Technology-supported Emotion Measurement*[3])

2. 评估

有研究指出,人类在产品体验中的快乐感只有一成原因来自外界,因此,主观评价就显得十分重要了[6]。Desmet 等学者在多年以前整理和提出了一种产品快乐感受的测量方法[7],这种方法与即时的产品情绪测量相比,更强调的是探索用户长期以来使用产品的感受,用于判断用户到底快乐与否,所使用的具体手段则是主要依赖于量表和问卷。

3. 计算情感

情感计算有一种定义:情感计算是指因为情感引发的、和情感相关的或者能够影响和决定情感变化的因素的计算。情感计算最早可以追溯到 MIT 教授 Picard 的研究[8]。它是一种新兴的方法,在计算机的加持下自主地完成测量或评估的工作,主要目的在于情感检测、识别和分类,其次是情感的表达和传播。

在智能产品时代,情感计算能力成了产品与人情感对话和互动的驱动力,而这种方法也常用于人和智能产品的交互设计中。尽管情感计算的技术得到了极大的拓展和应用,但是其基本理论和原理仍然是基于情感科学的[9]。如图 6-2 所示就是情感计算的一种理论框架。情感个体的文化背景、情感特征差异表现出了不同的认识方式和状态,所形成的情绪通过神经的、生理的、身体反应和行为表征出来。情感科学提供了测量和评估情绪的理论和方法,这是判断和标注情感类型的基础。而智能技术带来的不同主要在于使用了机器感知的方法获取情绪的表征,比如使用智能传感器实时获取人们表情、生理等数据。这些数据在接下来的处理中会用于机器的学习,并在情感科学基础之上,对这些数据进行情感的标注,从而形成情感计算的模型,最终实现机器对情感的智能识别。如图 6-3所示为目前用于情感计算的生理信号类别。

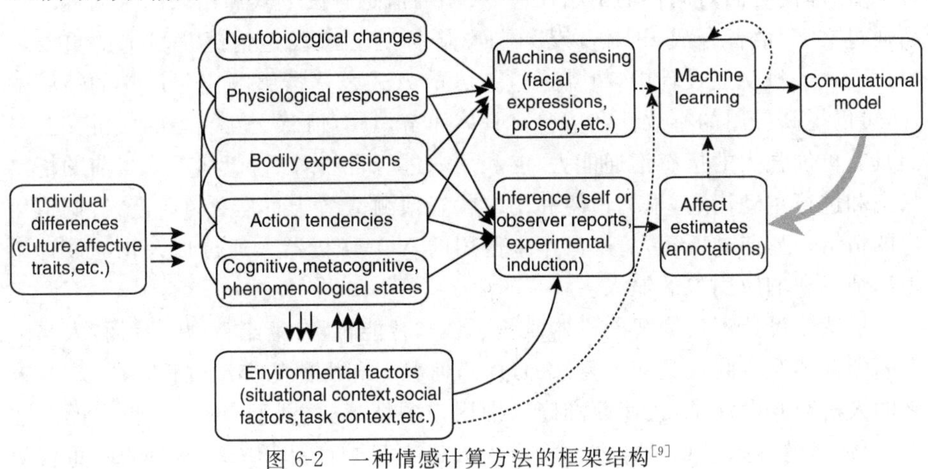

图 6-2 一种情感计算方法的框架结构[9]

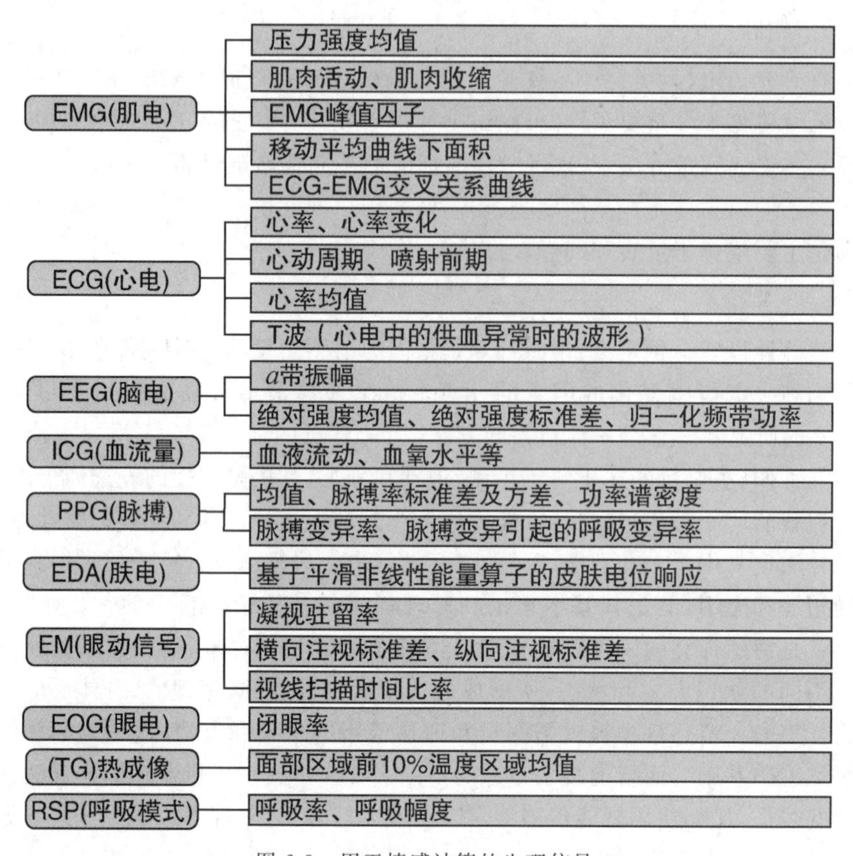

图 6-3　用于情感计算的生理信号

对于人类而言，不同的个体在情感的表达能力和方式上具有很大差别，这就意味着，即使是面对同样的情绪反应，人们的情感解读方式和结果因人而异。产品通过文字、语音合成、机器手势、画面、图标等方式表达情感是目前的重要内容。而在人机交互设计中，机器通过拟人的方式表达情感响应了用户的情感输入，可以提高应用的有效性和体验。具体而言，具有情感交互能力的人机交互界面具有更加强大的情感沟通能力，能和用户进行自然对话，识别用户当前的情绪状态和进行主动沟通，根据情境和用户状态预测情绪从而改变沟通模式，调节用户的情绪。如前文所述，蔚来汽车中使用的 NOMI 机器人通过拟人化的设计来表达情感和响应用户的输入。

情感化设计不仅为智能机器赋予了认知智能，还有情绪智力。然而，人与人之间的情感交流尚且是一个复杂的过程，何况人和机器的交流过程。所以，在未来的人机交互设计中，快速而准确识别用户的情感是“黑匣子”内部世界的关注点，而适当的情感信息呈现方式将成为人机交互中产品和人情感对话的重要研究内容。

情感计算除了在人机交互中发挥即时的作用，对于长期的设计决策也存在诸多应用，比如利用情感计算长期追踪用户使用和情感体验，关联情感类型与设计意象，并利用深度学习等方法进行训练，不仅能预测产品可能带给人们的情感体验，甚至可以根据情感类型描述输出设计意象，帮助设计师进行设计。在这个过程中，设计中的情感研究将度量结果转化为产品设计的参数，并通过感性语义的分析和影响感性体验的产品因子分析实现设计的参数化[10]。

这并不是绝对标准的流程，这不仅是因为特定群体的需求具有独特性，也因为产品的特性并非都能参数化。有形的产品可以通过色彩、造型、动作表达一定的设计情感，而无形的产品通过营造氛围来影响情感体验，而氛围无论是从创造还是评估角度而言都是难以准确量化和参数化的对象，或许是未来研究的一个机会点。

案例 10：生命力的情感设计概念故事探索

（作者：徐佳昕　彭卓超　高婷婷　王钦）

背景和目的：一线城市的迅猛发展吸引了大量的追梦青年疯狂涌入，有的簇拥成团相互取暖，但是也有一些散落在城市的角落。这些散落在城市各处的青年并非没有知识没有追求，但是“一人独居、两眼惺忪、三餐外卖、四季淘宝、五谷不分”成为他们的一种典型形象。或许他们也渴望一种生活，改变现在枯燥乏味的窘境，他们就是城市的“空巢青年”。本案例聚焦于空巢青年的生活方式，试图探究空巢青年对“生命力”生活方式的情感诉求（扫描二维码查看完整案例报告）。

分析：生活状态是一个关键词，是场景、行为、理念等组成的集合体。空巢青年的现有生活状态可分为外在的行为和内在的情感动因，设计者从空巢青年的外在表现去探索内在的情感动因，最后又回到外显的表现，试图设计一种特定场景下具有特殊理念的行为方式去改变现有生活状态，实现具有生命力的生活方式。通过招募研究目标群体进行访谈，研究团队收集了如图 6-4 所示的生活状态表现进行分解，从衣、食、住、行、工作五个方面拆解用户的行为或者状态表述，而正如情绪理论所言，行为和状态的语言描述是间接和直接的情感体验表现，蕴含了群体的感受和情感所需。

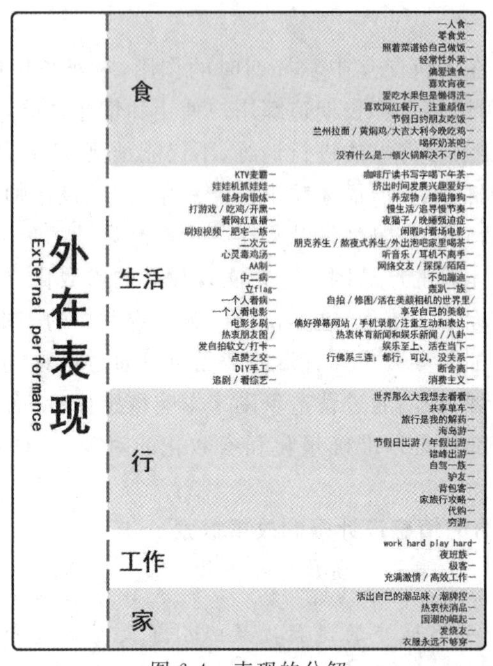

图 6-4 表现的分解

生活方式的分解和分析透露了目标群体的当下情感体验是怎样的，随之而来的问题是“为什么”。因此，团队接下来分析这些生活表现中的情感动因，寻找驱动他们行为的内在情感或者情绪状态。面对如此庞大的“空巢青年”群体，广泛的调查才具有客观性。由此，设计团队意识到大数据背景下的评论中表达着用户的各类情感，所以研究人员们在网易云音乐的评论板块中选取评论作为样本进行情感的分析。研究人员对每个评论进行故事主题的总结，用感性词汇描述主题所表达的情感。如图 6-5 就是对用户评论进行故事主题的总结，并使用感性词汇描述评论者的情感动因。

彩图效果

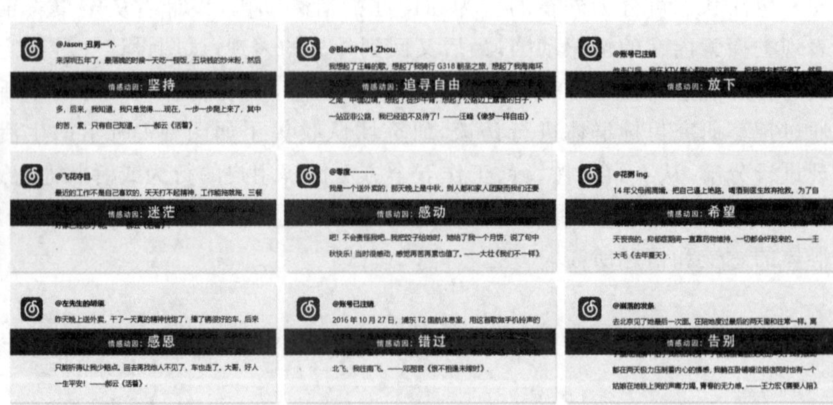

图 6-5 故事主题的总结

在对大量的样本进行感性词汇的总结之后，研究人员发现情感的描述词具有不同的倾向，本案例对所有的词汇进行正向和负向情感的聚类（见图 6-6），试图探索不同倾向的情感所代表的需求，因为人们除了受到正向情感的鼓励也可能受到负向情感的干扰。对于空巢青年而言，一种有生命力的生活方式是积极向上的，多一些正面的情感，少一些负面的情感。

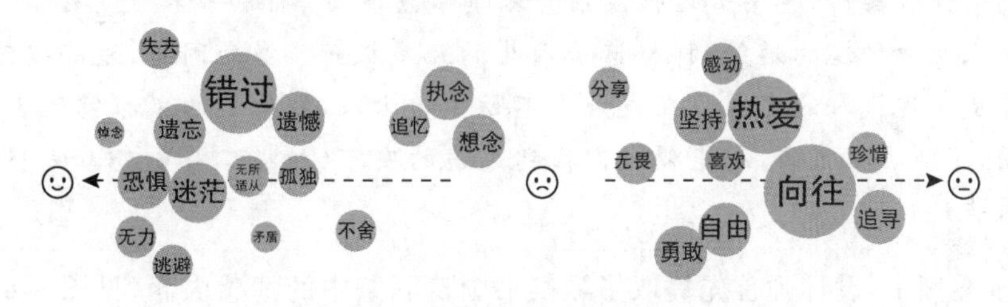

图 6-6　情感词汇的归纳与聚类

一种负面情感的消除需要正面情感发挥作用，比如其中以“遗憾”和“向往”两种不同向的情感为例，营造生命力的生活状态不仅需要消除遗憾，还要多一些向往。按照“遗憾”和“向往”的情感线索可以营造怎样的生活状态，案例又回溯到生活的外在表现，建立两种情感在同一情景中的联系，这里采用了人物模型和概念故事的办法（见图 6-7）。

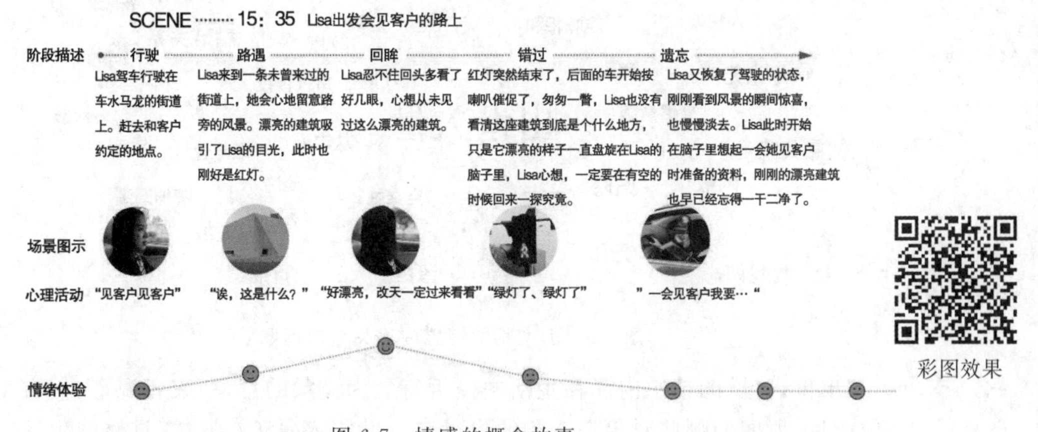

彩图效果

图 6-7　情感的概念故事

依据这样的概念故事，案例提出了一种具有生命力的生活方式主题：寻找遗落的风景，满足对生活中那些有遗憾却一直向往的愿望。本案例最终移植到移动空间情感化设计的头脑风暴中，为之后的情感化设计研究提供了部分有价值的情感参考资料。

案例 11：挖掘民俗文化的情感设计（作者：陈昭瑾　沈煜　谢立藩　凌亚利）

设计背景和目的：开门七件事，柴米油盐酱醋茶。人生七大雅，琴棋书画诗酒茶。七雅中，善琴者通达从容；善棋者筹谋睿智；善书者沉稳儒雅；善画者至善至美；善诗者至真至纯；善酒者侠骨柔情；善茶者理性淡泊。琴棋书画诗酒茶，每一样都是人生命之道的延续，样样透着人生的几多极致。身处闹市，追寻安宁，似乎成了现代人的奢求。在设计中不妨学学古人，将他们的风雅赏玩古为今用，了解古人雅事，或能帮我们找到久违的安宁（扫描二维码查看完整案例报告）。

本案例中，设计师首先提取了琴棋书画诗酒茶中的情感内涵（见图 6-8），发现“出世入世”是人们生活中雅文化精神内涵最重要的解读方式。不仅中国古代哲学著作、文学作品对这种精神内涵有具体的讨论，现代生活对这“出世入世”精神内涵又有新的、辩证的解释：“入世”是一种参与感、使命感、拼搏感，而“出世”代表了融入自然、归于宁静、遵于内心。

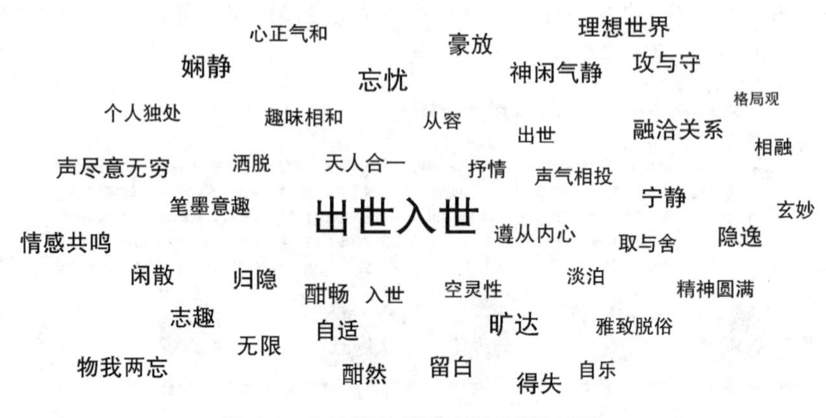

图 6-8　七大雅的情感内涵关键词提取

“出世入世”的情感内涵在生活中是否有更为具象的意象，或者说，人们在生活中所见、所闻的哪些对象有深刻的出世和入世情感内涵？显然，具体到生活的吃、穿、住、行或者闻、见、嗅、味的知觉体验，带有出世或入世情感内涵的现象或意象将无法穷举。因此设计师主要从形、景、色、动、音、墨六大方面做了“出世”与“入世”的具有代表性的元素符号的提取，构成了“出世入世”的设计元素库，如图 6-9 是提取出的颜色库。

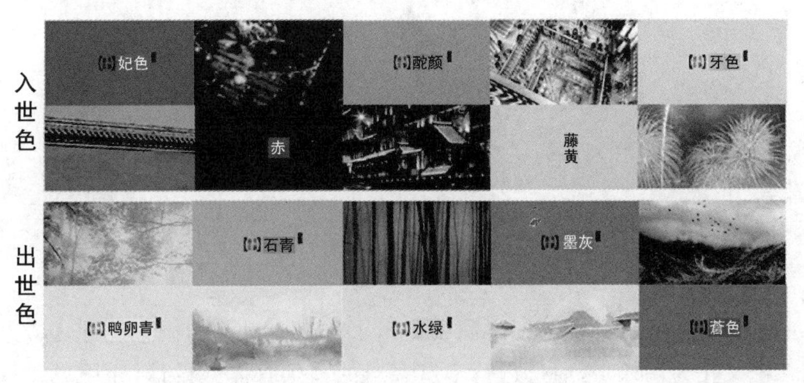

彩图效果

图 6-9 颜色提取和出世、入世的意象分类

设计师以移动空间为载体，将前面提取出的“出世入世”的元素符号库进行设计实践。在移动空间中，“出世”是强调热爱自然、喜欢独处、感受自我的一种内心境界，注重用户在移动空间中的宁静、自在、身心舒畅的感受；“入世”则是强调喜欢热闹、追逐潮流的一种内心境界，注重用户在移动空间中的成就感、陪伴感、乐在其中的情感需求。分析出用户需求之后，设计师从色彩氛围、交互动作、音效、温度四个方面来打造移动空间的出世与入世。

在移动空间的色彩布局上，“入世”的色彩以明亮、炽热、温暖的颜色为主，妃色、酡颜、赤、藤黄为主色调。“出世”的色彩以朴素、清冷、自然的颜色为主，从国画用色中提取出的石青、鸭卵青、苍色、水绿为主色调(见图 6-9)。交互动作从茶酒中的礼仪动作获得灵感，烈性奔放的酒代表着“入世模式”，从饮酒动作来提取“入世模式”的交互动作：“将酒杯的酒洒在地上的手势”表示“开启”入世模式；“用举杯的手势” 表达“停止”入世模式；“以敬酒的手势”开启“共享”，与好友分享你此时心情。幽清高雅的茶代表着“出世模式”，从饮茶动作来提取“出世模式”的交互动作：“以举杯喝茶的手势”表示“开启”出世模式；“用手关节敲击平面两下(叩指礼：在他人斟酒、倒茶之际，客人把食指、中指并在一块，在桌上轻叩几下，以示感谢。)”表示“停止”出世模式(见图 6-10)。

在声音感知通道方面，“入世”采用了有力量的、慷慨激昂的声音，如沸腾的水声、火焰声、奔腾的声音，“出世”是来自自然的、轻柔的声音，如悠扬的古琴声、鸟叫声、风声。最后移动空间内的温度与湿度变化模仿大自然中的“雾起雾散”，薄雾起时，整个空间变得宁静，温度微微下降，触感微凉；薄雾散，空间开始觉醒，温度稍稍上升，触感温暖。

启动
将酒杯的酒洒在地上的手势开启入世模式

停止
用举杯的手势结束入世模式

共享
以敬酒的手势开启共享，与好友分享你此时心情

启动
以举杯喝茶的手势开启出世模式

停止
用手关关节敲击平面两下(喝茶中表示感谢)停止

彩图效果

图 6-10　出世入世交互动作

在本案例中，设计师在移动空间中提出了“出世入世”的概念设计，以“人生七雅”的传统文化为切入点，通过进行丰富多彩的多感官体验设计，让用户在移动空间便能全方位地感受传统文化的魅力。可见多感官整合设计可以为消费者带去丰富而细腻的高级情感体验。对于消费产品的设计人员而言，多感官整合设计也可以带来更丰富的创意灵感，也将为整个消费产品的市场带来更多的可能性。

6.2　创造情感体验:不同层次的设计

如果说情感度量管窥了情感体验本质，那么情感化设计就是描绘产品情感的画笔。情感化设计的对象包含了一切人与物交互过程中因人造物的设计而带来的情感体验。我们可以说情感体验设计是产品体验的高级形式，但是别忘了设计的一个基本前提:设计是实用艺术。目的性是设计的本质属性，设计因为要解决问题而存在，美的欣赏并不一定是其存在的必须价值。

从消费阶段的角度来看，人们对物品消费的要求首先是满足有无，再实现完成目的的高效和质量。产品的情感体验不仅蕴藏在静态的表象之中，更是在与用户密切接触的过程中。过程所处的情境条件影响用户的情绪状态，从而间接影响用户使用产品的情感体验，情感化交互需求由此而来。如果从用户需求角度来理解情感体验，它可能只是在满足人们对产品整个需求后的“锦上所添之花”。比如带给用户美的享受、使用的乐趣。当然，在感性消费时代的今天，它也有可能起到“一锤定音”的效果，成为消费者购买的决定性因素。

显然，情感体验的需求是模糊的，类型极其丰富。现有的情感化设计框架难以完全将所有的情感体验设计类型囊括其中，即使是诺曼在《情感化设计》中将情感体验进行了分层，但是仍然存在值得讨论的地方。比如诺曼认为，本能层设计主要对应着产品的外观设计，意味着激活用户与生俱来的反应，是不需要认知等高级思维活动参与就能完成的，具有无意识的情感体验塑造过程。但是，正如我们在讨论直觉时提到的，重复性、经验性的认识所形成的直觉也能造成人们无

意识的思维活动，而直觉参与或影响的情感体验是否能视作与生俱来的或者低层次的脑活动？而在设计中，那些激活用户直觉思维的产品设计意象或者表象是否又只是满足了感官上的情感体验所需？

基于这样的疑问，以及其他学者对情感化设计的思考，我们对诺曼的设计层次进行了重新的思考。诺曼认为，本能层的设计基本原理来自人类本能，也有学者认为本能层的设计主要对应感官体验设计。诚然，设计给人的第一印象应该是美好的，理想情况下，它必然也是符合感官偏好的。另外，既然大脑的本能层活动是以固定程式分析世界的威胁和机遇，那我们认为本能层的设计符合这种固定程式，帮助人们躲避威胁，适应存在环境。这里的存在环境不仅指能支撑生命延续的自然条件，还包括支撑人们基本存在的社会环境。

设计体和用户这个生命体似乎成了一个完整的有机体，如果设计服务的主体对象都无法存在，设计又"毛将焉附"？因此，设计也和生命体一起遵从"适者存在"的法则。这个法则一方面指适合人们基本生命规律的设计才能继续存在，另一方面指符合用户在特定情境下利益诉求的设计才能继续存在。前者对应了安全等基本设计属性，还对应了符合人们知觉习惯、社会直觉的设计属性，比如安全的设计，以及符合知觉习惯和偏好的设计。后者对应了符合用户情境利益的设计属性，能未雨绸缪地出现在用户需要其帮助的情境中。比如火锅店在洗漱台提供祛味喷雾以及结账台的清口薄荷糖的服务设计。

行为层设计是产品实现功能性目的的途径，所以毋庸置疑应该将效用，或者产品的性能置于首位。这种性能并不一定是产品真实的性能，更准确地说，是使用者感受到的性能。"科技是第一生产力"，科技的进步是产品性能提升的第一驱动力。在技术投入大而边际效益甚微时，科技进步给用户带来的效用感提高微不足道。此时，与其改造"黑匣子"，不如设计表象提高用户对效用的感知。比如，当手机芯片性能难以突破时，更为简洁的开屏动效等设计在视觉上给人一种更佳的效用感。当人们和产品的配合渐入佳境，一种得心应手的感觉也会油然而生，这就是控制产品所带来的情感体验。在自主技术逐渐入侵人们生活的今天，掌控感代表着人们对技术的不信赖，反之，则是对自信的加强。即使是自动化技术能够代替人们的一部分工作，但是熟练的操作者仍然不愿意将控制权交给机器，比如让汽车自动驾驶。掌控感也代表了认知的舒适度，人们仍然希望动手操作来体现自己作为生命主体存在的价值，产品只需要在适时的时候搭把手最好。对于那些复杂运行的机器，掌控感意味着能告诉用户当前正在处理的任务，但是又不能过于聒噪。行为层设计的最后都是让用户在使用产品后获得畅快、愉悦的美好回忆和感受。设计的手法可以是直截了当的，提高技术性能或效用感知，给予足够的解释或控制权，也可以是反其道而行之，在塑造体验的过程中先为用户制造一点麻烦或负面情绪，在完成之后又让用户获得成就感或惊喜，而这样的设计更多体现在游戏和娱乐应用中。

反思层的设计有一个核心关键词——“意义”。设计意象所传达的信息引发人们的高级思维活动，从而产生意义。这种意义可能是符合或增强自身形象，作为一种凸显个性的附庸，或隐喻了一种精神、道理，令人在其中得到了思考和感悟，或浓缩了一个动人的故事，或象征了用户所在共同体的一种共有特质，比如红色就是中华民族这个共同体的一种象征性颜色。

6.2.1 本能层：设计的“适者生存”

1. 适合本能规律的设计

本能规律一方面是与生俱来的生理本能，另一方面是社会生活形成的直觉、社会本能。满足生存本能是最基本的设计要求，毋庸赘述。知觉是情感建立的基础，引发情感的感官体验设计影响了消费者的决策环境，促进他们产生情感，这种情感相对简单，包含了较低水平的认知思维。比如“快乐”和“幸福”，以及“轻松”和“豁达”都是产品的情感体验，而快乐、轻松就是较为简单，包含了更少的核心情绪体验。由知觉产生的情感体验要求设计刺激能满足基本的感觉阈限，这也解释了为什么让人耳目一新的产品容易引起人们注意，给人惊喜之感。

然而，人并非在任何时刻都是由情绪激励支配的，这和动物截然不同，反而社会生活中形成的直觉，或者产品的长期使用经验更有可能成为人们的本能，比如有人会不由自主地讨厌某个品牌的设计。社会直觉形成的过程有高级认知活动的参与，这种认知活动或许与消费者的个性诉求、成长过程、文化背景相关。这种高级的认知过程能够潜移默化地成为潜在的意识，形成隐性的情感需求。

因此，符合本能规律的设计不仅是生物意义上的本能，还有社会生活意义的本能，这体现在感官偏好和直觉倾向。适合偏好的设计强调的是感官体验设计，而社会直觉的设计不仅强调满足无意识行为的自然设计，也关注社会生活对人们潜在影响所形成的隐性需求。

2. 适合用户情境利益的设计

情境是人在特定环境和条件下进行某种活动的相关因素和信息的总和。在现实生活中，设计所希望描绘的情境是一个包含了多种要素且无法割裂的完整体。从人的活动角度来看，情境可以分为用户情境和设计情境，用户情境是用户认知和相关经验下对产品的期望、使用、评价等过程，设计情境是设计师进行设计活动的情境。而从信息角度来看，情境可分为现实情境和虚拟情境，现实情境是具象的物理环境，虚拟情境是人们在和产品互动的过程中，在网络世界发生的信息交互环境。这样的划分方法目的在于从情境的不同组成部分研究用户和产品交互的整个过程,是一种系统性的研究方法。挖掘情境利益的一种典型方法是构建情境分析,总结已经发生过的用户行为和预测可能发生的行为,并总结用户在这个过程中的需求和利益点[11]。

案例 12:产品提示音的情感体验设计研究(作者:文晗　卢洪康　曾宪义)

研究背景和目的:本案例主要研究听觉刺激的物理特性与引发情感之间的联系,从而建立一种关联模式,用于指导设计。不同的声音特效传递出不同的感性意象,引起目标群体的情感共鸣。比如 BMW 的 CI 设计中,广告结尾的标志性音效传达了产品的独特特性,广告受众听到此声音时能联想到画面,以及品牌宣传所传达的科技感与未来感(扫描二维码查看完整案例报告和试听)。

声音的物理属性包括响度、音调、音色,而声音的情感特征就是听到声音时引发的情感反应和体验。所以,研究需要建立起对声音体验的评价词汇库,词汇库的依据来自常见的音质术语词汇组,该词汇组包含了 12 对声音的感性体验评价词组。通过文献查阅法、观察法、询问法收集大量与声音相关的感性词汇,在所有收集的词汇的基础上,采用头脑风暴法添加一些遗漏的词汇,去除具有明显的排他性和专门属性的形容词。经过整理,研究者将收集到的相关感性词汇组成了 20 对声音感性词组。这些感性词汇组包括了日常生活中人们对所有声音体验的评价和描述。研究者最后整理出 6 组声音的情感体验特征词汇对(见图 6-11)。不同感性词汇代表了不同的感觉品质和情感体验,每一对词汇代表着同一种情感体验强度的两极。

声音圆/声音扁	声音软/声音硬	声音水/声音干	声音透/声音糊
声音实/声音空	声音荡/声音木	声音柔/声音尖	声音粗/声音细
声音弹/声音缩	声音清/声音浑	声音宽/声音窄	声音亮/声音暗

补充和整理,去除具有明显排他性和专门属性的形容词,得到20对词汇

现代/传统	圆润/锐利	厚重/单薄	高贵/平庸
独特/普通	含蓄/张扬	丰富/单调	宁静/喧嚣
柔软/坚硬	韵律/无序	悦人/扰人	含蓄/张扬
亲切/冷淡	阳刚/阴柔	激昂/冷静	神秘/无奇
协调/突兀	优雅/俗气	宁静/喧嚣	新奇/平淡

通过访谈的方法以及分析、整理,得到声音感性特征的词汇

舒适/不适	宁静/喧嚣
高雅/庸俗	圆润/锐利
强烈/温和	新奇/平淡

图 6-11　声音的情感体验整理过程

情感认知特性受到声音物理特性的影响，同一种情感可能受单一物理属性影响，也可能受到多种物理属性的影响。反之，即使是声音的物理属性具有很明显的差异也有可能引发相同的情绪。比如尖锐的呼喊声和沉闷的低吼都让人战栗和紧张，但是尖锐的呼喊声对应着高频率和高响度，低吼对应着低频率和低响度，二者在物理属性上是相对的。本案例采取的办法是对声音样本按照6个情感维度进行聚类划分，其中一个维度是舒适—不适，然后对情感维度中聚类较为明显的声音样本进行波形和频谱的分析（见图6-12）。

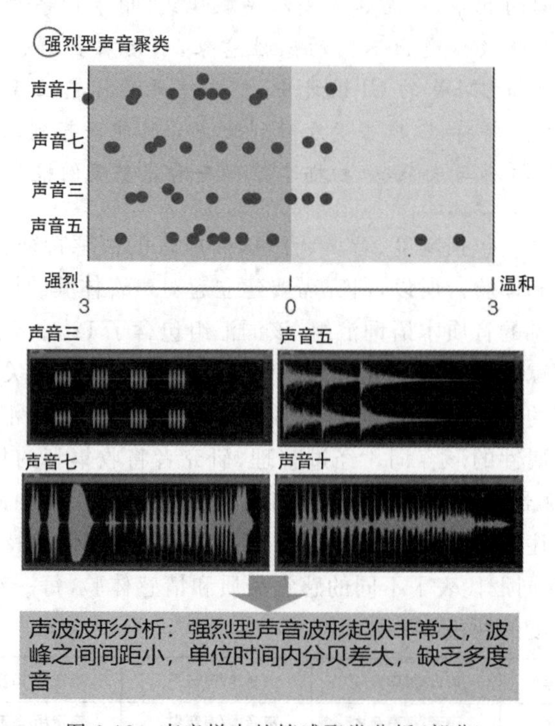

彩图效果

图6-12　声音样本的情感聚类分析（部分）

在设计阶段，设计师对空调的开机提示音进行了设计。在前面的研究中，设计师发现用户对提示音的情感需求是：高雅的、舒适的且圆润的。因此，设计师在聚类分析的矩阵中选取了代表高雅、舒适、圆润的典型声音样本进行波形和频谱的分析（见图6-13），发现高雅音型的频谱呈现出有节奏的音韵，分布均匀且过渡自然；舒适音型频谱有韵律地集中，且高频音较少；圆润音型的频谱显示单位时间内频率分量均匀，首尾过渡自然，高频音少。本方案以此为依据设计出开机提示音，配合产品外观设计，为用户呈现出宁静、舒适和放松的情绪体验。

高雅

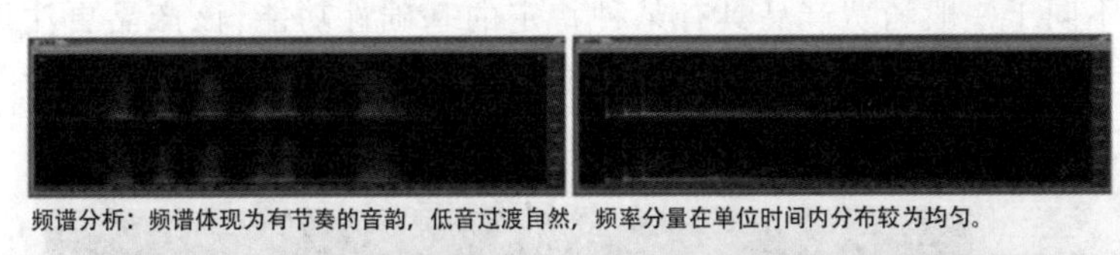

频谱分析：频谱体现为有节奏的音韵，低音过渡自然，频率分量在单位时间内分布较为均匀。

彩图效果

声波波形分析：高雅型声音的声波波形起承转合富于节奏韵律，起承转合之间有过度，尾音呈现为渐渐消失的节奏和画面韵律，声音柔和。

图 6-13　目标音型的频谱和波形分析

案例 13：不同城市的气味——智能气味冰箱贴设计（作者：秦怡）

设计背景和目的：嗅觉可能是识别一座城市最有趣的途径和角度，它可以传递各地的风、物、人、文信息。人们在一座城市中最强的记忆是对空间气味的记忆，一种特殊的气味可以让人们重新进入已经在视觉记忆中被模糊，甚至被抹去的空间；一种熟悉的气味也可以让人们在不知不觉中重新进入已经被视觉完全遗忘了的空间中。气味也能够强化和反映一座城市的身份，人们旅行去到每一个城市，都能感受到它独特的气味，那么如何留存这种记忆呢？本案例选择用冰箱贴作为产品设计载体（见图 6-14），因为它是常用的纪念品且具有文化承载性强、收纳方便等特点。

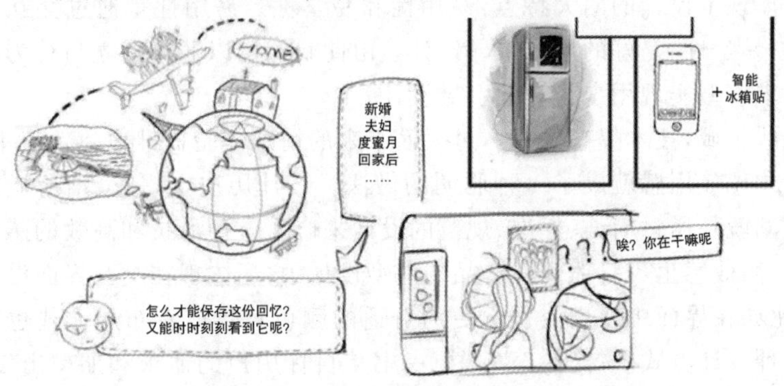

图 6-14　设计故事板

这种智能气味冰箱贴，能够与手机 APP 配合使用（见图 6-15），用户在 APP 上选择记忆中城市的味道（以词组的形式描述，如爆米花＋蜡笔＋尘土童年）—上传订单给气味图书馆—定制城市气味胶囊—邮寄给顾客—安装到冰箱贴上—在每次点开冰箱贴时会散发出“城市的香气”。这样以气味为触发点，让用户回忆起在这座城市中的美好记忆（扫描二维码查看完整报告）。

不同于一般消费产品具有某种特定的基础性功能,该产品更注重于情感体验:定制与保存记忆中的气味,在需要的时候再打开这个"月光宝盒",让消费者可以重新感受记忆中的情感。

彩图效果

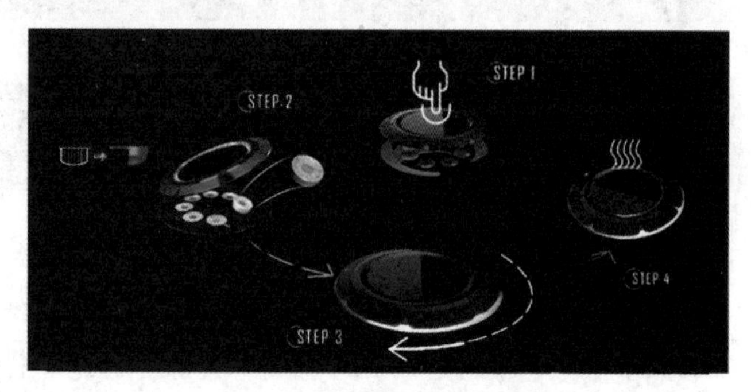

图 6-15　气味胶囊使用方法效果图

6.2.2　行为层:交互的效用、掌控和趣味

1. 效用

效用带来的情感体验主要体现在使用的结果,对于完成任务而言,设计作为工具能让用户得心应手,就能带来使用产品的快感。所谓"工欲善其事,必先利其器",设计对象作为解决问题的"器",是为用户善其事的必要中介。

效用体现了设计的两大特点:易用性和易学性。易用性是通过交互与技术手段达成;易学性,是好的用户引导设计。由此我们可以通过建立与行为层对应的情感需求模型实现用户的有效引导设计。

在某些领域,技术提高的成本过大而带来的情感体验提升边际效应不强时,通过设计体现效用感就成了一种聪明的做法。设计历史上,包豪斯所掀起的技术美学浪潮就是通过简洁、标准、规范的设计来产生一种科技和高效的感觉。在新的时代,高效感也不只体现在产品的造型设计中,还体现在交互界面设计等其他领域,比如在界面中使用令视觉更为舒适的颜色背景或者布局方式也是提高效用的一种设计方式。《简约至上》[12]一书从目标用户的需求和期望出发,结合人类本身的心理特征和行为特点,用最简单的方法创建易用、有效而且让用户愉悦的设计。书中阐释了合理删除、分层组织、适时隐藏和巧妙转移这四个令交互式设计成果最大程度简单易用的策略,是形成新时期技术理性和美学一种参考。

由于交互的效用就是可用性、有用性等基本的内容,在设计研究和实践中,一般以可用性测试的方法进行检验,再进行设计迭代改进交互的效用。

2. 掌控

如果每一步操作没有明确的操作反馈，或者操作反馈不及时，又或者用户不能获得操控权，用户就会感到没有安全感甚至焦虑，影响整个用户体验。提高用户的掌控感意味着系统以一种透明的形式呈现出工作的状态和进度。对于体验设计而言，掌控感意味着系统能给予用户足够的操作权利，其次是系统反馈的及时性、反馈的明显性，同时，也意味着反馈的内容准确表明状态。

首先，用户对智能系统拥有绝对的操作权限，比如在安装软件的过程中，如果用户不能选择安装的位置，或者在卸载软件的时候不能找到卸载程序位置，又或者在卸载页面诱导用户不能正常卸载，这种做法都是在干扰用户的操作，对于整个用户体验的掌控感和体验起到强烈的干扰效果。

其次是及时性，及时性一方面要求系统对用户的操作作出及时的反馈，同时也要求系统能对用户的疑问作出及时的应对。在智能时代，情感检测技术具有实时的检测功能，因此，及时性还要求系统能根据用户的情感状态及时作出反馈信息的调整。比如，当系统检测到当前状态比较疲劳且厌倦了提醒时，系统可选择以视觉显示这种更为安静的形式告知系统状态和操作。

再次是引起注意，系统向用户传递信息时，如果信息不能引起用户的注意，那么这种反馈就是无效的。所以，信息反馈需要尽可能简单地从背景元素中剥离出来。从感觉对比和感觉阈限角度来看，信息提示应该和背景形成较多对比度，比如视觉的消息提醒要么采用动效，要么使用与背景反差强烈的颜色进行警示。在多模态交互技术逐步发展和成熟的情况下，使用多模态的反馈技术有利于加强信息的反馈效果，让用户更容易捕捉到系统反馈。

最后还有准确性，准确性指的是尽可能作出能够让用户得到满意的结果，这个结果是符合用户预期的，这要求系统设计能够理解用户的输入语义。如果系统能准确匹配到用户想要的信息内容，或者给予及时的帮助，那么这个反馈是令人满意以及准确的。

准确是基本的要求，超越预期的体验给用户额外的心理感受，比如创意、情感温度关怀等等。这些恰到好处的设计要拿捏适当，不要过分，也不能太随意。在产品体验设计中如果利用好这一点，就可做到一定程度的超越预期，给用户带来好感。

3. 趣味

交互的趣味性是超越预期体验的一种有效方法，为用户带来超出预期的愉快体验，提升交互趣味性的做法包括拟人化设计、游戏化设计等方法。近年来，研究情感化设计的团队也通过研究如何利用负面情绪，来提高体验的趣味性[13]。

人类是社会性的动物，在生理上时刻准备着与外界事物的互动。而这种对于外界事物、人互动的本质很大程度上取决于我们理解他人感受的能力。拟人化将人类的动机、信仰和感情赋予在动物和无生命物体上，这让机器具备了一定感情表达的能力，让用户在和机器互动的过程中有理解感受的对象，因此产生了情感的交流和互动。同样，如果设计本身既优雅又漂亮，或者既好玩又有趣，用户的情感也会发出正面的回应。

游戏本身就充满了交互的趣味性，游戏一般是具有一定挑战性的任务，用户在完成后会获得一定的成就感。设计师需要考虑的只是如何将游戏引入到产品设计当中，或将产品以游戏的方式展示。比如在一些提示错误信息或者加载错误的页面，为用户提供有趣的游戏不仅缓解了操作失败的挫败感，也应时应景地提供了情感补偿。

此外，提高趣味性的做法还有在设计中埋下彩蛋、伏笔等手法，或者是使用俏皮话等小技巧，又或者是给用户一些小的奖励，抑或是经常更新设计让用户保持对产品的新鲜感。

案例 14：基于二十四节气探讨“仪式感”与移动空间融合的多种可能性

（作者：徐晓虎　白露　付萱　唐宇璇　何红萍）

背景和目的：在西方人眼中，一年四季只有春夏秋冬。而中国古人却通过天文观测，编订了二十四节气：春分、惊蛰、芒种、白露、霜降、大雪……这 24 个如诗如画的名字，串起了中国人与众不同的四季。二十四节气的划分充分考虑了人对季节、气候、物候等自然现象的时时刻刻变化的感知。就像《小王子》里狐狸说的：“它使得某一天与其他日子不同，使某一刻与其他时刻不同，这就是仪式感。”环境的变化影响着人的活动，人保持着对自然的尊重与敬畏。由此，本案例希望对移动空间体验进行仪式化设计，赋予移动空间中的体验以原生意义与人文价值（扫描二维码查看完整案例报告）。

研究人员首先解构了二十四节气，从中寻找具有的原生态气息的元素。本案例采用的方法是将二十四节气拟人化，由此找到了切入点（见图 6-16），分别是二十四节气的涂鸦（色彩）、脚印（纹理）、动势（触水）、影子（捕风）。

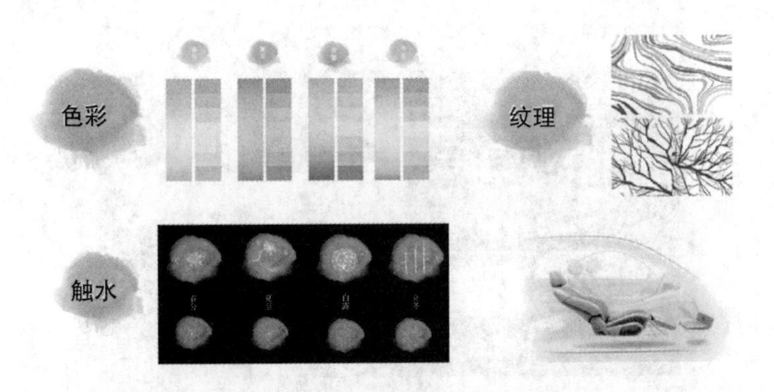

彩图效果

图 6-16 切入点:色彩、纹理、触水

本研究选择了代表了二十四节气的影子的主题“捕风”进行深入研究。风来自空气的流动,而人感知风的属性或者风的形态,是通过触觉来完成的。研究人员尝试了在“风感”中寻找“仪式感”的踪迹(见图 6-17)。本案例的设计愿景是打造自然风感价值体验,让用户在移动空间中能体验到原生态的风感,从而唤起对大自然的美好回忆与体验,让人感觉仿佛置身于自然之中,感受“二十四节气”中不同的仪式感。

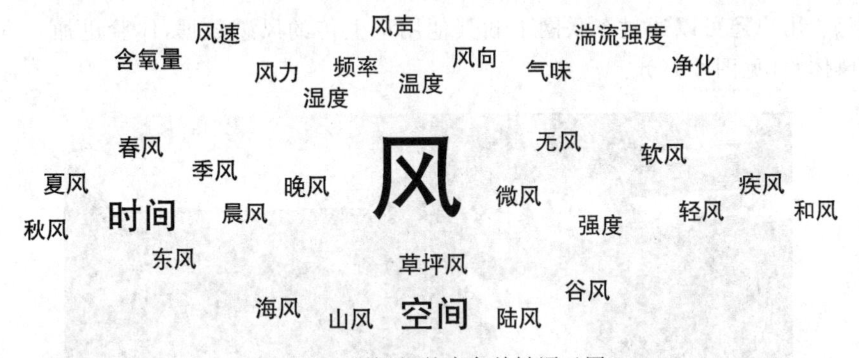

图 6-17 “捕风”的意象关键词云图

设计构思从“风模式”和“风交互”两个角度切入提供了如下三种“风模式”:

“拟风模式”空间内可以从时、空两个维度选择模拟真实的自然风。场景空间中可选择草坪、溪流、山谷、海洋、林荫等;时境空间可选择模拟二十四节气任一节气的风。设备可以从温度、风声、风速、风向、风力、频率、湿度、含氧量、气味、湍流强度等多个方面,来打造各种类型的风感,让用户在移动空间中能享受到各个地方各个时节的风的“抚摸”(见图 6-18)。

彩图效果

图 6-18　“拟风”的场景与时境空间

“采风模式”系统能够自动检测空间外空气质量，当行驶到空气质量好的地方时，提醒用户打开天窗、边窗，将车外的自然风引入。同时，通过车内显示，根据污染程度拟态表现植物的变化，可视化空气质量。另外，在时间与成本允许的范围内，规划空气质量、风感最好的路线，让用户享受自然风感体验，让每一次乘车体验都变得如旅游般舒心舒畅。

“定制模式”通过传感器记录“采风模式”下的数据，经由拟风模式表现专属风感。用户还可以通过车联网下载其他用户上传的风感数据，体验更加丰富的拟风体验(见图 6-19)。

彩图效果

图 6-19　定制风感

在用户与风的交互这一角度同样提供了三个不同的主题：

“风起”在车内上升型的交互环节，例如用户打开车门时，微风扫拂衣服，清尘去味接风洗尘，可以视为一种接风仪式；加速起步时，吹风加速，通过皮肤感受此时的风感强度，空间内的用户便能感受到此时正在加速，减速时反之(见图 6-20)。

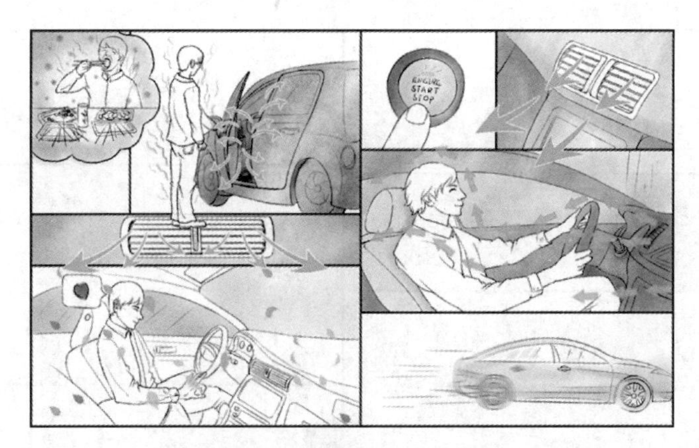

彩图效果

图 6-20 “风起”概念故事板

“乘风”正常驾驶时，通过风感呼吸节奏让人感受到汽车的生命力，而不是一个冷冰冰的机器，表现出移动空间的自然力和生命活性。转弯时，通过对左右风的微调，让人从触觉感知方向。在方向盘开有细微出风口，让容易出手汗的人保持干爽(见图 6-21)。在用户操作车内按钮时，手掌触及之处，有和风吹过，跟随手掌而动，增加了趣味性的同时，也给予“风停”在收束型交互环节，例如汽车熄火时，气流内收外吐，类似一阵喘息后陷入安静，提示用户已经熄火；或者路口停车等待时，呼吸吹风，告知行人注意车辆随时启动(见图 6-22)。

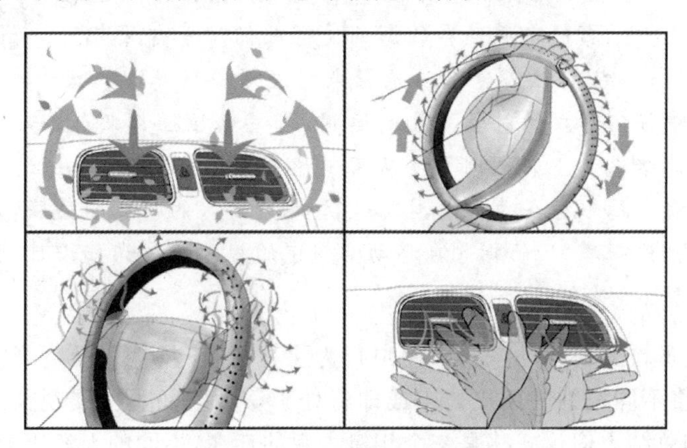

彩图效果

图 6-21 “乘风”概念故事板

以上六种设计概念点，都是以风为设计载体，将二十四节气中的“仪式感”剖析得淋漓尽致，将“风感”巧妙运用到移动空间中，从触觉进一步升华了情感体验。“风感”作为一种看不见摸不着的触觉感知，以轻柔而自然的方式，唤起用户内心的情感愉悦，引起用户的共鸣。

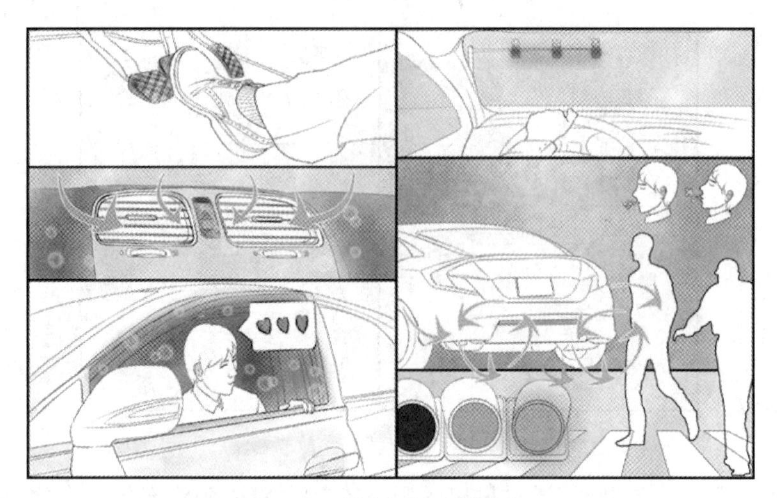

彩图效果

图 6-22 “风停”概念故事板

案例 15:基于光影空间的元素意向库来探究移动空间中的仪式感

(作者:曹彬　姜启翰　刘强　戴鹏　刘磊)

研究背景和目的:视觉感知通道是五感中最常使用,也是最为丰富的感知通道,其中包含大小、明暗、颜色、动静、光影等多个层次。光影对客观世界的影响使得人们对于自然有了最基本的认识,人们常常会借助光影来抒发对美的感受。设计与艺术中任何形式的对于光影的运用,其灵感往往都来自外部的环境或是自身的情绪感受。本案例主要从视觉感知中的光影出发,通过分析解构空间和光影交融中存在的元素,挖掘这些元素与人的情感的关联,建立光影空间的元素意向库,从而指导在移动空间中的视觉情感认知设计(扫描二维码查看完整案例报告)。

研究人员首先对移动空间中用户行为流程进行分析,以马斯洛需求理论模型为参考,将不同类别的用户处于或即将处于移动空间里所展现仪式感的行为进行分类和总结。但仪式感是一个相对主观的存在,不同的人经历相同的事,对他们来说带来的仪式感可能也是不同的。研究人员主要从主观情绪入手,将用户行为中可能出现的仪式感进行归纳整理和分类,根据情感的正负和波动将之分成“愉悦、温馨、警示、沉思”四类,并构建其主观情绪的象限(见图 6-23)。

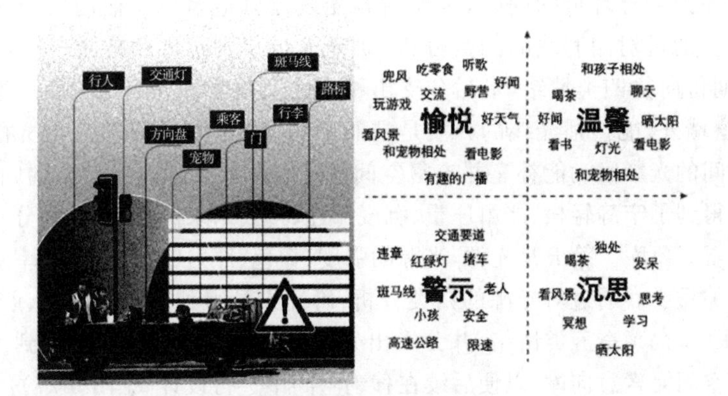

图 6-23　主观情绪象限

光影的自身属性包括明与暗、光与影、虚与实、自然与人工、色彩等，而光影的情感特征就是看到光影时引发的情感反应和体验。所以研究者首先建立了光影空间的元素意向库，意向库从建筑的角度出发，对空间中的窗、门、墙、介质、光源五种元素进行提取与归类，分析其与“光影”的关联和对人情绪的影响(见图 6-24)。

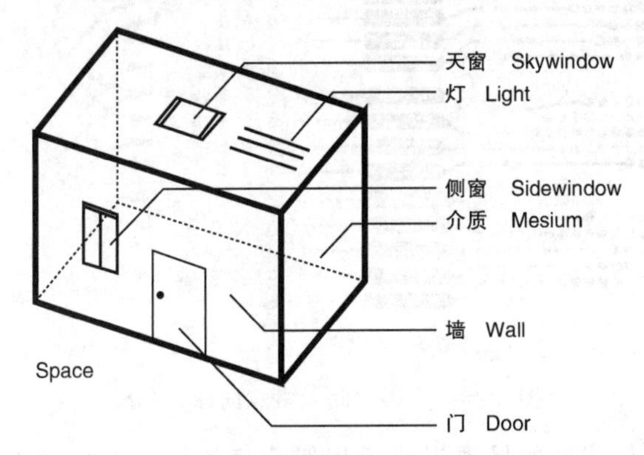

图 6-24　空间与光影中的元素

第一是窗，窗是引进外环境光线的主要途径，外环境光线随着空间的移动而变化。在无内部光源的情况下，窗的尺寸、形式、形态和质量影响着引进光线的方式和光量的多少，这对室内空间的质量和气氛起着很大的作用。通过对侧窗和天窗的归类分析，研究人员得到严肃庄重、紧张压抑、宁静轻松三类情绪，并由此分支出相应的窗的元素意象库。第二和三分别是门和墙，门是切割光线的主要介质。进出刹那，门的相关指示灯以及室内外环境所呈现的光影变化是第一印象。空间中的墙是割断室内外光线交汇的强力因素，能够在白天隔阻外环境光线进入黑暗的室内空间，也是形成阴影的主要途径之一；在夜晚，墙阻挡室内光线射向漆黑的外环境的同时，也反射着光线以营造氛围。而门关闭时也是墙的一部分。通过对门和墙的归类分析，研究人员得到了严肃庄重、紧张压抑、宁静轻松、期待向往四类情绪，最后分支出相应的门和墙的元素意象库。第四是介质，除门窗墙外，能传播光线的介质是空间中的“物品”。介质本身对光的反射以及介质之间的光影联动能补充并丰富空间的感官体验。通过对介质的归类分析，研究人员得到了宁静轻松、严肃庄重、沉浸痴迷、科技未来四类情绪，并分支出相应介质的元素意象库。第五是光源，光源的强度、颜色、照射区域、变化频率对营造室内气氛至关重要。通过对光源的归类分析，研究人员得到了宁静轻松、严肃庄重、刺激、紧张、欢快兴奋五类情绪，并分支出光源的元素意象库。最终得到关于仪式感的光影空间元素意向库，以便后续在移动空间中进行设计(见图 6-25)。

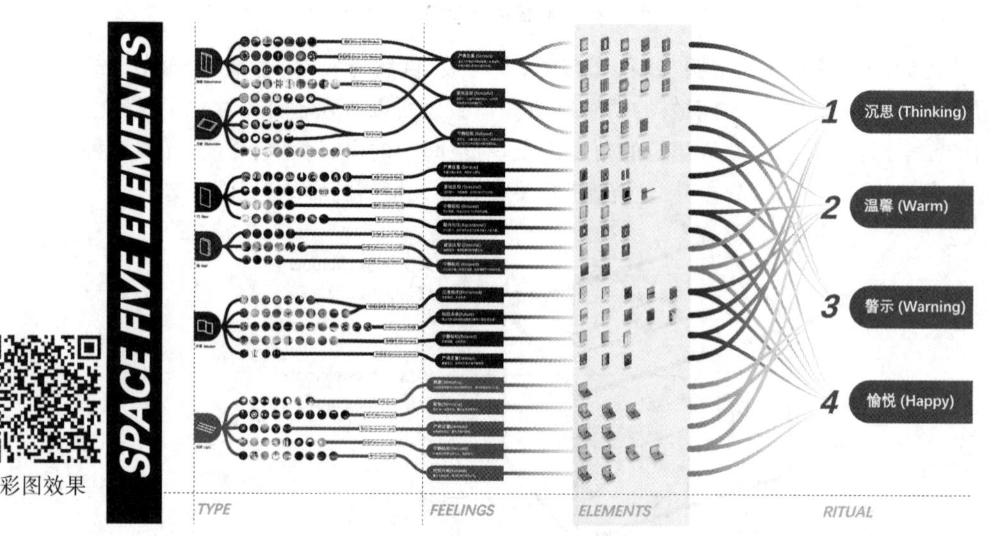

图 6-25　光影空间元素意向库(部分)

空间中某一仪式感的呈现来源于相似情绪的组合，而这些情绪的形成需要门、墙、窗、介质、光影这五种元素的烘托。课题组选取了“温馨”“沉思”两大仪式感情绪主题作为设计的切入点，对光影空间元素意向库中的元素在移动空间中进行设计探索(见图 6-26)。

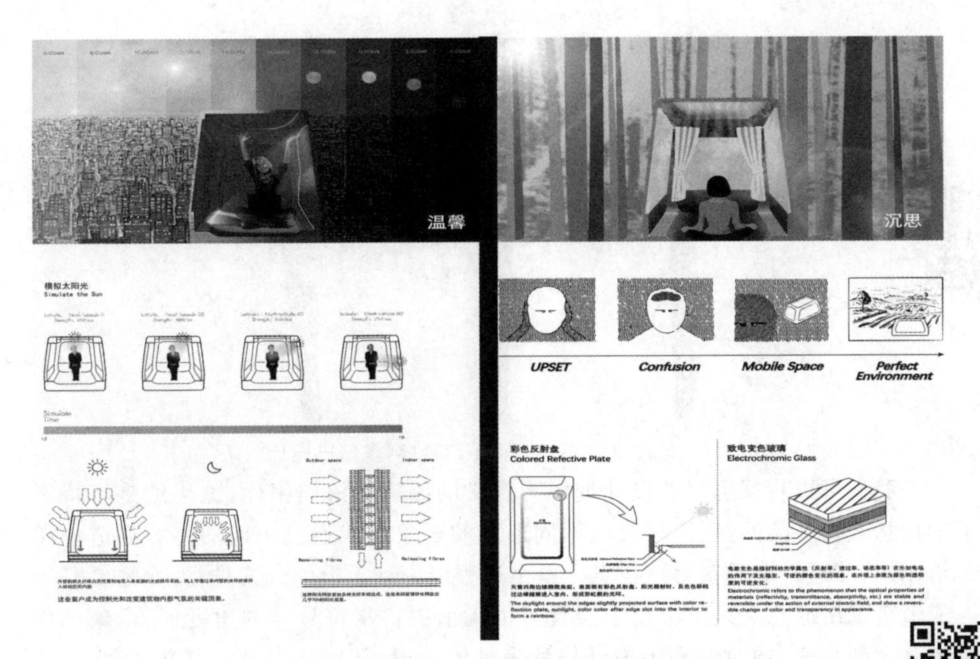

图 6-26　“温馨”和“沉思”情绪主题的设计

彩图效果

6.2.3　反思层:赋予意义

消费行为本身就包括了对符号的消费,感性消费更多的是通过获得物品的符号和象征意义来得到感性价值满足。符号是设计中意义、内涵的一种表象,用户在使用过程中借由对产品符号的感受,以及自身认知、知识进行解读其中的意义。

而反思层的设计过程就是为产品赋予意义的过程,设计师通过一些符号替换产品纯功能的部分,让其承载特定的信息。比如奥运会的火炬设计(见图 6-27),如果是为了纯粹的功能目的,其外壳和颜色的设计完全可以采用更经济的替代方案。但是,设计师将中国文化的一些符号融进了产品,火炬以祥云纹样“打底”,自下而上从祥云纹样逐渐过渡到剪纸风格的雪花图案,旋转上升,祥云传达吉祥的寓意,是 2008 年北京奥运会的延续,雪花表现冬奥会特征,是北京 2022 年冬奥会的创新。“火炬纹样设计既体现了‘双奥之城’的传承与发扬,又蕴含着‘道法自然,天人合一’的中国传统思想。”火炬交接时,两支火炬的顶部可以紧密相扣,又象征着不同文明交流互鉴,让世界更加相知相融的冬奥愿景。

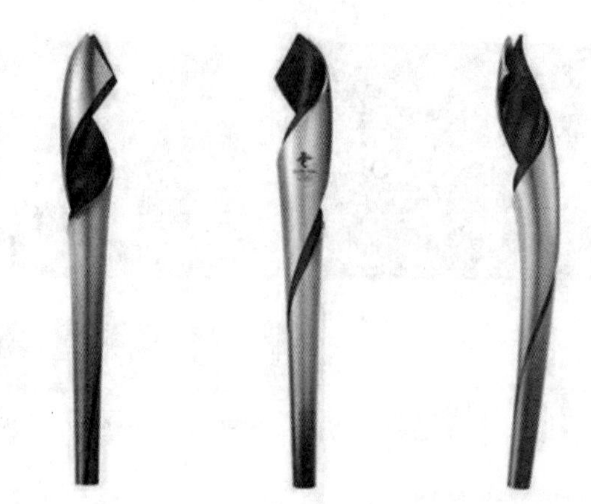

彩图效果

图 6-27　2022 北京冬奥会火炬设计(阿里巴巴设计团队)

我们可以将反思层的设计理解为意义的编码和解码工作,编码就是将特定的信息融入产品的符号,符合以不同形式的表象形式通过不同的感官通道传递给用户,并通过解码获得该信息。整个过程以一种无形的方式进行,而需要赋予或者表现出的意义是整个反思层设计的大前提。从符号学的角度而言,象征是最基本的意义,通过暗喻等设计修辞来具体表现;其次是叙事的意义,作为一种记忆的关联物,让用户能联想、想象出不同的故事,并借由故事本身体会意义;此外是其承载共同体精神的意义,这个共同体范围可以大至全人类,也可以小到家庭、工作群体、爱好群体等,也就是表达用户是怎样一个"我"的意义。

1. 象征

符号的作用很直接:符号可能构成文字语言、视觉语言甚至其他感官语言的一部分,并向我们传递一种可以进行瞬间知觉检索的简单信息。符号的应用不仅是设计师的创意技法,也是人们认识和评价产品的一种手段。在现代设计中,象征的运用更多是为了服务于艺术的理解,通过艺术理解传达背后隐藏的意境[14],用符号来表达某种思想、道理。古老和典型的象征符号都与宇宙有关,并且也与人类跟宇宙的关系有关,人类的创造活动运用象征手法来描绘宇宙、繁荣、死亡等现象,经过文化发展和演进过程,历经长期使用之后而沉淀下来,在群体之间形成共鸣。

设计符号的象征可以是显著和容易解读的,假如在产品中使用红黄产品配色,容易让人联想到国旗或国徽,而国旗和国徽就是一种爱国、团结、凝聚的精神理念象征。象征也可能是隐蔽的,以一种更为抽象的形式表达出来。明式椅子的风格以简练为主,腿间横枨前低后高,侧角收分明显,靠背扶手多取空棂形式,给人以稳定感。其中最有意思的是,圈椅造型为上圆下方,外圆内方。这又暗合了中国传统文化中的乾坤之说,乾为天为圆,坤为地为方(见图 6-28)。这种造型的语言在整体上给人庄重之感，但是没有很明显和张扬的符号可供探索，从历史风格、社会风貌、人文风气中抽引的要素组成的设计整体，仅凭感官难以产生情感体验，需要一定的知识积累和人文反思，才能与设计符号所代表的精神进行共鸣。

彩图效果

图 6-28　王世襄纪念堂明式十六珍品之明椅

产品符号象征意义的传达主要是设计修辞的应用，一种观点认为设计修辞和语言修辞一样，可以用语言修辞的方法来阐释、分析设计作品，因此又诞生了西语体系和中文体系下的设计修辞分类，比如隐喻、换喻、讽喻、提喻、转喻、明喻、寓言、双关等。另外一种观点认为设计修辞和语言修辞属于完全不同的两个体系，应使用独立的方法体系，产生了强调、引用、重构、寓意、抽象、装饰、拼接置换、想象等八大类和若干子类[15]。

隐喻设计修辞的应用在设计中应用广泛且突出，不仅是引导人们看见实在之物，而是要超越产品的实用价值，发掘富有深意的抽象物[16]。利用产品符号形式层面的能指具有相似性而进行设计比喻的方法，鉴于符号表达层面的联系，通过比较寻找产品本体符号与喻体符号之间的关于造型、色彩、材质等形式具有的相似性，将产品本体符号的能指与喻体符号的能指进行替换，以此赋予产品本体符号所没有的意义。或者是利用产品符号意义层面的所指具有相似性而进行设计比喻的方法，是通过比较寻找产品本体所指的外延功能意义或内涵引申意义与喻体符号的所指具有相似性后，将喻体符号的所指对应的能指移植给产品本体符号，借以传递出喻体符号的意义[17]。

2. 叙事意义

叙事也是文学理论词汇，叙事是人类回顾历史、记录当下、施展想象的途径与方式。对设计而言，叙事即是内容。一个好故事不仅能在视觉、动态与空间设计等领域中承载信息与唤起情感，也在设计中担负了讲述产品作用和体验的任务，因此是引导用户理解与感受设计的讲述者[18]。

在设计的研究中，在交互、服务与体验设计中使用的故事板、体验地图与蓝图等工具都具有叙事特点，可以作为一种方法来洞察问题，发现机会点，构建设计概念和意义。而对于用户来说，叙事性意义体现在对设计表象的感受和体验及对记忆中相关事物的联想上。在这个过程中，设计的叙事意义就在于体验本身。

设计作品和文学艺术的叙事不同，无法在有限的空间和时间内呈现大量的内容或者讲述一个完整的故事，大多数情况下以线索的方式给予人们联想的空间。产品所使用的一种叙事方式是让用户联想到其他人使用该产品的场景，或者是由产品参与的“名场面”。比如，营销中“同款产品”的概念就是一种对产品参与“名场面”的叙事，人们通过使用产品仿佛就能置身于该场面。另外一种叙事方式是利用符号象征，让人们在使用产品时能联想到产品符号所代表的经典故事，或许是一段历史，或是一则寓言，或者是一类具有相同意味的现象等。

3. 共同体(community)精神

这里的共同体指社会学中的共同体，社会学中共同体一词最早由德国古典社会学家滕尼斯在其《共同体与社会》中引入，滕尼斯将共同体分为：血缘共同体，地缘共同体，精神共同体。任何共同体是人们在共同条件下结成的一个组织或同心力的合体，本质上都是利益共同体，这个利益可以是经济利益、政治利益、文化利益、心理利益等，如国家即是一个政治共同体，WTO 是一个经济利益共同体[19]。共同体在中国文化的背景下也被翻译为“集体”“社会”。可以说，共同体是一个志同道合，基于一个共同的文化背景，遵守共同规范、有共同目标、风格和气质等特征的群体。

为什么要提出共同体精神的概念呢？在以往对反思层设计的解读中，研究者和设计师认为产品符号意义是为彰显或者加强自己的形象，这种说法固然没有错，但是这种说法明显不足以解释人们作为社会生活一员的特性。而我们在设计中多数情况从需求出发，从规模性的行为现象特征构建一个群体的画像，这是基于一个大的前提：人们对自我形象的觉醒是社会生活的一个反映面。虽然每个个体是存在一定差异的，但是因为构建了共同体，我们才能将这些不同的个体以一种集合的形式归纳到一起，设计也发挥了联结这个群体价值认同的作用。

举个例子，在汽车圈这个共同体内，不同品牌、不同价位的汽车承载了这个共同体不同的评价属性和文化期望，有人消费越野车获得野性、自由等评价属性，有人通过消费豪华车彰显经济地位，满足被认同为高端消费者的期望。再回想前文所举的例子，红色和黄色的国旗配色之所以会成为中华民族精神的象征，也是因为这种设计成为了中华民族命运共同体的价值认同。因为构建共同体，不同品质的设计被使用者拥有时，他所期望的形象感、认同感才会被满足。如果不是共同体的存在，或者设计不符合这个共同体的利益，那么设计也无法承载共同体精神，使用者无法得到价值认同。

案例 16：温暖的月——冰箱交互设计（作者：何雯）

设计背景和目的：本案例目的是将冰箱打造为一个温暖而智慧的角色，给予用户生活另一种陪伴，让异乡独居的人们在下班回家时能感受到来自家的温暖和关爱（扫描二维码查看完整案例报告）。

“人有悲欢离合，月有阴晴圆缺，此事古难全。但愿人长久，千里共婵娟”，自古以来人们就喜欢用月来含蓄地表达内心的情绪，用对明月共同的爱把彼此分离的人联结在一起。本案例抓住了独在异乡的用户的思乡之情，希望帮助用户借“月”抒情。朔望总轮回，月相一直遵循着传统农历的规律变化（见图 6-29），人们也随着月相规律进行作息。如果用月相变化的周期（即一次月相变化的全部过程）来计算，从新月到下一个新月，或从满月到下一个满月，就是一个“朔望月”，时间间隔约 29.53 天。中国农历的一个月长度，就是根据“朔望月”确定的。

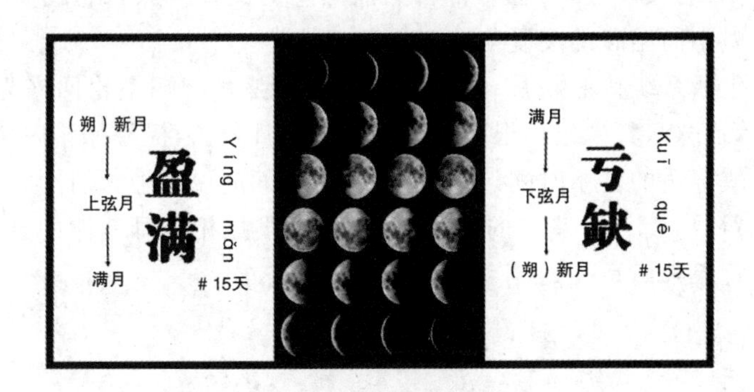

图 6-29　朔望轮回

本设计目标消费者主要是有一定工作经历的新型中产阶级，消费水平处于中高阶层（见图 6-30）。他们的特点是大多异乡独居且经常加班，常被孤独的情愫所缠绕，怀念小时候与父母一起和和美美地住在一起，虽然唠叨但却暖心的状态。

图 6-30　异乡人故事版

针对目标用户的情感诉求，此设计中最大的亮点是电子便签功能和月节律生活系统。电子便签取代了传统的纸质便签，让家人和朋友的叮嘱不再因为平时繁忙的工作而被遗忘（见图 6-31）。把冰箱表面转变为小看板，亲人朋友发来的小纸条（文字、图片、视频等）都直接在冰箱门上显示，用户走近冰箱门的时候就会显示。这种方式模拟了小时候妈妈在冰箱上贴便笺纸提醒孩子“冰箱中放着牛奶记得喝”的关爱方式，是非常自然而熟悉的交互模式，给用户平淡的生活中带来一些微小而温暖的关爱与惊喜。

月节律生活系统按照新月、上弦月、满月、下弦月的朔望轮回来为用户制定最健康的生活方式，其中包括根据月相定制的每日食谱，提醒冰箱内食物的新鲜程度以及提醒合适的食用时间。同时，在视觉界面的设计上，设计师提取了“月”相关的视觉符号，配合月节律的色彩与形态，来烘托相应月节律的氛围，在室内营造“月”的意象来满足身处异乡的用户的情感需求。

彩图效果

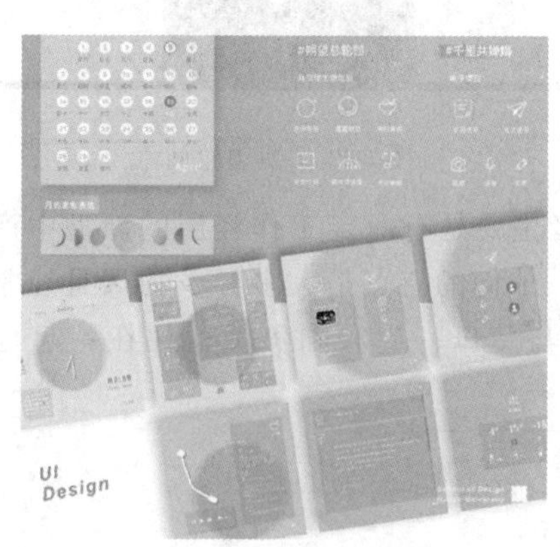

图 6-31　温暖的月 UI 界面

参考文献

[1] DESMET P, HEKKERT P. Framework of Product Experience[J]. International Journal of Design, 2007, 1:10.

[2] DESMET P, SCHIFFERSTEIN H. Emotion Research as Input for Product Design[M]. Oxford, UK: Wiley-Blackwell, 2012.

[3] THORING, KATJA, BELLERMANN, FREDERIK, MUELLER, ROLAND M. A framework of technology-supported emotion measurement[C/OL]. (2021-10-26)(2022-10-2). http://pure.tudelft.nl/ws/portalfiles/portal/8365101/Thoring_A_framework_of_technology_supported_emotion_measurement.pdf.

[4] LAURANS G, DESMET P M A, HEKKERT P. Assessing Emotion in Human-Product Interaction: An Overview of Available Methods and a New Approach[J]. International Journal of Product Development, 2012, 16(4):225.

[5] LAURANS G, DESMET PMA, HEKKERT PPM. ASSESSING EMOTION IN INTERACTION: SOME PROBLEMS AND A NEW APPROACH[J]. Universite De Technologie De Compiegne, 2009, 13: 230-239.

[6] COAN A P D of P J A, COAN J A, PH. D J J B A, 等. Handbook of Emotion Elicitation and Assessment [M]. New York: Oxford University Press, 2007.

[7] KAMP I, DESMET P M A. Measuring product happiness[C]//CHI '14 Extended Abstracts on Human Factors in Computing Systems. New York, NY, USA: Association for Computing Machinery, 2014: 2509-2514.

[8] PICARD R W. Affective Computing [M]. Cambridge: MIT Press, 2000.

[9] D'MELLO S, KAPPAS A, GRATCH J. The Affective Computing Approach to Affect Measurement[J]. Emotion Review, 2018, 10(2): 174-183.

[10] 丁俊武,杨东涛,曹亚东,等.情感化设计的主要理论、方法及研究趋势[J].工程设计学报,2010,17(01):12－18＋29.

[11] 霍尔兹布拉特,拜尔.情境交互设计[M].朱上上,贾璇,陈正捷,译.北京:清华大学出版社,2018.

[12] 佚名.简约至上[M].李松峰,秦绪文,译.北京:人民邮电出版社,2011.

[13] FOKKINGA S, DESMET P. Darker Shades of Joy: The Role of Negative Emotion in Rich Product Experiences[J]. Design Issues, 2012, 28(4): 42-56.

[14] 米特福德,威尔克辛森.符号与象征[M].周继岚,译.上海:三联书店,2009.

[15] 张野,曾馨.中国设计修辞研究二十年:起源与展望[J].装饰,2018(11):80-83.

[16] 宋文娟,杨永发,王坤茜.产品设计的符号隐喻修辞方法研究[J].包装工程,2015,36(16):91－94＋103.

[17] 赵艳梅.传统文化符号在产品隐喻设计中的应用[J].包装工程,2019,40(20):125-129.

[18] 曾真,吕曦,罗兰珊.交互体验设计中叙事的双重身份:讲述者与探究者[J].装饰,2020(08):138-139.

[19] 李立新.共同体建设与中国设计的未来[J].南京艺术学院学报(美术与设计),2018(01):6－10＋213.

第7章 设计心理学研究

设计心理学自20世纪90年代成为独立学科分支以来，到如今也仅有二三十年的发展时间，所以是一门年轻的学科。设计心理学兼具了工程性、艺术性、人文性、社会性多重特性。设计心理学的基本性质仍是科学性，这和现代科学心理学的发展是一脉相承的。其主要的理论和研究方法来自心理学领域，由心理探索问题转入设计问题时，又结合了设计学的理论和方法。在掌握设计心理学的研究方法前，需要明确的是：遵循科学方法论—研究方式—具体方法与技术的构建逻辑。

方法论是思维科学，是研究应该遵循的路线和途径，这个路线和途径能指导我们达到对问题的科学认识。毫无疑问，设计学、设计心理学相对其他学科而言尚为"年轻"，科学方法论中有相当的部分是来自于哲学、自然科学、社会科学方法论，还有部分来自设计学科方法论。受到心理学研究范式影响，设计心理学与心理学研究的结构有较高的相似度，即从观察现象中发现问题，根据判断推理提出假设，通过研究验证假设，归纳研究结果并用于实践。这也是一个发现问题、理解问题和解决问题的创造性过程。解决问题的目标决定了研究设计的类型以及研究方法的选择。

方法论之下是具体的方法问题，设计心理学吸收了哲学研究中归纳、演绎等方法，也吸收了自然科学中实证、量化等标准，还吸收了社会科学中定性、观察等手段。具体方法和技术体系的形成也和管理科学、工程心理学的发展有着直接的关系。这两门科学最早用于解决从事特殊行业工作者的劳动效率和劳动舒适度问题，再发展至提高产品的舒适度和便利性，再到现在解决智能化人机交互中的可用性问题。这个过程还催生了人因工程学、可用性工程等学科，所以设计心理学中的一些方法、技术也来自于此。

7.1 研究设计

研究本身也需要设计，这种设计是针对研究活动的总方案，包括了具体要回答什么问题(也就是研究的目标),以及研究使用什么方法,得到什么样的结果。在设计心理学中,具体研究的设计遵循基本的结构,而研究的目标决定了研究类型,也影响了研究方法的选用。这里的研究方法是具体方法和技术的概括,指调查研究、实验研究、间接研究三种方法。

7.1.1 研究的结构

科学研究的出发点是解决问题和实现目标,这个过程是系统性的。心理学家认为科学研究的有序结构应该是:①提出一种可以检验的假设;②选择研究方法和设计实验;③收集数据;④分析数据和得出结论;⑤报告研究成果[1]。

李立新在《设计艺术学研究方法》中将设计艺术研究的过程划分为五个阶段:①确立研究课题;②拟定研究计划;③调查考察分析;④实验研究结论;⑤论文报告撰写。该结构从设计艺术学的角度建立了包含社会科学特点的一般性过程,比如其中的调查、考察、分析过程[2]。

而设计心理学的研究学者柳沙认为,良好的设计心理学研究结构应该包括:①发现问题;②文献检索;③提出假设;④验证假设;⑤结论和意义;⑥研究前景和进一步假设[3]。

综合几种研究结构发现,心理学家所提出的研究结构是基于自然科学范式的;设计艺术学研究结构包含了社会科学和自然科学的过程;柳沙提出的结构则是将设计心理学研究作为一个具体问题解答的过程,给出了具体的步骤,比如文献检索。通过对比、综合以上的三种过程可以发现,问题是所有研究的前提;而制定研究计划是研究设计的具体形式;调查考察或者文献检索属于研究者建立对问题基本认知的初步研究,而实验是对问题的深入研究,最后都要获得研究总结,以导向设计实践(见图 7-1)。

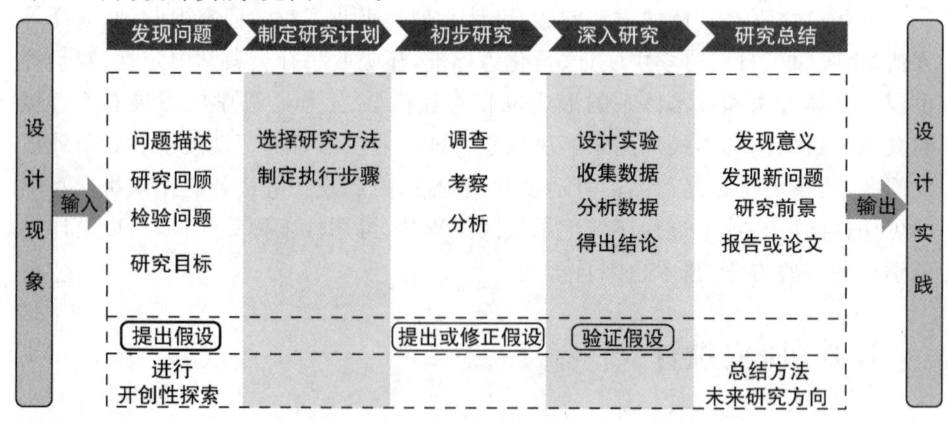

图 7-1 设计心理学研究基本结构

发现问题是对现象的一种初步觉知，如前文所述，它可以被转换成一种可以检验的假设，也可以是不作假设的开创性探索，但是都需要被清晰地描述和定义。这个过程中，研究者可以通过回顾以往的研究，检验问题的合理性。设计心理学研究中的问题一开始是较为模糊的，可能具有多种定义形式。将模糊问题定义得更加具体有利于导向价值丰富的前景。当研究者清晰地定义了问题之后，就需要确定研究目标，是描述问题现象的一般规律，还是解释这种现象的原理，又或是探索和预测这种现象的发展走向，抑或是针对某一个现象反映的问题进行改善。

制定研究计划是导向研究价值的战略蓝图，这张蓝图是对达成目标的研究活动的规划，包括制定研究步骤和规划研究时间等。“凡事预则立，不预则废”，研究做好计划亦是如此。制定研究计划时，研究的方法和执行步骤需要转化为研究的细节，甚至画出时间表以便全面掌控研究。

初步研究是针对已经定义的问题进行较为宏观或粗浅的调查或者考察，一方面建立“承上启下”的研究节点——对相关的研究成果或资料进行整理分析得到对问题的新认识；一方面是构建问题的维度和结构——探索问题包含的多个不同方面，以及这些方面之间的联系。以“交互中的拟人化设计对信任度影响”问题为例，无论是描述还是解释、预测性质的研究，需要对信任进行定义、形成机制、外在表现、评价等维度的解析，以及对拟人化设计进行设计要素、内容、形式、时机等维度的解析，才有可能通过这些维度去研究和解释拟人化设计如何影响信任。初步研究时，研究者可通过文献研究或者直接观察、访谈收集资料。通过整理和分析资料，综合归纳以获得初步的知识，这些知识有助于解答问题中的一部分，或者为解答问题提供了部分基础。

深入研究是对问题解答的进一步思考，此时就需要进行实验以检验假设。实验的步骤包括了设计实验、进行实验、收集数据、分析数据，得出结论。仍以前文中“交互中的拟人化设计对信任度影响”问题为例，如果初步研究已经发现了拟人化的形象对信任影响最大，此时可能对哪种拟人化形象引发人们最高的信任进行探究，借助拟人化形象对信任的影响实验以得到结论。结论是对分析评价理性思考之后，回答假设是否成立的科学判断。如何确保结论的正确性？显然这个结论需要在大多数时候，面向大多数研究对象能基本成立。结论有时是单一的，有时是不能完全确定的，因此有赖于对结论的进一步评估。

研究总结是在结论的基础上，研究者洞察这个结论所指示的意义，发现仍然存在的问题或新问题，确定研究的前景和方向。结论是对问题研究的结果，而这个结果需要反映在设计中才能为用户创造价值。因此，反思和总结整个研究一方面可以导向设计实践的价值，另一方面是在回顾研究的过程中总结目标设定时未预料的价值和意义，发现之前忽略的问题。

7.1.2 研究的目标

设计研究的评价需要以实践为标准，看它对设计是否起作用和起什么作用[4]。设计心理学研究的最终导向是设计问题中的心理因素，其主题范围限定在人的心理现象及其影响因素。在这样的背景下，设计师既是研究者也是实践者[3]，在研究掌握了设计状况和问题特征之后针对性地提出解决方案，这是服务于设计和提供应用性，构建设计意义的重要途径[5]。

所以，设计心理学的研究一方面是基于心理学研究范式的，另一方面也是强调设计转向，因为这是设计活动的最终目标。这里的难题在于：用户的价值是什么？感性消费是由于人们内在的感性需求支配而表现出的消费行为或意向，而他们所期待的价值就是自己已知或未知需求被满足。例如在设计年轻群体所喜爱产品的配色时，这个目标一开始还是抽象模糊的，但其实包含多个具体的问题，比如“年轻群体到底是哪个群体?”“年轻群体喜欢怎样的颜色种类?”“如何进行产品配色?”等。诸如此类的问题都是要得以解决，最终才能拨云见日而实现目标。可以说，问题是以具体、特定对象构建的，这些问题的解答可能是描述或者解释一种现象或者过程，或是探索原理，或是改进现有方法，而问题的解答也正是研究的目标。

有学者认为，科学研究中有三组相互联系的目标：测量和描述，理解和预测，应用和控制。测量被研究的对象的变化，是实现对其现象描述的基础。理解是科学中较高层次的目标，是解释现象的前提。预测是评估理解是否正确，通过假设和检验完成，在自然科学中是一种探索性的研究。但是，一些探索性研究是完全开创性的研究，无法作出假设而进行论证，最后可能得不到或者得到不完善的结论。最终，科学研究中获得的知识和理解都希望能帮助人们解决生活中的问题，创造价值。这个过程是通过运用原理和理解，控制现象和过程，以改进现状。研究目标也导致了不同的研究类型，因此可以将研究类型分为如下几种：

(1)描述性研究是针对相关行为中的消费者/用户和设计师的两大主体进行行为和心理状况、过程的描述。一般而言，这种问题可以用是非问句、选择问句、特指问句的形式。例如，“产品交互的拟人化设计是否能提高人们的信任感?”“交互中的拟人化设计主要通过行为拟人化还是形象拟人化实现?”“拟人化交互的特征有哪些?”这三种形式都是描述性的研究问题定义。

(2)解释性研究则是在描述性研究的基础上，探索现象背后的因果关系，也就是怎样的因素导致了这样的现象。比如，在描述了“产品交互的拟人化设计是否能提高人们的信任感”之后，问题的答案为“是”的情况下，解答的问题例如“什么原因导致了拟人化的设计提高了信任感?",或者"拟人化设计中的因素如何提高信任感?"就是解释性研究。解释性探索现象背后的原因,是预测现象和有计划地改变这种现象的必须工作。

(3)预测性研究就是在描述和解释的基础上预测一定时间或者因素的变化后,设计现象的变化趋势。例如,解释了拟人化设计中的何种因素影响了人们对产品的信任感之后,就能解析某个产品的设计因素的水平,预测这个产品可能导致人们不信任或者是过度信任等。

(4)探索性研究在广义上是前人未涉足过的生疏领域,在狭义上是研究者本身还不太熟悉或了解的课题。广义的探索性研究因为没有足够的研究作为参照,所以不需要严格地进行假设和验证,只需要进行问题特征、范围和性质的探索,并描绘出问题的大致轮廓。狭义的探索性研究一般发生在定义问题的初期阶段,研究者尽可能地全面探索和搜集研究领域的全面信息,通过不断探索来调整对问题的认知,从而完善对问题的定义。

(5)改进型研究也是在解释性研究的基础上对现象相关的因素进行改变,有计划地改变现象。例如,在解释性研究中发现产品语音拟人化能提高人们的信任感时,就能对现有产品的语音交互进行改进,以提高人们对该产品的信任感。

如果从时间的维度划分,研究设计可以分为纵向、横向两种类型,纵向研究是指跨越一段时间研究同一种现象或问题的研究类型,横向研究则是考察同一时间节点上的不同设计现象。如果按照研究的范围进行划分,又可以分为普查性研究、抽样研究、个案研究三种类型。普查性研究是对所有同类型的设计现象或问题进行研究,而抽样和个案研究则是抽取其中的典型现象和案例[6]。

7.2 研究方法

研究目标决定了研究类型,而不同研究类型却能共享研究方法。设计心理学中的研究方法可分为调查研究方法、实验法、间接研究法三大类。调查研究法包括了统计调查、实地考察等方法,是一种使用频率高且广泛的研究方法。实验研究法是来自于自然科学的基本研究方法,实验观察不仅反映了各种设计现象发展变化的原因及规律,也能鉴别假设或方法的真伪、效用,对提高调查研究结果的可靠性有重要作用。以上两种方法都是直接面向设计对象或者研究对象展开工作,而间接研究法则是对研究已经形成的资料展开分析,从而形成对问题的见解,比如文献研究法和历史研究法就是通过分析与问题相关的文献资料、时间节点内的现象资料等,再利用归纳演绎、逻辑推理等手段去理解问题。

研究方法在具体执行时分为资料收集和分析两个阶段。不同的研究方法下收集资料的手段也多种多样。受到“实证主义”思想和方法论的影响，部分学者主张通过证据探索原因，这些方法强调对资料进行量化和数理分析，将设计资料转化为数值形式进行研究。相反，另外一部分方法受到“反实证主义”思想和方法论的影响，强调人的特殊性和自由意志，认为一些行为具有无规律、无法预测的特点，要通过了解事物更加深层的信息去建立对问题的理解。

方法的定性和定量范式在研究中也常被对比和讨论。但是为了保证研究的客观性和灵活性，融合使用定性和定量的方法也成了研究的趋势。比如在研究人的情绪体验时，情绪反应导致了可以探测和量化的生理指标或行为指标，这部分可以使用定量研究方法去探测情绪，而情绪主体的主观体验部分难以检测，因此需要通过访谈等定性研究方法获取。又例如在用户需求研究中，访谈等定性研究方法可以帮助研究者初步确定用户的需求范围，而在进一步研究中则需要实验性研究验证需求的真伪。

7.2.1 定性与定量

本体论、认识论和方法论的不同造成了定性与定量最重要的范式差异。定量研究方法强调了数量，强调利用数学工具对数量的分析，从而构建现象关联和逻辑。定性研究方法强调性质，它似乎是一种新颖却又传统的方法，在学术界尚未形成统一的概念和类型定义，一般利用人类学、社会学、心理学等各学科积累的经验和知识去理解现象[7]。具体而言，两者的不同点在于：

1. 研究的目标

如前文所言，研究问题的定义决定了研究的目标。定量研究方法的前提是假设了几种“量”，在研究中验证这些量的因果关联、相关性，其目标是确定关系。但是，定性研究方法注重的是对现象的理解，解释现象的关系和变化过程，以及其存在的意义。

由于定量研究方法是基于“量”的研究，因此，一般而言更加关注宏观的、相对普遍和客观事实的变量关系；定性研究方法则是更加关注微观的、特殊个体的、具有个人意义的问题。定量研究方法在进行宏观叙事和描述时，回答了比如数量、频率、相关性等问题，而定性研究方法则帮助我们回答诸如“为什么”“意味着什么”“有什么意义”等问题。

2. 研究的程序

研究程序有宏观和微观两种理解，宏观解释中的研究程序代表了研究遵循的一般过程，微观解释中的研究程序包括了具体的执行步骤。我们容易理解狭义的研究程序，也就是不同的研究方法和技术在执行起来有不同的步骤，比如问卷调查的方法和深入访谈法执行起来不同，而即使都是定量研究方法也会有执行步骤的不同，比如实验研究和使用量表的调查研究就是如此。宏观角度而言，定量研究方法的程序更加系统化、固定化和结构化，而定性研究方法的程序灵活多变，没有标准的程序可言。

3. 研究的逻辑

从研究逻辑而言，定量研究方法更贴合哲学思维的演绎过程，结果能从一般的原理推广到特殊的情境，而定性的研究方法更贴近哲学思维中的归纳过程，从特殊情境中得到一般结论，两种逻辑近似“互逆”的关系。

或者也可以说，这种逻辑体现在具体的操作过程中时所依据的指导思想或者策略是“互逆”的，定量研究方法是将复杂的现象转化为关键的可测量的变量，这个过程必然需要进行简化、删除、理想化或近似修正。但是，定性研究方法是将研究的对象还原到实际情境中，在原有的认知深度和宽度上都有所拓展，这个过程是对原本认识的现象复杂化、增量化、细致化的过程。

例如，在研究“界面背景颜色如何影响人们的情绪”这一问题时，如果使用定量研究方法，我们会将背景颜色、情绪简化为可控制的变量，使用量表或者生理仪的方式去测量情绪。毫无疑问，这些变量是十分有限的，并不能完全覆盖“情绪”的内容。而测量的方式也是近似修正的，如使用面部情绪识别软件测量情绪的激活或唤醒度，是建立在情绪具有生理指纹的基础以及近似修正上的。而如果使用定性研究方法，深入的、多方位的探讨只能在较小的范围中进行，比如缩小研究对象范围到几个人，或者是缩小背景颜色样本到几种颜色，无疑会局限研究的视野，研究的结果和结论也无法复制和推及其他的人或者颜色。

4. 研究的工具和资料

两种方法使用的工具和收集的资料大有差异。为了保证定量研究方法的客观、准确和可复用推广，收集的资料必须是规格化的，所以会使用结构的工具，比如标准问卷、量表，测量软件等工具，工具经过检验之后还应该具有较高的信度和效度。而定性研究方法的灵活性也意味着收集的资料和工具有更多的随机性。比如利用深度访谈进行研究时，即使是在研究前设计了结构化的访谈提纲，但是侃侃而谈的研究对象能给予更丰富的细节，而沉默的研究对象则情况相反；又比如在进行实地的行为观察中，研究对象能提供的资料丰富程度是不同的。定性研究方法的这种灵活性不仅体现在研究对象身上，研究者本身作为研究过程中的重要“工具”，他的经验、业务能力或素养、观察能力、沟通能力等也决定了所获得资料的“深浅”。

从收集的资料来看，定量研究方法获得的更多是数量化的资料，打分或者是指数，这类数据的分析主要依靠数理统计分析来表达结果，所表达的结果既有概括性，也有精确性。而定性的方法一般靠文字进行描述，这些资料所反映的内容丰富、细致且深入。

5. 定性与定量的结合

对比定性和定量研究方法的差异并不是为了驳斥，而将定量和定性研究方法截然对立起来的看法也是值得商榷的，至少在设计心理学中，我们虽然有了感性工学的一系列方法和手段进行量化的研究，但是仍然没有抛弃用户访谈和情境探查这样的定性方法来获取设计所需的认知。

从字面上看，量的研究和性的研究似乎是将重点分别放在了事物或者现象的量化表现、性质两个方面。但是，定量和定性研究方法其实都是对事物或者现象本质的研究，只不过从不同的角度和层面给予了解释。一直以来，研究者都寄希望于结合两种研究方式的特点，一方面对事物可以量化的部分进行测量和计算，把握事物和现象的关系，另一方面进行深入、细致和长期的体验、调查，从而产生更加细致、深刻、动态的认识。比如，在我们熟知的设计和体验研究中，研究者一方面对可以测量的情绪、认知负荷等进行关联分析，另一方面通过访谈、观察等方法进一步挖掘难以测量的，只能通过研究对象主观表达的体验和感受。

目前，不同学者也在探索如何将定性和定量的方法进行结合以更有效地服务于研究。一种常见的方式是将研究的核心问题拆分为不同的问题，这些问题必须能反映整个问题的不同方面，而解决这些问题所达成的目标决定了应该使用何种研究方法。此外，研究者也倾向在研究的具体操作过程中使用定性或定量的方法进行辅助，例如在搜集定量研究方法的资料前，使用定性的方法了解基本情况、确定变量，在拟定调查问卷或者量表前使用专家访谈、文献研究等方法确定问卷题目，或者量表的不同指标。又例如在分析定量研究方法的资料和数据时，针对其中的突变数据再对研究对象进行深度访谈，帮助理解这些数据产生的原因。

7.2.2 调查研究法

在设计心理学研究中，调查研究的对象可以是产品设计本身，也可以是产品的用户或者是设计师。调查研究又可以划分为统计调查研究和实地调查研究，统计调查研究可利用统计表、结构问卷、量表进行调查；实地调查研究则一般利用访谈、观察等手段获取资料。在调查研究时，研究者使用这些方法从代表性的对象收集资料，并通过分析总结现象的规律。

调查研究法的实施可分为两个阶段，第一阶段是调查前的准备工作，比如定义调查的目的和制定调查计划，准备研究过程中需要的工具，并对调查的对象进行分析，确定抽取部分对象还是进行普遍研究。第二阶段是进行实际的调查和收集资料，包括问卷或者量表的纸面资料，还有访谈得到的语音资料，或者是观察得到的视频资料。

1. 调查研究的目的和任务

首先，调查研究在一项设计研究中所处的位置决定了调查的目的。如果是在研究初期，研究者对问题的定义和认识还较为模糊时，此时的目的可能是广泛了解问题相关的知识；如果是已经建立了对问题的初步认识，调查目的则更为精确和具有针对性。例如，如果是要研究“产品设计中影响目标用户情感和态度的因素”，在初期我们甚至连情感类型都无法定义，研究目的可以设定为了解情感和态度的类型，如果初期研究已经探索并证明了目标用户存在的情感和态度的类型，此时再进行调查研究的目的则会进一步确定为：目标用户对产品情感是正向还是负向。值得注意的是，调查研究的目的一方面要与整体研究目标保持一致，另一方面也要兼顾在本次研究中的精确性和可执行性。

2. 调查对象、范围、内容和方法

在调查目的和任务下，调查对象、范围、内容、方法仍然具有很多不确定性，比如以“产品设计中影响目标用户情感和态度的因素”为目的时，“产品”是一个已经确定的因素，“情感和态度”是确定了的目标，而“目标用户”是尚待定义的调查对象。如果目标用户较为广泛且分类不太完善，此时调查范围较大，研究者可采用问卷调查的方式进行广泛的调查；如果目标用户的情况已经很清晰，此时可以缩小调查范围，使用深度访谈的方法调查具有代表性的一些目标用户；而如果想了解产品使用过程中影响情感和态度的因素，又可以通过实地调查，利用参与式观察、访谈的方法调查。因此，即使是在目的和任务确定的情况下，调查对象、范围、内容和方法仍存在多种可能，这也意味着研究者可能需要在一次调查研究中使用多种方法综合调查的方式。

7.2.3 实验法

实验法的核心思想是控制变量和探索因果关系，也就是通过操纵变换一些因素观察现象的变化，从而推导因素与现象之间的因果关系。与自然科学中的物理、化学等实验研究不同，设计心理学中的变量往往要以刺激的形式作用于人。实验法是心理学研究中的重要方法，设计中往往使用心理学实验，将设计作为刺激物和自变量，以用户的主观评价或者心理生理反应作为因变量探测之间的关联，并从关联分析中得出有利于设计的结论。

与一般的实验研究相似，设计心理学中的实验首先设定假设，根据假设制定实验的目标和任务，然后设计实验方案，通过实施和测量结果来评估假设。实验假设是严密的因果关系检验，因此实验的假设或者目标一定要清晰且具有实际的价值，具体而言就是实验中的自变量和因变量设计清晰，变量的测量可靠且稳定，同时有相同或相似的实验组作为对照以对比观察。比如“界面背景颜色选择对大学生情绪影响研究”[8]这样的选题，实验的对象、自变量和因变量都清晰且容易控制和测量。

1. 自变量、因变量、控制变量

自变量、因变量是由实验者选定和操作的，比如在“界面背景颜色选择对大学生情绪影响研究”中，实验者选择了网页系统的背景颜色作为自变量，情绪的激活作为因变量。通过测量大学生观看不同网页背景颜色时不同情绪的激活状态来探索两者之间的关系。实验者为自变量选择了蓝色、红色等 9 个颜色样本；选择了焦虑、无聊等 20 余种情绪作为因变量测量的指标。控制变量是指除了自变量仍然会对因变量产生影响，但并非本实验所需要研究的变量。比如在本实验中，网页背景颜色的显示载体也会对被试者产生情绪的影响，但是在本实验中不研究不同显示载体的影响，因此每个被试者所使用的显示载体被控制为相同或者相似(见图 7-2)。

Color	Color-emotion associations and researchers
Red	Love, Anger, Passion, Courageous, Excitement, Angry, and Aggressiveness. Speed, Danger, and Aggression.
Blue	Pleasure, Comfort, Calm (Relaxing), Sad/Sadness (Depression), Trust (Reliability), Security and Coldness. Warmth, Cheerful, Hope, Optimism, Pleasantness, and Happiness.
Yellow	Warmth, Cheerful, Hope, Optimism, Pleasantness, and Happiness.
Orange	Enthusiasm, Courage, Disturbing, Distressing, Pleasantness, and Happiness.
Green	Peacefulness, Safety, Balance, Hope, Relaxation, Coldness, Calmness, and Happiness with The Image of Nature (Especially forest) and Refreshing.
	Relaxation and Calmness, Followed by Happiness, Sadness, Tiredness, Power, Fear, Boredom, Excitement, and Comfort with The Image of Dignified and Stately. Nostalgic, Romantic, Frustration, and Sadness.
White	Youthful, Pleasant, Innocence, Peace, and Hope with The Image of Purity, Being Simple and Clean.
Black	Sadness, Despondency, Depression, Fear, Serious, And Anger With The Image Of Death, Mourning, and Tragic events.
	Powerful/Strong/Masterful, Formal, Mysterious, Modernity, And Elegance.
Gray	Sadness, Despondency, Depression, Boredom, Confusion, Tiredness, Loneliness, Anger, and Fear with the Image of Bad weather.

图 7-2　颜色与情感感知关联[8]

2. 实验对比

实验对比包括了实验组间的对比和实验前后的对比，实验组间对比就是设置实验组和对照组观察不同自变量对因变量的影响，实验前后对比是在正式实验前和实验后，对实验组和对照组分别进行测量。

实验组间的对比需要在实验时设置实验组和对照组，每个组实验的对象要保持相似或者相同，每组在实验时保持相同的控制变量，通过设置自变量的不同水平，观察自变量与因变量的关系。对照组一般而言是不施加自变量因素，或者是自变量因素与现实中普遍情况相同的组。假如我们要探测产品配色方案对情感体验的影响，但不确定哪种颜色最受人们的欢迎，我们就可以利用实验的方法进行研究。将产品配色方案作为自变量，将产品受欢迎的程度作为因变量，将目标群体分为几个组或者是不分组进行实验。实验时，我们可以将原有的配色方案作为对照组，将重新设计的几款配色方案作为实验组呈现给被试群体，并通过相同的打分法获得他们对这些配色方案的喜爱程度。

实验前和实验后对不同组的实验对象进行测量是为了观察不同组的前后变化，这对于验证实验组的结果是极其重要的。例如，当我们想对比不同界面设计对用户焦虑情绪的影响时，我们可以将不同的界面设计作为自变量，将用户焦虑情绪的激活度作为因变量。在实验前，我们需要测量实验组、对照组被试者（目标用户群体样本）的焦虑情绪激活度，在使用界面设计完成任务后，再测一次焦虑情绪的激活度。通过这样的测量我们对比了实验组和对照组被试者在使用时的焦虑情况，还能对比用户在使用界面完成任务时焦虑情绪的变化情况。通过这样的实验结果，我们不仅可以优选对用户造成焦虑较小的界面设计，还能根据该界面对用户焦虑情绪的影响情况制定界面设计使用的时间或者方式等。

7.2.4　间接研究法

间接研究法指的是通过对研究对象相关资料再分析，从而达到研究的目的。间接研究方法主要是对已经形成文献的研究资料进行分析。

1. 文献资料研究

在设计学的研究中，文献资料包括了专著、论文、报告、数据库等包含了研究过程、结果或结论的总结性资料，还有设计图稿、卡片分类、手绘等在设计思考和实践过程中产生的设计文本，以及设计的结果。在心理学研究中，文献资料更多是指总结性资料。

文献资料的研究和分析不属于直接从现象入手定义和研究问题，而是通过洞察相关的研究来获取对现象的知识，所以是一种普遍使用且重要的间接研究方法。从宏观的角度来看，文献资料研究能帮助研究者熟悉整个研究领域的发展动态，了解理论的发展历史和进程，熟悉当前的理论环境，从而建立当前研究的基本理论框架或轮廓。从微观的角度来看，文献研究过程能分析出前人研究时发现问题的角度、使用的具体研究方法和技术、过程中遇到的问题，这些都是当下研究计划的有益参考。

对一些总结性的文献资料进行再研究和分析时，这些研究中产生的数据也有可能成为分析的对象[9]，比如调查研究、心理学实验中产生的一手数据。一般情况下，原文献作者收集这些数据和分析是为了解决该文献定义的问题，所以预设了分析的方法，我们可以从不同的角度进行再次分析获得额外的认识。

文献研究所能涵盖的时间和研究范围都具有一定的广度；同时，文献搜索依据具体的对象（比如检索的关键词或主题），所以能提供更加准确和相关的资料；与那些直接研究现象或问题的方法相比，文献研究能节省更多的时间以提高研究的效率；这种方法能节省时间和成本，受限较少。但是，文献研究的缺点也是显而易见的，搜索文献都是依据关键词和主题，研究者在筛选这些关键词和主题时可能限制了文献的范围，而且文献研究相比于实际的研究会缺乏很多细节，这和研究者切身感受这种细节的效果也有很大的差别，在切身感受这些细节的时候，研究对象能给予切实的反馈，而文献却不能。鉴于文献研究的优缺点，一般情况下会在定义问题的初期阶段使用这种方法。

进行文献研究时，主要包括文献的检索收集以及分析两个步骤。文献检索的内容包括书籍、论文、会议纪要、调查报告、报道等，检索来源一般为专业的文献数据库，比如英文文献数据库“Webof Science”(https://www.webofscience.com/wos/alldb/basic-search)、中文文献数据库“中国知网”(https://www.cnki.net/)等。检索的规则或者限定条件包括了年份、主题、关键词、标题、主题、文献类型等，研究者可在如图 7-3 所示的检索页面中设定检索的规则，在检索结果页面查看和导出想要的文献资料。专业检索数据库一般会为使用者提供检索指南和方法帮助，提高了使用的便利性。

检索文献成功后需要辨别和筛选出与研究主题相关性强且重要的文献，才能对当前的研究产生指导意义，而这样的工作需要在文献的解读和分析过程中完成。

文献的解读和分析可从粗略到深入分为多次进行。以论文这种文献资料为例，文献收集之后的解读和分析可首先从粗略地解读摘要(abstract)、引言(introduction)开始，分析该文献研究的内容、方法、结果或结论。在进一步的深入解读中，文献的更多细节将浮出水面，比如研究的背景和知识准备，方法的具体执行步骤，分析的程序和结果的讨论，结论的得出和展望。

在 20 世纪初，研究者就已经对文献进行定量化研究，只是还未形成独立的学科。1969 年，英国著名情报学家阿伦·普理查德(Alan Pritchard)提出了“文献计量学”(Bibliometrics)的概念，文献计量分析开始诞生并逐步走向成熟[10]。随着信息技术和网络技术的发展，文献计量学研究发生了较大的变化，越来越应用化、综合化、网络化。

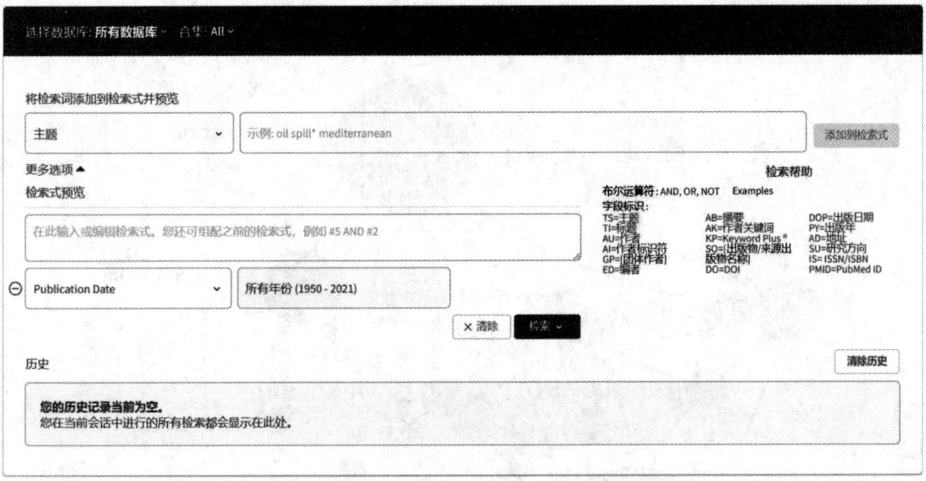

图 7-3 “Webof Science”检索设置页面

设计学、设计心理学作为典型的交叉学科，文献计量分析[11]和知识图谱[12]的展示方式为构建文献网络和可视化分析提供了重要的途径。目前，常用的文献计量和知识图谱可视化的软件有 CiteSpace、Vosviewer、HistCite 等软件，各专业文献数据库也提供了文献计量分析和知识图谱可视化的功能，知识图谱化以科学知识为对象，用图形化的方式显示元知识和知识网络间的互动、交叉、演化等。文献计量的主要分析包括总体的趋势分析、文献互引网络分析、文献共引分析、关键词共现网络分析等，主要为研究的发展趋势分析、重要文献查找、应用关键领域等提供知识。以“中国知网”为例，在高级检索功能中输入主题词“设计心理学”并检索 2010 年至 2021 年间的文献。如图 7-4 展示的是“设计心理学”主题下，不同关键词出现的次数和关系网路。“设计过程”在所有文献中出现了 37 次，“产品设计”在所有文献中出现了 30 次，通过反向溯源这些关键词的来源文献发现，这些文献主要在设计过程中应用了设计心理学的方法，而设计心理学的方法主要被应用在产品设计领域。通过图中不同词组间的联系可以发现，设计过程又和产品设计、工业设计有较强的联系。溯源这些文献内容发现，这些研究是在产品设计和工业设计的设计过程中使用了设计心理学的研究过程或设计方法。因此，仅从此次的文献计量分析和图谱中可得到结论：设计心理学主要被应用在产品设计和工业设计的设计过程中。

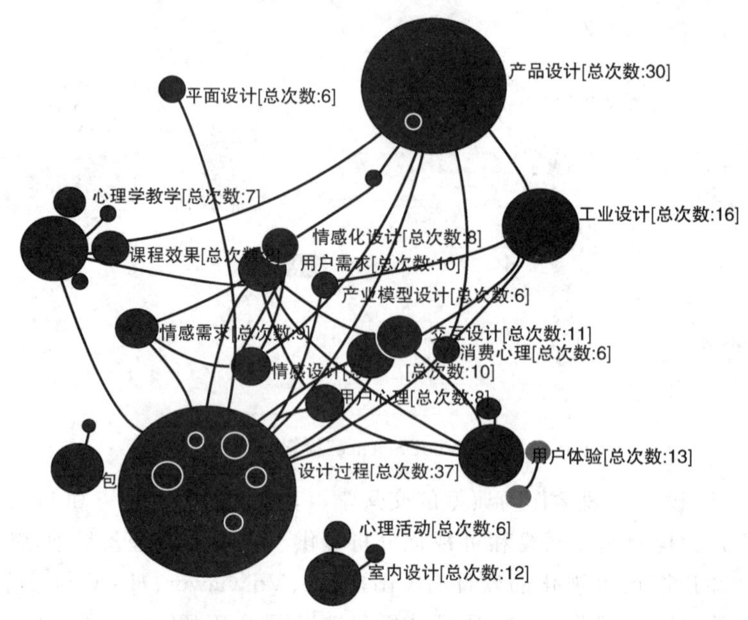

彩图效果

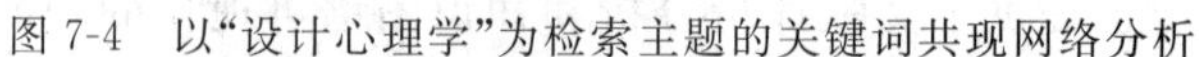

图 7-4　以“设计心理学”为检索主题的关键词共现网络分析

总体而言，文献研究的关键点主要在于检索文献是把握文献数据的可靠性，其次是正确地使用工具、方法进行解读。文献计量、知识图谱虽然为大规模的文献关联和网络分析提供了方法，但是也丧失了一些细节和深入的机会，这就要结合研究者对重要文献的深入解读，才能获得更详细的知识。在研究过程中，文献研究的方法也不应拘泥于初步研究阶段，可以贯穿于整个过程中。

2.历史-比较研究

与其他研究方法一样，历史-比较研究首先也需要确定研究的问题或目标，继而对历史性研究成果进行解释产生对现实的意义。设计心理学的历史-比较研究在研究设计现象-社会性心理现象关联中有重要作用。比如，研究历史时期的设计产物-社会心理相关关系时，通过收集不同时期的设计产物，以及相应的设计评价、评论就是一种手段。

而对于资料的叙述、分析、解释，要求研究者以语言的方式将发现和解释表达出来。作为历史研究，对于不同历史时期的设计产物哪怕集中在一类产品中，都具有极大的丰富性。比如在“汽车设计”的类目下，不同品牌、类型的汽车设计具有极大的丰富性，这无疑增加了选择样本的难度，研究者的选择也具有偏颇性，对于样本是否能够代表历史时期的设计现象是值得商榷的。如果必须使用历史-比较研究,在研究的范围和资料的数量上应该做到权衡。一种做法是在有限制的范围内尽可能多地搜寻相关的资料和证据,另一种是根据资料的多少确定分析的范围。如果在限制范围内的资料足够多,则可以将定性的资料转化和量化,结合定量的分析手段进行分析以提高研究的说服力。

7.3　研究资料收集与分析

如前所述,研究目标决定了方法,而方法在具体执行时分为资料收集和分析两个步骤。即使是在同一种研究方法下,资料收集的手段多种多样,相应地,资料的属性既可以是定性的也可以是定量的。值得强调的是,收集哪种资料一方面取决于研究的目标是描述、解释或者探索等,另一方面取决于现实情况允许研究者获得的资料。

针对定性资料,一般会使用归纳推理的思维进行分析,扎根理论方法就是典型的归纳推理方法。使用该方法前需要对资料进行编号,分析时进行解码分析提取有效内容和信息。在进行编码前,研究者需要将视频、音频资料中研究对象说话的语句转化为完整的文字材料。

7.3.1　定性资料收集

研究学者将定性资料定义为:“以文学、段落、文章或者其他记录、符号来描述或者表达社会生活中的人物、人物行为和态度,以及各种社会生活事件的资料。”李立新将定性资料定义为:“那些从实地考察中所得的访谈记录、观察文字、速记符号、图片、录音、摄像信息,以及其他类似的文献资源和相关实物。”[9]

从两个定义中可以得到以下信息:定性资料主要来源于访谈、观察、文献分析、实物;定性资料的目的主要是描述现象和事实。此外,定性资料所描述的不是被理想化、抽象化、量化了某一维度,更不是简单的数值和数量,而是对象包含多个维度原始特征的集合体。

在调查研究、实验法、间接研究法三种方法类别中,定性资料主要来自调查研究中的访谈、观察、问卷、实地探寻所得,以及间接研究中的文献或数据资料。

1. 调查研究中的定性资料收集

访谈是研究者和被研究者在互动对话中完成的研究。社会科学的基础大多数都与访谈有关,通过交流的形式在一问一答中了解访谈对象对于某个问题的观点、态度和看法,是一种挖掘隐性态度的方法。在设计研究中,访谈法能挖掘消费者的认知、动机等心理因素,收集专家知识和信息,捕捉产品使用中的隐性态度。

访谈可分为结构化或半结构化两种模式，结构化访谈完全预设了对话的内容和研究者要问的问题，而半结构化访谈给予研究者和被访者更大的自由度，可能得到预设问题之外的答案和信息。访谈收集资料时一般有以下三个阶段：

第一阶段是准备与规划，首先要明确访谈目的和任务，围绕研究目的规划问题并编写大纲、规划流程，然后选择访谈对象。访谈过程是一个耗费时间的过程，需要巧妙周全的构建，访谈之前要做好充分的准备。访谈后，被访者的录音一般会被转化为文字，进而进行文字的分析，视频可进一步分割为不同的段落进行其他分析，比如分析访谈过程中被访者的情绪变化等。

第二阶段则是邀约与进行正式访谈，对被访者发出邀约时要精心准备，诚心邀请，访问者取得被访问者的信任和合作是关键。如果访谈内容较为费时费心则可采用“有偿”邀约的形式，但是不可避免地也会存在被“放鸽子”的现象，对此在准备阶段就应该作好预案。正式访谈过程则需要特别注意以下几点：访谈时问题由浅入深，有目的性畅谈；尽量做到“有视频、有录音、有真相”；访谈者要保持中立态度，同时把握访谈的整体节奏与方向。

第三个阶段是记录总结，梳理挖掘回答者内容中的要点、疑点，讨论并总结其中有用的内容。如图 7-5 中的整理表格是针对一次结构化访谈的结果，将受访者的信息以及回答内容进行整理和总结。

受访者基本情况

受访者编号	3 号同学	性别	男
地域	四川绵阳	年龄	23
爱好	美食 网购 电影		
性格（五分评价）	幼稚 0	4	成熟 5
	理性 0	2.5	感性 5
	安静 0	2	活跃 5

访谈过程

Q：你觉得自己性格是什么样呢？

脾气暴躁，神经大条（不会察言观色）又很感性，很容易开心

感觉随着成长环境变化，诱惑太多导致性格有所变化

1.积极情绪体验：

下单的时候很心痛，取快递的时候很满足（访谈者自认为没有印象太深刻的情绪体验）

2.消极情绪体验：

没有太多的记忆　妈妈初中小学的时候吼自己　害怕

3.对仪式感的态度：

Q：你认为什么是仪式感呢？

把一件事情看得很重要，仪式感让自己变得更优秀

比如很久没见好朋友，好好收拾一番，约定日子相见，交友就能使人优秀

Q：那你对仪式感是持什么态度呢？

正面的态度

Q：那你有过什么样的有仪式感的行为呢？

1) 很痴狂于在电影院看质量高的电影（曾去兼职检票员）
   眼镜好，性价比高，屏幕大，人少（因为 100 个有 1 素质低的人都会影响观感）
   好座位　影院要高质量（音响、荧幕大小、座椅）
   手机要调静音，不拍照，不玩手机，
   工作日的白天，上午十一点之后（睡懒觉）四点之前
2) 网购，提前关注　如牛奶 提前看很多 价格不能太廉价 进口货 货比 n 家 然后等降价再买　性价比高、颜值高
3) 轻微强迫症，两个鼠标垫 一个放鼠标 一个放手机（防止手机壳刮花）
4) 手机屏幕、电脑屏幕、眼镜一定要保持干净，经常擦以保持赶紧，尤其是手机屏幕

受访者基本情况

受访者编号	4 号同学	性别	男
地域	安徽宿州	年龄	22
爱好	看电影 西班牙语 购物		
性格（五分评价）	幼稚 0	3.5	成熟 5
	理性 0	4	感性 5
	安静 0	4.5	活跃 5

访谈过程

1.积极情绪体验：

1）初中的一节政治课，好朋友王狗子坐在自己的过道对面，王狗子把自己的鞋带和我的鞋带绑在一起，结果被政治老师发现了，于是王狗子开始手忙脚乱地解鞋带，结果越缠越乱，让政治老师又好气又好笑。

时隔多年，依然觉得很好笑。

2）高三毕业，对喜欢了两年的女神表白，成功。现在已经在一起五年了。

2.消极情绪体验：

2014 年 6 月 9 号，高考结束回到家后，妈妈告诉我，爸爸之前就已经被医院确诊为癌症。

之后是漫长的住院与服用抗癌药物，化疗。学校还给我捐款。

不到一年我爸就出院了，到现在病情都已经得到了很好的控制。

3.对仪式感的态度：

仪式感有时很有必要，很有用，难以具体形容，难以理性分析，只能从感性层面体会，在生活中不可缺少的东西。

Q：那你有过什么样的有仪式感的行为呢？

1）当自己入手一个新机械键盘，先取回寝室，慢慢地拆开快递包裹，慢慢地取出键盘，放到桌子上，按照步骤把附件摆好，快递盒里的说明书，贴纸，手册都得一一拿出，整整齐齐地归置起来。然后刚接触新键盘时很兴奋，先劈里啪啦乱敲几下，试试触感，感觉很爽。

2）自己和女朋友每次分别的时候，一定要握一下手，然后郑重地 shake 三下，每次都是我伸出手，她回握，之后我们就转身各回各家了。

图 7-5　访谈结果整理表

观察是设计心理学研究中常用的另一种资料获取手段，观察研究对象或某些现象时，研究者系统性记录人在特定情境下的行为，或一些无法言表的信息。观察能捕捉到人在真实生活中的细节现象，从而帮助设计师更好地理解用户、理解问题，指导设计决策。常用的有结构性观察、参与式观察、隐藏式观察等手段。

结构化观察时有一套观察的清单和工作表，观察员按照计划完成任务并填写清单和工作表。比如在观察时填写 AEIOU 表（见图 7-6），记录人的活动（Activities）、环境（Environments）、互动（Interactions）、物体（Objects）和用户（Users）这五大方面的信息，以便对人与设计的交互行为进行更深入的认识与分析。

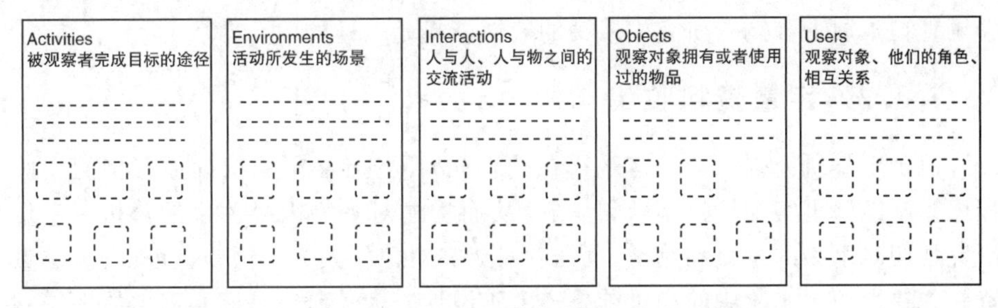

图 7-6　观察时用于记录信息的“AEIOU 表”

参与式观察是指观察员身临其境地参与到观察对象的活动中，近距离了解人们的行为和情况，与研究对象一起经历某些过程，作好期间观察、访谈的记录。参与式观察要求研究者必须与被研究者建立和谐信任的关系，尤其是长期性的观察，需要特别注意以下几点：①找到共同的兴趣；②由浅入深，循序渐进地发展互相之间的关系；③一起参加共同活动；④不要破坏和干涉参与者的日常生活。

隐藏式观察中，研究者要隐瞒自己观察者的身份，隐藏式地参与到活动中，由此来避免观察者的行为对研究造成影响。适合研究一些特殊群体或行业，或者针对某些特定的研究情境，如夜间睡眠活动研究、自动驾驶车内乘客的活动等。隐藏式观察是利用摄像头或者记录仪观察行为和操作过程，但是在观察之前也要获取用户的隐私授权。

问卷调查是通过统一设计的问卷向被调查者了解情况，征询意见、态度、感受的一种调查方法。问卷调查法是应用非常广泛的一种资料收集方法，几乎每一个或大或小的设计项目中都能看到它的影子，看似是一种快速有效的方法，但结果的有效性还取决于多方面因素，包括问卷题目设计的合理性与有效性、样本量的有效性等等。值得注意的是，问卷题目的组织形式会直接影响到参与者的反应和分析的方式，在设计问卷题目时要以研究目的为核心，要注意保证题目明确、答案设计合理、符合事实等细节，要注意避免一些不当的误区：①避免抽象、笼统的问题；②避免混合问题；③使用被调查者熟悉的语言和话术；④避免语言的模棱两可和含混不清，以及有歧义的话；⑤避免问题冗长；⑥避免问题的诱导性和倾向性。问卷的答案选项也要求合理、符合事实、涵盖可能答案，以下是常见的几种不正确的答案设置案例，在设计问卷答案的时候要注意：①避免脱离实际；②避免含义模糊；③避免答案之间存在重叠；④答案陈述形式应该保持一致。

2. 间接研究中的定性资料

间接研究的定性资料主要是指文献资料。如前文所述，研究者通过专业数据库检索到研究内容相关的文献资料。

实验研究是严格的定量测量，因此收集的是定量资料，而实验后的访谈和问卷调查在本质上和调查研究中搜集的定性资料是一样的。

7.3.2 定量资料收集

由于定量研究强调的是客观存在的真相，研究者必须用精确而严格的实验程序控制经验事实和场景来获得资料，从而构建对事物因果关系的分析。定量研究强调对事物的量化和测量，也强调对研究对象的人为干预。也可以说，定量资料主要来源于实验中的测量结果。由于设计心理学研究是以心理学的理论和方法手段去研究决定设计结果的“人”的因素[3]，所以测量的对象主要是人的因素。以人的情绪为例，情绪主题下的“人”的因素既有主观的评价（情感），也有客观的生理激活和外在反应，相应的测量方法包括了心理量表法、生理物理量测量、口语报告。

1. 调查研究中的定量资料收集

问卷的回答样式是多种多样的，如是否式、多选式、量表式、矩阵式、表格式等。其中量表式问卷是最常用到的定量资料收集方法，感性工学中常用的语义差异法是典型的案例[13]，其中使用的语义差异量表是针对所给样本设计出的一系列双向形容词量表，并被划分为 7 个等值的评定等级（有时也可以划分为 5 个或 9 个），如“有趣”与“无趣”，“复杂”与“简单”，“传统”与“现代”等，被试者根据对词或概念的感受和理解在量表上选择合适的分数。如图 7-7 就是利用语意差异量表来评估每一个皮质肌理样本的感性意向特质。从四组不同主题风格中分别选取了 3 种 12 个样本，让测试者按照编号对每一个样本进行逐一打分。

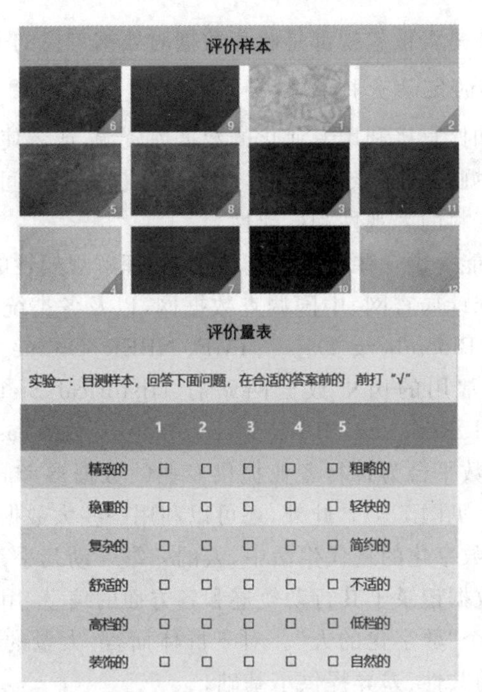

图 7-7　皮质肌理的感性意象评价语义差异量表

2. 实验研究中的定量资料收集

随着智能技术和认知科学的发展，认知心理学利用信息论和计算机处理信息的方式解释了人们对信息的加工模式。在此影响下，科学家提出用计算机模拟人的智能，也就是“人工智能”。在智能时代，情感检测、机器情感等成为新的研究前沿，利用更精确、更先进的感知技术和分析技术捕捉和解释人的心理过程，并利用智能的方法模拟心理过程，成了快速、准确、客观理解人的体验、心理问题的捷径。

生理物理量测量也是定量研究经常采用的方法之一，需要根据研究目的和对象选取适宜的检测对象和方式。生理测试通常采用各种生理仪器，比如皮电测试仪、心电测试仪、脑电仪、眼动仪等。而对行为的测试通常以观察录像中的行为和测距等方式进行分析。以车内情绪检测为例，需要检测用户的皮电、心电、表情等生理数据，而行为检测需要监测用户的刹车和加速行为。语言、手部动作反映用户情绪的变化。

以实验结合测量这种定量研究成为心理学研究的一大主流，心理学研究趋于数学化。值得注意的是，这些都是以用户信息标签化和量化为基础的研究手段，大数据时代和精密计算机模型虽然为研究带来了变革，似乎也铺平了分析的捷径。但是，数据无法说明自身，数据代表的现实是否被裁剪，社会情境是否被忽视，人的主体意愿是否被忽视都是收集数据时要被考虑的[14]。

3. 间接研究中的定量资料收集

进行间接研究时，直接利用专业化的数据库资源，或者使用大数据统计工具进行广泛的数据挖掘，是收集定量资料，尤其是数据资料来间接研究对象的有效方法，而且保证了资料的客观性和广泛性。

常用数据网站能提供一些宏观调查数据，为理解规模性的现象，这样的网站有中国数据、国家统计局官网、中国调查数据网，以及各类统计年鉴等。常用的国际数据网站有 Bloomberg Data 、IMF、NBER Online Data、Penn World Table、OECD 等。常用的历史数据网站有 Historical Statistics（Princeton）、Historical Financial Statistics、NBER Macro-history Database 等。很多专业的数据统计网站和指数平台为各行各业提供专业的数据参考服务，如话题搜索热度指数的百度指数（见图 7-8）。此外，还可以利用一些大数据抓取“爬虫”技术挖掘数据。在被高度数字化的现代生活中，人的一举一动几乎都可以转化为数据。对于个人，丰富的数据记录了其行动轨迹和各方面的信息，用精确数值的形式从多个维度建立起一个“数字化的人”。对于群体而言，大量的数据为分析群体特征，群体与群体间的共性、差异提供了基础。

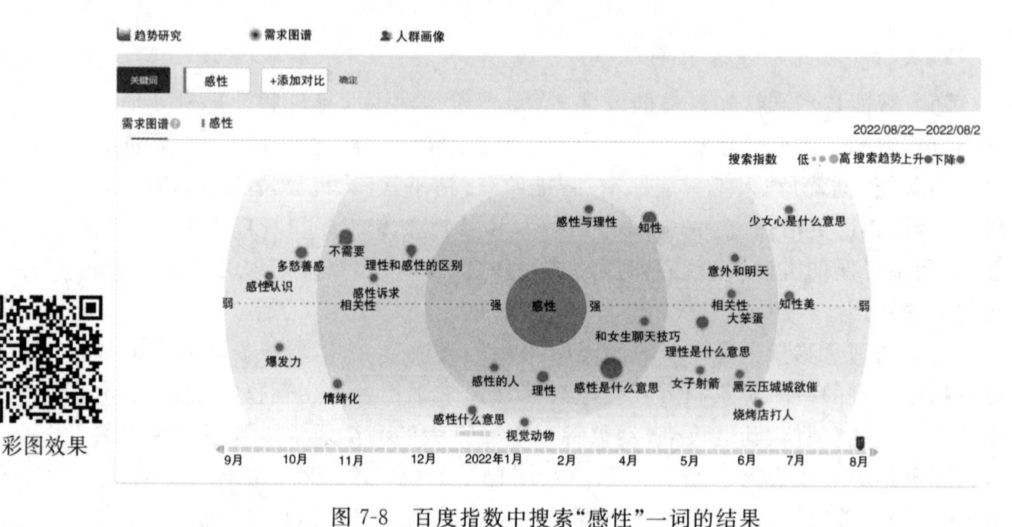

图 7-8　百度指数中搜索“感性”一词的结果

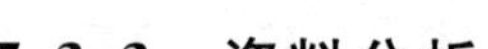

7.3.3　资料分析

根据扎根理论，定性资料的利用一般遵循编码解码过程，是主要使用归纳和推理进行分析的一种研究方法。

利用数学统计来分析定量资料的方法并不少见，在设计学中，定量分析可使设计研究趋向严谨精确，针对个体或者小范围的研究结果在统计分析的帮助下可以转而为描述、解释和预测整个群体的现象服务。在开始统计分析之前，定性资料需要被转化为数据。比如在分析访谈的文字时，研究者以往会使用扎根的方法进行分析，而现在会将文字资料进行分割、归类，使用统计分析的手段进行词频统计、词类统计等量化分析。

因此，在研究综合使用定性和定量的方法收集资料时，对资料整体的组织和归类是必不可少的。对于定性资料的部分进行内涵的提取和检验，对于需要数学统计的部分进行数据的转换和分析。分析结果在转化为知识进行复用传播时，可以通过构建模型的形式来总结。我们常说的模型一般指数学模型，研究中另外一种模型——理论模型则是用形式化的描述方式来综合描述规律和现象。

1.组织和归类

面对大量原始资料都需依据一定的标准进行分类并标以代码，又称编码。对资料编码有两个作用：一是当你急需一类资料时，根据你按主题分类所作的编码，可以轻松地直接查到。二是通过编码可以从资料中发现初级理论模式，再以更大范围的资料去观察这一模式，如此反复，最终获得一个综合理论模式。

有三种前后递进的编码类型：开放式编码→关联式编码→核心式编码[15,16]。开放式编码是将庞杂、凌乱的原始资料按其本身呈现的状态组合成不同的类别，标上记号代码，从中找出初步概念的定性研究法；关联式编码是从前面获得的初步概念开始，去寻求概念之间的联系，这种联系可能是时间先后关系、因果关系、相似关系、对等关系、功能关系、语义关系、情境关系或策略关系等；核心式编码是在上述两个阶段主题研究工作的基础上，认真选择一个核心主题，以后所有的分析都将集中到这个核心主题的编码上。这是一个统领各概念类属，将全部研究结果囊括在一起，统一在这一核心主题的理论范围之内。

2.内涵提取

上面所述的编码过程实际上就是定性资料的一个初步分析过程。定性资料的分析就是要发现资料中的共同性和差异性，并进一步寻求这种相似与相异的根本原因。根据社会学家贝利的研究，要达到这一目标有四种常用的定性资料分析方法：连续接近法、举例说明法、比较分析法、流程图方法。

所谓连续接近法是指通过一系列反复和一系列循环的步骤，把原来收集起来的较为模糊、含混、杂乱、零碎，但又非常具体的资料综合地分析，使这些资料“接近”某方面的证据；举例说明法是大家非常熟悉的分析方法，为了说明一个概念、一种理论，举些例子来支持这一概念或理论。理论是先前存在的，举例是为现在的理论提供证据；比较分析法在设计研究中也是较为普遍的一种方法。但定性研究的比较分析不同于实验研究和定量研究中的细致的量的比较，也与连续接近法从现象到理论、举例说明法从理论寻证据的方式不同。比较分析法是在已有的理论或规律之间进行分析，但并不是比高低优劣，而是观察其异同之处；在分析过程中，可以养成一种习惯，就是随手将一些所得的想法和结果记在纸上，而且不只是文字记录，最佳的方式是流程图的方式。所谓流程图，就是用图的方式表现事物过程，其中强调的是过程。

3. 结果检验

检验的方法有侦探法、证伪法、相关检测法、反馈法、参与人员检验法、比较法等，在这里主要介绍使用较为广泛，频率较高的侦探法和证伪法。

侦探法是查找问题线索的方法，对分析结果作仔细阅读评判，发现其漏洞后一步步地进行检查，不放过任何细节，找出相关的线索，然后把各种相关性的问题集中到一起进行分析，看哪些是遗漏的重要方面，哪些则是不重要的甚至是无关的内容，在比对之后，集中问题再作重新分析和重下结论；证伪法是用各种方法去否定分析研究所作的结果或假说。假如某一结果或假说有否定或修正的可能，则必须寻找相当充分的证据才能给予否定或修改。证伪法还可以在对相关资料作分析后得出某种结果的同时，利用另一种资料建立另一种结果，在对两种结果进行严格的比较并返回到原始资料进行核验之后，可作出更为合理的结果选择。

4. 数据转换

对所得资料进行分类整理是定量化的第一步。首先要检查这些资料，将你所拥有的各类信息和数据以不同的类型进行区分。最简单常见的是按名称所作的分类形式，称定名分类。第二种分类形式为定序分类。当我们所获得的信息数据表现出明显的差异，即一个类的项目比另一些类的项目要大些、重要些时，就应按大小次序来排列，这种方式就是定序分类的方式。在设计研究中，对产品因素的调研就要运用这种方式。第三种分类形式是定距分类或定比分类等较为复杂的分类方式。比定名分类和定序分类更为精确地表述事物关系的就是这种有固定区间或比率分类的方式。如果各类之间的区间规模和所得数据已经清楚，就可以用区间划分和比率的方式表示。

在我们收集到的大量信息资料中，有一部分是带着数值形式的，但还有另一部分资料并非数值形式，从本质上讲是定性形式的，如男女性别、文化程度、专业性质、工种等。对此类资料进行编码，也就是给每一个问题及答案一个数字作为它的代码，接下来根据已确定的答案转换成可统计的数字，为下一步的分析提供依据。

编码的目的是将资料项目转换成可供统计的数字，因设计研究的信息资料庞大且都缺少数值形式，需要转换成数码的任务将会非常烦琐，难以独自完成。因此，可以学习社会学研究中定量资料分析的方法，先制订一份编码簿。编码簿就是一个编码的基本原则或指南，整个格式规范一致，编码意义简明易理解，以供多人使用。

5. 数据分析

利用数据分析软件可以系统地进行数据录入、资料编辑、数据管理、统计分析、报表制作、图形绘制，借助这类工具，可以得到科学的数据分析可视化视图，比如正态分布、回归分析、方差分析、聚类分析图等。传统桌面软件存在技术壁垒，非专业研究者需要一定的学习时间才能使用。因此，一些在线的数据处理服务应运而生，从源头上简化了使用流程。此类数据分析工具适用于设计前期的实验数据处理和归纳，可以有效地将数据进行可视化处理，去掉无效数据，从而对数据的整体走向、趋势产生有效判断，整理出设计机会点或方向。

具体分析来看，频数分布利用百分比、比率和百分位数等与分布表结合描述现象整体性质。百分比可以把量化的数据进一步标准化，以利于将数据置于统一参照线上作比较。比率与百分比不同，百分比计算的是同一特质、同一类别的事物，比率的计算可以是不同特质、不同类别的事物。百分位数是指在一个整体数值之下的若干个定位指标。前面所说的百分比与比率是数据资料的总体或局部的显示，而要了解一个数值在这个数据资料中处在什么位置时，需要用百分位数。对变量分析最基本的方法是集中趋势分析、变异统计分析和区间估计，此为单变量统计分析；还有交互列表和二元回归分析等，这是双变量统计分析的内容；再有阐释模式和多元回归分析，属于多变量统计分析的内容。其中有的内容方法颇为复杂，需有专门课程学习，本书在此只提及，不再展开介绍。

在利用工具处理数据时，数据的可视化形式发挥着至关重要的作用，数据的分析类型——趋势、数量或者占比等决定了可视化类型。若在显示数量的同时还需要对比数据，可以使用柱状图进行可视化；若对比时想看到数据的占比并非数量时，可以选择环形图；若想要看到一段时间内的数据趋势，可以选择折线图进行分析，这一图样不仅可以看到现阶段的发展趋势，还可以用来预测未来的发展趋势，据此作出的设计符合未来的发展趋势，具备前瞻性（见图 7-9）。

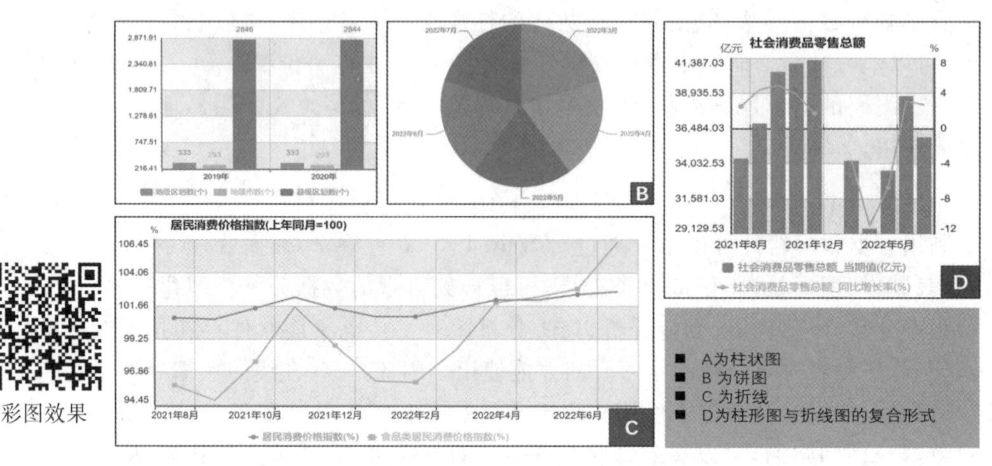

图 7-9　几种数据可视化图表形式(国家统计局官网)

除了上述的简单类型外,分析工具还可以对复杂的数据进行筛选和处理。当样本数据较多呈现出多且复杂的维度时,降维的方法可以对数据进行理想化和简单化处理,维度的具体定义要根据研究主题的性质决定,维度的定义会直接影响数据的分布图,从而影响对数据的判断。例如图 7-10 将数据进行降维处理后,提取出数据的两个或者三个维度,利用坐标系的形式呈现数据的分布制作的散点图。通过观察这些数据分布,呈现出类似一条直线的分布或多个聚落的分布,根据不同的分布形式可建立线性回归方程,或者对数据进行分类(见图 7-10 中右下)。

彩图效果

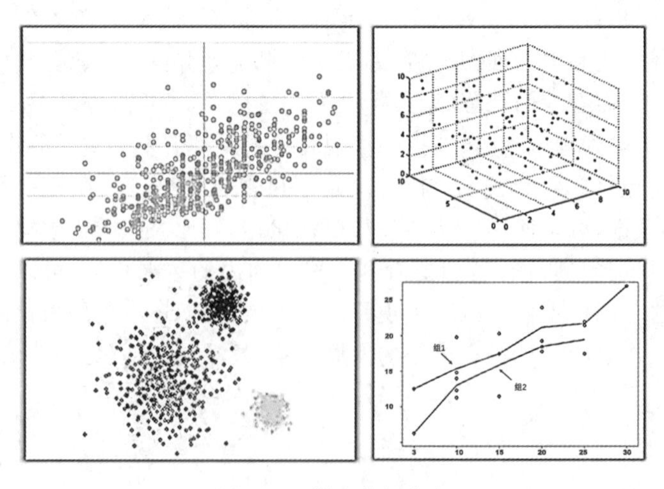

图 7-10　样本数据分布

6. 构建模型和知识

模型法是以简单的图形、实体或者符号来代表一个需要的真实系统，以达到化繁为简、易于控制、方便预测的目的。模型会根据预测目标的要求，用因素或者参数来体现目标本质的各个方面。例如典型的卡诺模型、普拉奇克情感轮型模型和罗素情感环形模型等。卡诺模型通过对用户态度的定性分析来分析用户的需求，从而有针对性地对产品或服务的各个模块进行设计（见图 7-11）。心理学研究中的另外一种模型则是数学模型，运用数理逻辑方法和数学语言构建科学的或者工程的模型。

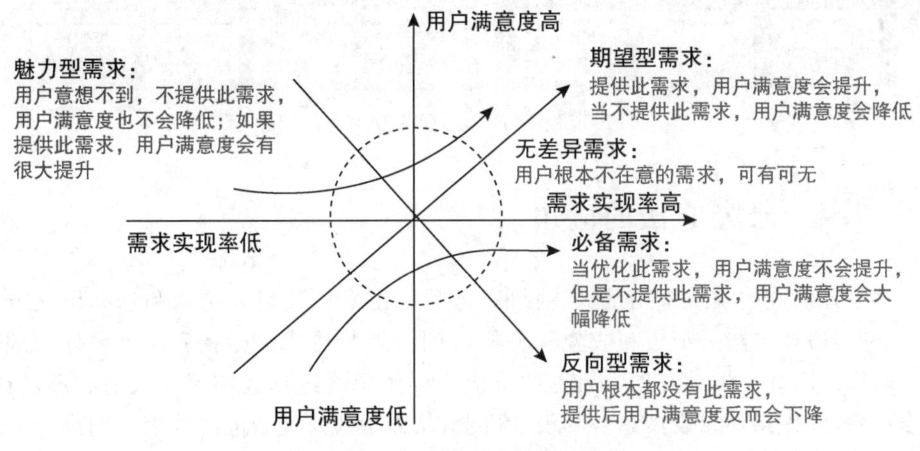

图 7-11　卡诺模型对需求的分类

在进行设计前期调研和研究时，所需要的研究数据如果是存储在人们头脑中的隐性知识或者被淹没在访谈笔记和话语中，那么设计小组就很难综合分析观察结果，短暂的时间内也难以内化为研究者的经验和知识。设计实践中将收集观察结果和观点以分类的形式总结知识，为设计人员提供参考。

以亲和图为例，这种方法用一定的方式来整理思路、抓住思想实质、找出解决问题新途径的方法（见图 7-12）。亲和图不同于统计方法强调一切用数据说话，它主要用事实说话，靠“灵感”发现新思想、解决新问题。在亲和图的构建过程中，设计人员通过便笺纸上写下的内容就可以捕捉研究中得出的见解、观察、问题或要求，并逐一深入分析各种设计内涵，最终根据相关性收集并分类得出设计知识，形成设计主题。另外一类根据研究和设计目标推导设计观点的方法更有针对性，例如“Elito 方法”，它旨在帮助设计小组缩小“分析—综合”之间的差距。此类综合性运用资料分析形成设计知识的方法难以穷举，读者可根据具体研究目标，结合文献分析寻找合适且被验证的综合方法来构建知识。

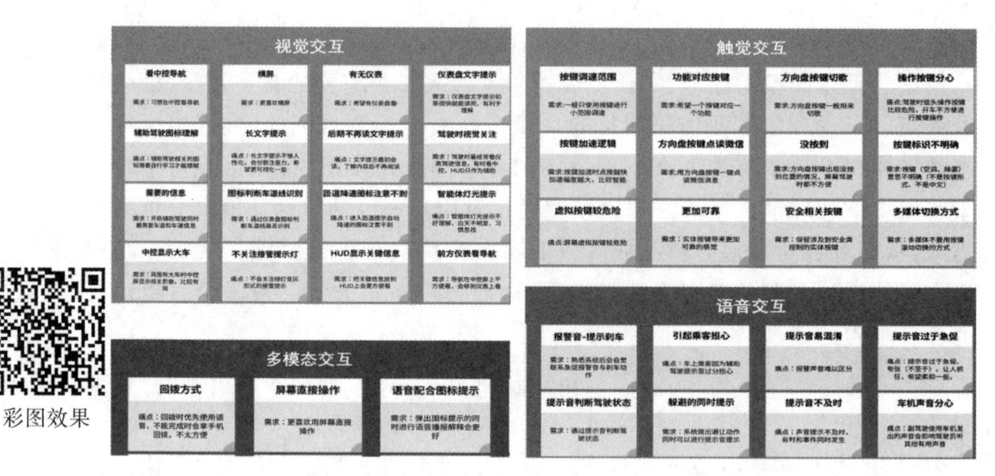

图 7-12　亲和图(产品不同交互模态的问题)

7.4　研究方法的应用

设计研究的实践应用是最终目的,从目标出发构建研究结构和选择研究方法,利用研究方法进行资料收集和分析得到结果并达成目标就完成了设计心理学研究的闭环。设计心理学研究的价值主要体现通过描述和解释人的心理、行为现象,或探索现象发展趋势和设计机会,从而构建研究者的经验来帮助设计决策和判断,或解读人们如何创造形式符号以及解释设计这种符号学现象,或窥探了人们与设计交互中的生理反应和体验关系,从而为引导体验的设计提供依据[17]。

7.4.1　描述和解释人的心理、行为现象

在描述设计相关行为中的消费者(或用户)的心理、行为过程的基础上,探究影响消费者(用户)心理过程的影响因素以及因果关系,通过整合输出并完整地构建关于消费者及其心理、行为过程的认识。例如,在设计实践中对目标用户进行统计调查等研究,利用研究结果建立综合分析来描述用户喜好、行为模式等多维度特征归纳和解释。

以角色分析为例,角色分析把用户行为模式的原型描述整理成为代表性的个人档案,人性化地突出设计重点。在研究或设计人员试图寻找各个人群人物的显著特点时,一般的调查和定量方法得出的结果既抽象又无法体现出人物特点,因此需要通过深入的调查收集足够多的关于目标用户的真实信息。一旦收集了可以描述多个用户的足够信息,就可以在具有意义且相互关联的人物描述

中捕捉共同行为，并且可以寻找具有共性的行为模式和主题。

尼尔森(Lene Nielsen)的“十步人物角色法”提出了创建人物角色的一般步骤：①第一步要将用户定义清楚，明确用户是谁并有该用户相关的调研报告，这一步会使用前文所述的文献调研等间接研究的方法，最快速地建立对人物的了解；②第二步是建立假设，即了解用户之间的差异并将其分类标记；③第三步就是调研过程，需要尽可能收集足够多的用户资料形成调研报告，这个过程是对不同类别用户的深入研究，诸如用户访谈、观察等方法将帮助研究者收集更详尽的资料；④第四步就是在用户调研报告中寻找共同点，对用户进行分群和聚类并描述，这一步可能使用问卷调查或者量表调查，并通过数据的聚类分析等手段，从某个维度建立分类；⑤第五步是根据分群和聚类的结构构建准确的角色；⑥第六步就是为构建的人物定义场景，并进行场景配对和场景分类，场景的获取一般来自研究者的实地调查或观察研究；⑦第七步是要对先前创建的人物进行复核，需要通过专家评价找到人物角色缺陷后进行改进；⑧第八步是分享，让更多人接受角色；⑨第九步是创建情景，定义场景下的角色行为并为该角色制定符合他(她)的剧情以及用户案例；⑩最后便是与时俱进地对角色进行迭代。

7.4.2　探索现象发展趋势和设计机会

心理学研究方法为预测设计、用户心理、行为等现象的发展趋势构建了基础，而在面对复杂的问题时，只有设计师参与的创新会丧失用户的主体地位，真正捕获设计机会以创造符合用户价值需求的解决方案时，以用户为中心等设计方法被引入设计实践中，比如利用参与式设计方法从用户角度获得创新机遇。这种机遇根植于前期的研究，在设计过程中被投射性放大——用户能表达前期研究中用语言或文字难以描述的思想、感情和想法。

以设计心理学研究结合参与式设计方法为例，研究者利用心理学研究方法获得分析资料，并在参与式设计中邀请用户一起组成设计小组共同探讨设计创意。参与式设计的研究以活动为基础，让利益相关者表达自己的想法并抒发创意，过程更有效、有趣而结果也更令他们自身满意。

在设计实践活动中，前期研究甚至可以以创意工具包(Creative Toolkits)的形式传递知识和理解，比如物理工具包——包含许多立体的形状、按钮和便于组织拆卸的通用零件，以及界面工具包——包含可灵活安排的纸张或卡片，以代表模拟或理想的网页及设备互动，或者拼贴工具包——包含许多图像和文字，还有设计访查过程中可以自由理解和运用的形状和符号，甚至是绘图工具包——包含各种不同的纸张、卡片、标记笔、铅笔和钢笔，以满足参与者各种可能的需求(见图 7-13)。这些工具包用于建立参与性模型、视觉呈现或者用户创造性展示，为设计小组和业务小组提供创意激发灵感。在实际的设计阶段，创意工具包不仅是辅助性的设计工具，同时也是了解用户世界的研究工具。在评估阶段，用户与设计人员共同讨论设计并反馈意见，并为设计的修正和完善提供建议。

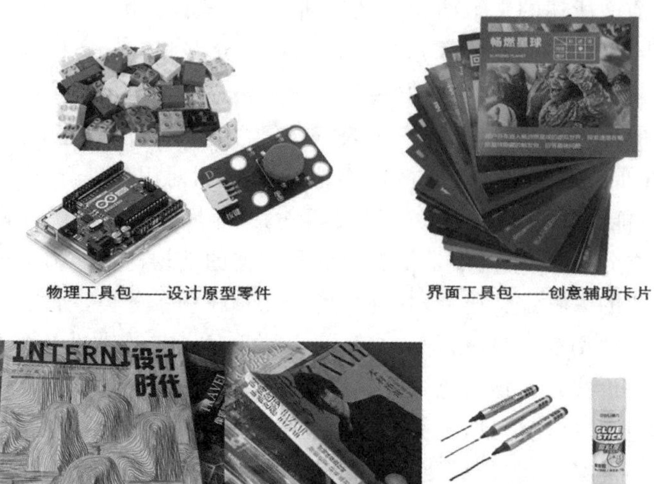

彩图效果

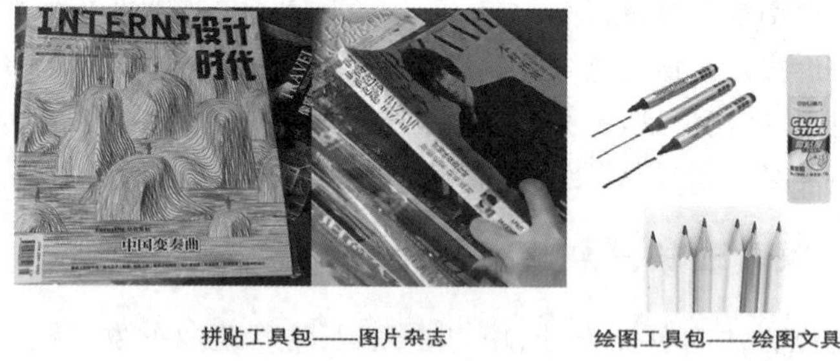

图 7-13　几种创意工具包

7.4.3　应用案例：探索未来出行概念设计

设计背景和目的：2019 年被称为 5G 元年，接下来的 5 到 10 年间我们将会经历汽车和交通系统的巨变。无人驾驶、万物互联、数字化发展将会使一系列颠覆我们认知的新奇事物出现。同时，智慧城市建设为生活形态和出行方式带来了重要的变革。本项目将从用户的需求出发结合新的视角、新的愿景，对未来出行需求进行深入思考，探索真正符合年轻人情感期待的出行概念设计。概念设计结合我们的研究生课程"设计心理学"完成，课程中 88 名参与的学生被分为 39 个小组对该概念设计主题进行研究和设计实践。同时，研究团队以课程中的 39 个小组学生作为研究对象，一方面他们是该设计背景下的目标用户，另一方面对他们在课程中产生的资料进行研究分析以获得对整个设计的知识见解。

1. 前期研究

对年轻群体出行中遇到的挑战与机遇进行调研，通过对资料的分析获得目标群体的分类和需求，建立起不同的用户画像以对设计师的概念设计工作提出建议。主要方法是从不同的切入点进行文献调研，邀请目标用户参与问卷调研、深度访谈收集关于态度、行为、期望等方面的资料。并对调查研究中收集的资料进行分析，比如根据出行问题挑战的探索建立语料数据，通过对语料文本的处理和分析得到参与者对年轻群体出行问题的关注点、行为趋势、情绪态度。语料文本的分析方法包括词频统计和扎根理论分析。

对参与者提供的语料进行筛选，去除意义相同、无实际意义、意义所指不明的词条。为了不遗漏更多有效信息，分析针对原始语料数据、加工拓展后的语料数据、主题重组后的语料数据进行了词频分析。将所给语料数据进行词性标注，分为名词集、动词集、形容词集，代表了关注的主题、行为趋势以及情绪态度。如图 7-14 为名词集统计原始结果。通过溯源语料数据，对语料文本进行语义的分析，去除低频的词汇后进行主题的等同映射和上下位映射将相同语义的文本整合，整合聚类的结果如图 7-15 所示。

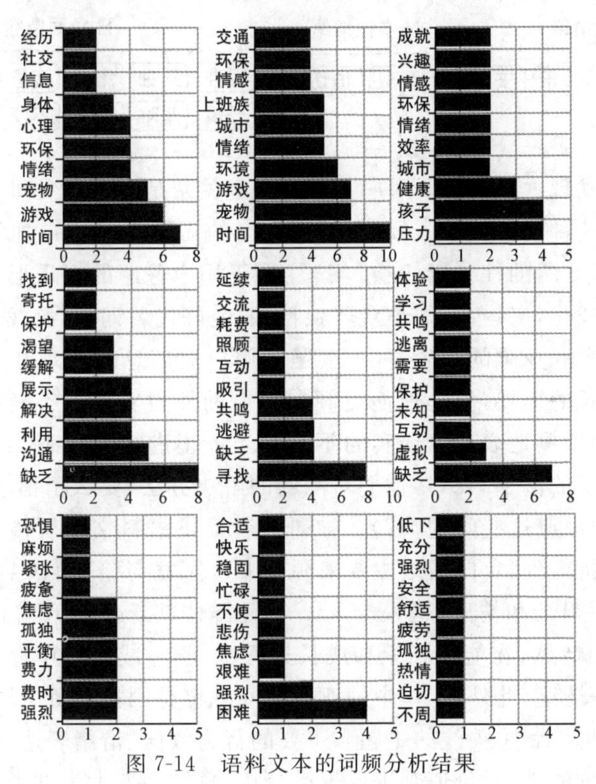

图 7-14　语料文本的词频分析结果

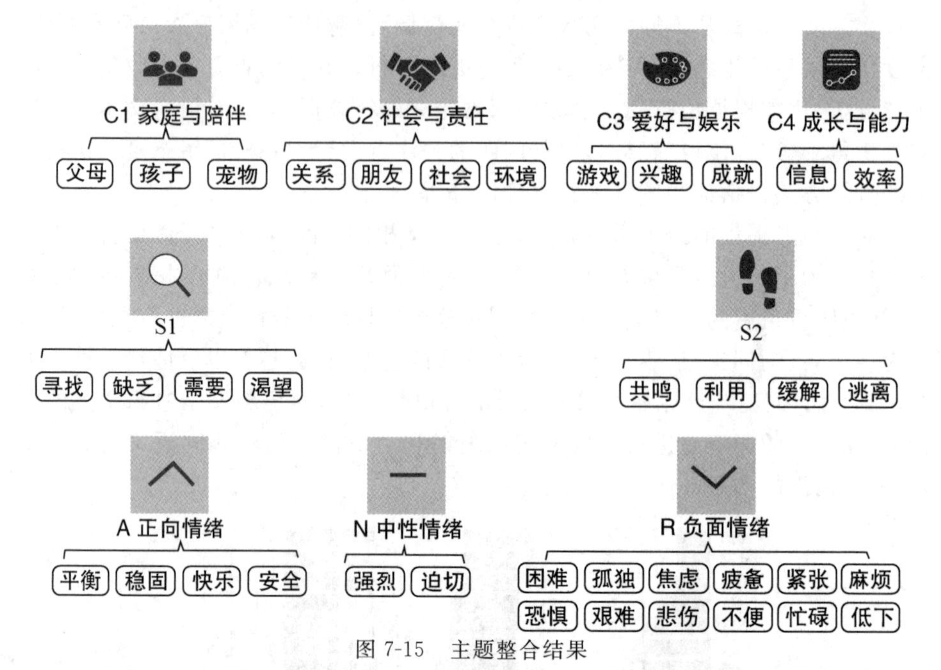

图 7-15　主题整合结果

通过聚类发现:C1 主题下用户主要的家庭关系是自己与父母,自己与孩子,同时宠物也是一种陪伴关系。C2 主题下社交的需要促使用户加强与朋友的关系,环境是逐渐觉醒的社会责任感。C3 主题下用户普遍的娱乐形式是寄托于游戏或将生活游戏化,兴趣成了“小众”“独特”的爱好代名词,而游戏或兴趣中的成就成了希望展示和炫耀的内容。C4 主题下用户对信息的处理和工作效率是年轻群体能力成长的需要,但是他们更倾向于借助外力实现。年轻群体隐性需求的表达,文本很模糊地表现出现实的不足和当下正进行的状态,如“缺乏宣泄的空间”“社交需求的渴望”(S1),他们对问题的解决办法,要么稍稍缓和矛盾,达成和解,要么干脆逃避这些问题(S2)。被研究者提供语料文本所传达的情绪分析和主题交叉分析得到,负向情绪主要来源于 C1(家庭与陪伴)、C4(成长与能力)的话题,这些话题又和情感、健康交叉。年轻群体缺乏家的环境与温暖而有孤独、隔阂之类的情感;在能力积累和成长过程中,学习或工作中存在的问题会产生焦虑、恐惧等情绪;此外,工作中的亚健康问题也是困扰和负向情绪来源。

文本的分析得到了关注的主题和主要的行为倾向、情绪表达,通过组合凝练为不同的核心价值观,对价值观进行聚类分析,总结为五大人群类别。通过对所有人群的行为痛点和情感需求进行综合分析,根据马斯洛需求层次对年轻群体的需求进行分类。同一时期,一个人可能有几种需求,但每一时期总有一种需求占支配地位,对行为起决定作用。任何一种需求都不会因为更高层次需求的发展而消失，各层次的需求相互依赖和重叠，高层次的需求发展后，低层次的需求仍然存在，只是对行为影响的程度大大减小。结合人群类型和需求的综合分析，再溯源原始的文本，可得到用户角色分析卡片（见图 7-16）。用户角色分析的卡片包括用户描述、人物标签、性格特征、生活态度、出行方式、消费习惯、行为痛点、情感需求、动机愿望信息。通过角色分析卡片，研究团队对目标用户的整体特征属性和动机需求等信息有了整体的把握。

基于扎根理论方法的分析，主题分析时严格遵循扎根理论的操作步骤：开放式编码、主轴式编码和选择式编码，采用“搜集资料—形成概念—整合重组—理论提取”这一持续不断的循环过程进行分析，在分析过程中不断地进行资料数据的概念形成和维度抽取。39 组参与同学根据自己的关注对象和设计兴趣产生了相关的概念设计和资料，明确这些资料的概念类型与维度完成一级编码。在开放式编码提取大量的概念语句中进一步寻找共性，并对概念之间进行分类与整合，从而精简相关资料信息，将 39 组资料归纳为七个核心类属，分别为情感衔接、便捷出行、释压治愈、自我提升、情怀信仰、兴趣社交、游戏娱乐。通过扎根理论方法的分析，补充了文本词频统计分析的知识，发现年轻群体关心的出现问题，以及他们创造性解决问题时透露的行为趋势和情感倾向。从关注的内容、行为倾向、情感倾向、矛盾应对模式总结出概念设计知识（见图 7-17）。

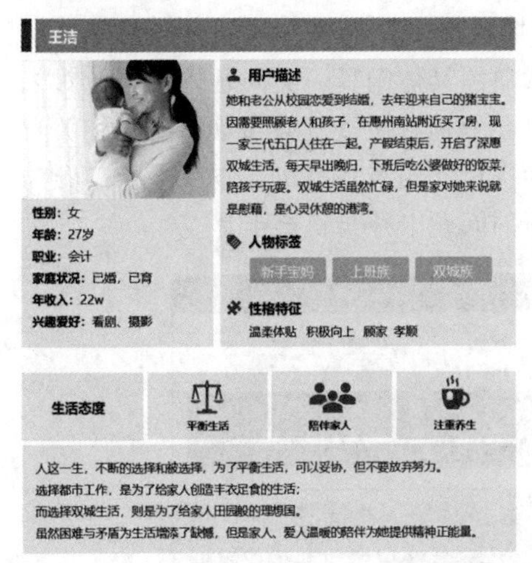

图 7-16　代表其中一类用户角色的分析卡片

开放式编码（范畴化）	主轴式编码
填补情感缝隙 增强湾区联系 家与公司的情感衔接 异地情侣多场景情感维系 满足情侣成长式需求 缓解亲子关系 外来青年提升归属感	联接情感
出行无缝化体验 同一空间无缝换乘 降低出行成本，满足无缝化出行 打造宠物出行的舒适空间	方便出行
打造满足多种情绪的舒适环境 缓解焦虑，消除烦恼 自我对话，减少心理压力 感受生活节奏的变化 缓解焦虑，降低抑郁风险	疗愈释压

开放式编码（范畴化）	主轴式编码
灵魂伴侣，知心信任好友（AI精灵） 缓解思乡情感 整理思绪，回归自我 心理亚健康问题缓解方式 用“穿越”释放生活压力 主要与次要交互结合的车内互动方式（cp AI精灵）	疗愈释压
碎片时间高效学习空间 明确虚拟与现实的边界（AI精灵）	提升能力
粉丝与爱豆互诉衷肠的私密空间 车内粉丝应援 养成式偶像（AI精灵） 拥有二次元人物热血完美特点的AI精灵 车内环保 宣传环保理念	加持信仰

图 7-17　资料扎根理论方法分析结果(部分)

2.用户参与式设计

根据前期用户需求分析以及对课上产出概念的分析，并使用聚类的方法将问题洞察和机会预测进行归类，研究团队最终设计了一套创意辅助卡片这套卡片将用于辅助参与式创意设计过程。卡片分为问题挑战、机会场景以及空白卡片三种类型(见图 7-18)，针对未来的生活场景提出可能存在的问题与挑战。问题卡片将通过问题挑战场景描述与相关意象图具体阐释一类问题挑战。针对未来生活场景提出可能的机会点。每一张机会卡片将通过机会场景描述与相关意象图具体阐释一类机会点。空白卡片分为空白问题卡片与机会空白卡片。参与人员可以在工作坊中利用空白卡片创造新的问题卡片与机会卡片。

彩图效果

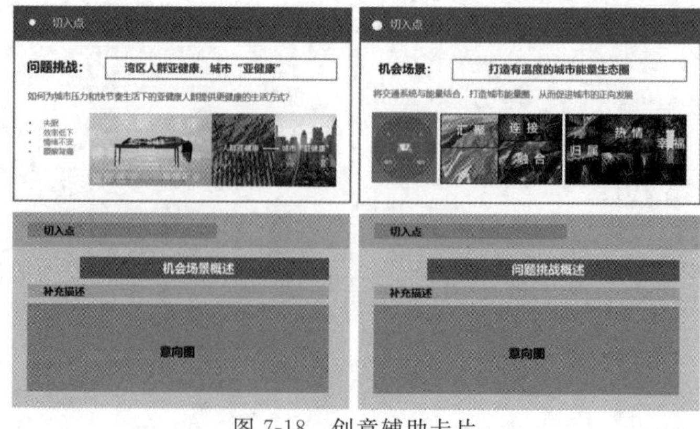

图 7-18　创意辅助卡片

然后邀请跨专业和背景的目标用户参与设计工作坊以完成概念设计。在工作坊活动中通过探索未来挑战、寻找潜在机会、形成创意概念几个阶段产出概念创新设计，创意辅助卡片作为协助工具在各个阶段协助工作坊的推进(见图 7-19)。

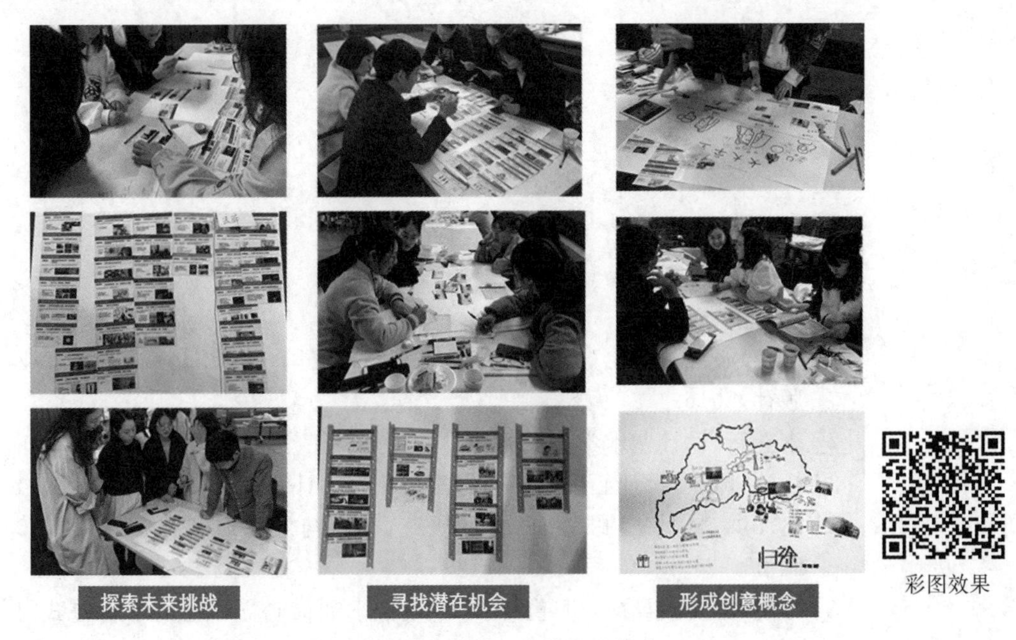

图 7-19　用户参与式设计工作坊流程缩略

在创意概念形成后可运用层次分析法对创意概念进行评估。层次分析法(analytic hierarchy process，AHP) 诞生于 20 世纪 70 年代，由美国运筹学家 T L. Saaty 提出，是一种将定性与定量相结合，通过确定权重因子使得原本复杂的评价问题分解成一个个可量化的评价对象然后归纳汇合的科学方法。分析过程的数据化可一定程度上避免过往评价方法中过度依赖相关决策人员的经验所导致的主观性和随意性，目前在工业分析与决策领域已得到广泛应用，受到越来越多的推崇。构建对产品概念设计阶段方案的顾客满意度评价模型；在此基础上进行概念设计方案满意度量化评价。运用层次分析法在设计评价中，引入相关人员或专家组对各评价指标进行打分，构建对概念设计阶段方案的评价模型；在此基础上进行概念设计方案量化评价。有助于为决策活动提供量化评价依据，为后续设计提供更明确的指导。

在该案例中，设计心理学研究主要在整个设计前期阶段发挥作用并提供知识。在前期研究中，研究团队通过调查研究，收集了定性和定量的资料进行分析。而在准备用户参与式设计阶段，研究团队使用了间接研究法，通过对“设计心理学”课程参与团队产生的资料进行分析，总结出了可供参考的设计挑战和机会认识。由于整个研究过程所涉及的问题较为宽泛没有形成可测量的自变量和因变量，因此在未来的研究中可对其中的一些概念设计方案细节进行实验研究，探索不同方案设计对用户的影响。

参考文献

[1] 韦登.心理学导论(原书第9版)[M].高定国，等译.北京：机械工业出版社，2016.

[2] 李立新.设计艺术学研究方法[M].南京：江苏凤凰美术出版社，2010.

[3] 柳沙，谭宇.设计心理学研究方法与研究设计[J].装饰，2020(4)：10-15.

[4] 赵江洪，赵丹华，顾方舟.设计研究：回顾与反思[J].装饰，2019(10)：24-28.

[5] 方晓风.实践导向，研究驱动——设计学如何确立自己的学科范式[J].装饰，2018(09)：12-18.

[6] BEINS B C. Research Method：A Tool for Life[M]. Cambridge：Cambridge University Press，2017.

[7] FRIEDMAN K. Theory Construction in Design Research：Criteria：Approaches，and Methods[J]. Design Studies，2003，24(6)：507-522.

[8] DEMIR Ü. Investigation of Color-Emotion Associations of the University Students[J]. Color Research & Application，2020，45(5)：871-884.

[9] BOWEN G A. Document Analysis as a Qualitative Research Method[J]. Qualitative Research Journal，2009，9(2)：27-40.

[10] 赵蓉英.文献计量学发展演进与研究前沿的知识图谱探析[J].中国图书馆学报，2010，36(5)：60-68.

[11] 徐江，孙刚，欧细凡.设计学交叉研究的文献计量分析[J].南京艺术学院学报(美术与设计)，2021(21)：91-98.

[12] 徐江，孙刚，叶露，等.基于科学文献计量的概念设计知识图谱研究[J].包装工程，2018，39(22)：1-7.

[13] 李明，刘肖健.用户感性意象数据的可视化分析技术[J].机械设计，

2021,38(4):123-128.
[14] 潘绥铭.生活是如何被篡改为数据的？——大数据套用到研究人类的“原罪”[J].新视野,2016(3):32-35.
[15] 吴肃然,李名荟.扎根理论的历史与逻辑[J].社会学研究,2020,35(2):75－98＋243.
[16] 沈玖玖,王志远,戴家武,等.基于扎根理论的科研数据需求及影响因素分析[J].情报杂志,2019,38(4):175－180＋160.
[17] 赵超.设计意义的建构:设计心理学研究综述与案例分析[J].装饰,2020(4):42-53.